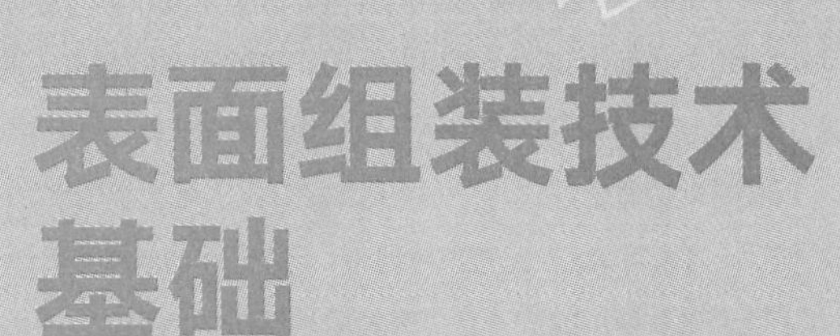

表面组装技术基础

主　编　夏玉果
副主编　商敏红　赵　涛　徐　敏
主　审　孙　萍

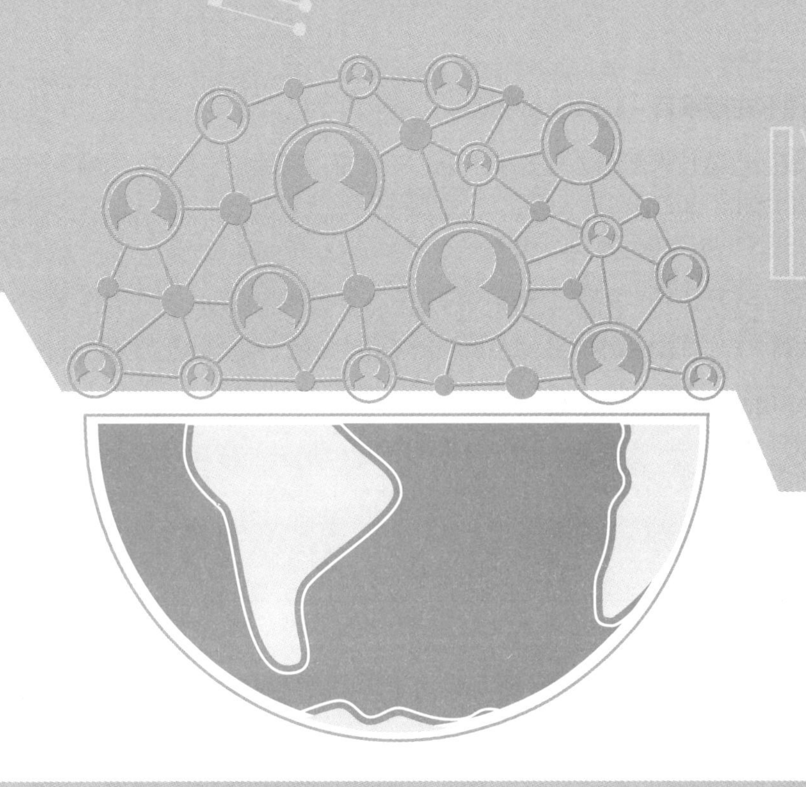

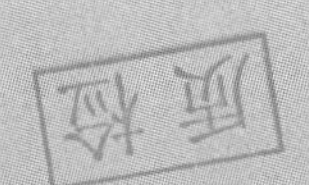

中国教育出版传媒集团
高等教育出版社·北京

内容提要

本书为高等职业教育电子信息类专业课程新形态一体化教材。

本书以表面组装生产技术为主线，主要内容包括表面组装技术概述、表面组装产品物料、表面组装工艺物料、表面组装生产工艺与设备以及表面组装生产管理等。编写中力求注重内容的实用性，贴近表面组装生产实际，知识点覆盖表面组装技术发展以及生产岗位的实际需求。

为了让学习者能够快速且有效地掌握核心知识和技能，同时方便教师采用更有效的教学方式，本书提供丰富的数字化教学资源，包括 PPT 电子课件、微课、习题答案，并配有在线课程，已在“智慧职教”平台（www.icve.com.cn）上线，具体使用方式详见“智慧职教”服务指南。

本书可作为高职院校应用电子技术、微电子技术、机电一体化等专业的教材，也可作为表面组装生产技术人员与电子产品生产制造技术人员的参考用书。

图书在版编目（CIP）数据

表面组装技术基础 / 夏玉果主编．--北京：高等教育出版社，2022.1

ISBN 978-7-04-057223-0

Ⅰ．①表… Ⅱ．①夏… Ⅲ．①SMT 技术-高等职业教育-教材 Ⅳ．①TN305

中国版本图书馆 CIP 数据核字（2021）第 216423 号

BIAOMIAN ZUZHUANG JISHU JICHU

策划编辑 郑期彤　　责任编辑 郑期彤　　封面设计 赵 阳　　版式设计 王艳红
插图绘制 邓 超　　责任校对 王 雨　　责任印制 高 峰

出版发行 高等教育出版社　　网　址 http://www.hep.edu.cn
社　址 北京市西城区德外大街 4 号　　http://www.hep.com.cn
邮政编码 100120　　网上订购 http://www.hepmall.com.cn
印　刷 人卫印务（北京）有限公司　　http://www.hepmall.com
开　本 787 mm × 1092 mm 1/16　　http://www.hepmall.cn
印　张 14.5
字　数 310 千字　　版　次 2022 年 1 月第 1 版
购书热线 010-58581118　　印　次 2022 年 1 月第 1 次印刷
咨询电话 400-810-0598　　定　价 41.80 元

本书如有缺页、倒页、脱页等质量问题，请到所购图书销售部门联系调换

物 料 号 57223-00

“智慧职教”服务指南

“智慧职教”是由高等教育出版社建设和运营的职业教育数字教学资源共建共享平台和在线课程教学服务平台，包括职业教育数字化学习中心平台（www.icve.com.cn）、职教云平台（zjy2.icve.com.cn）和云课堂智慧职教App。用户在以下任一平台注册账号，均可登录并使用各个平台。

- **职业教育数字化学习中心平台（www.icve.com.cn）：为学习者提供本教材配套课程及资源的浏览服务。**

登录中心平台，在首页搜索框中搜索“表面组装技术基础”，找到对应作者主持的课程，加入课程参加学习，即可浏览课程资源。

- **职教云平台（zjy2.icve.com.cn）：帮助任课教师对本教材配套课程进行引用、修改，再发布为个性化课程（SPOC）。**

1. 登录职教云平台，在首页单击“申请教材配套课程服务”按钮，在弹出的申请页面填写相关真实信息，申请开通教材配套课程的调用权限。

2. 开通权限后，单击“新增课程”按钮，根据提示设置要构建的个性化课程的基本信息。

3. 进入个性化课程编辑页面，在“课程设计”中“导入”教材配套课程，并根据教学需要进行修改，再发布为个性化课程。

- **云课堂智慧职教App：帮助任课教师和学生基于新构建的个性化课程开展线上线下混合式、智能化教与学。**

1. 在安卓或苹果应用市场，搜索“云课堂智慧职教”App，下载安装。

2. 登录App，任课教师指导学生加入个性化课程，并利用App提供的各类功能，开展课前、课中、课后的教学互动，构建智慧课堂。

“智慧职教”使用帮助及常见问题解答请访问 help.icve.com.cn。

前　言

表面组装技术（SMT）作为先进的电子组装技术，彻底变革了传统的电子组装概念，为电子产品的微型化、轻量化、智能化创造了基础条件，已经成为现代电子产品制造必不可少的技术之一，也是先进电子制造业技术中的重要组成部分，推动了电子信息产业的快速发展。目前，表面组装技术已经广泛应用于电子产品生产、组装和制造的各个领域。随着微电子技术的飞速发展，表面组装技术应用的范围和领域不断扩大，其技术也在不断深化和完善。随着电子信息行业和技术的发展，业界对表面组装技术专业技术人才的需求量越来越大。因此，掌握表面组装技术基本知识理论、具备表面组装技术基本实践技能，是高等职业院校电子信息类专业学生必备的专业素质之一。

为了适应表面组装技术的发展，满足相关专业教学需求以及表面组装技术人才培养的需要，我们组织编写了本书。本书主要内容包括表面组装技术概述、表面组装产品物料、表面组装工艺物料、表面组装生产工艺与设备以及表面组装生产管理等相关基础知识、实用技术和管理内容。

本书的编者都是从事表面组装技术相关课程教学的一线骨干教师，对表面组装技术及行业发展十分了解。为了更好地满足表面组装技术人才培养的系统性教学需求，编写过程中考察了江苏地区的表面组装相关生产企业和科研单位，在全面分析表面组装职业岗位知识、能力和素质需求的基础上选取教学内容，嵌入表面组装职业标准和职业资格证书要求，将岗位要求与课程内容融通，力求体现本书的实用性和通用性。结合现代信息技术，本书配套提供在线课程和数字资源，包括 PPT 电子课件、微课、习题答案，可满足学生移动学习和个性化学习的需要。选用本书授课的教师可发送电子邮件至 gzdz@pub.hep.cn 索取部分教学资源。

本书由江苏信息职业技术学院夏玉果任主编，商敏红、赵涛、徐敏任副主编，其中赵涛编写第 2 章，徐敏编写第 3 章，商敏红编写第 5 章，夏玉果编写第 1 章、第 4 章和附录，全书由夏玉果负责统稿，由孙萍教授任主审。

在编写本书的过程中，得到了江扬科技（无锡）有限公司陈丹萍和无锡索卫士电子有限公司蒋其胜两位工程师的大力支持，在此表示衷心感谢。

由于编者水平、经验有限，书中难免存在错误和不妥之处，恳请各位读者批评指正。

编　者

2021 年 10 月

目 录

第 1 章　表面组装技术概述

表面组装技术（surface mount technology，SMT），也称表面装配技术、表面安装技术，是现代电子产品生产中普遍采用的组装技术，被誉为电子组装技术的一次革命。本章主要介绍表面组装技术的定义、特点、发展趋势以及表面组装生产系统和工艺流程。

学习目标

知识目标

- 掌握表面组装技术的定义。
- 理解表面组装技术与通孔插装技术的区别。
- 掌握表面组装生产线的构成及分类。
- 理解不同的表面组装方式。
- 掌握表面组装工艺流程的设计方法。

技能目标

- 能够区分表面组装技术与通孔插装技术。
- 能够合理设计表面组装工艺流程。

素质目标

- 培养爱国情怀和职业精神。
- 培养发现、分析和解决实际问题的能力。

PPT 电子课件
表面组装技术概述

1.1　表面组装技术简介

1.1.1　表面组装技术的定义

微课
表面组装技术的定义

表面组装技术作为新一代电子组装技术，逐渐取代传统的通孔插装技术（through hole technology，THT），成为现代电子组装产业的主流技术。它实现了电子产品组装的高密度、微型化、低成本和自动化，提高了电子产品的可靠性和性价比，对整个电子组装行业的发展产生了积极的、深远的影响。目前，在军事、航空航天、通信、计算机、消费类电子等领域的新一代电子产品中，都已经普遍采用了表面组装技术，它已经成为现代电子产品制造的支柱技术。

从狭义上讲，表面组装技术就是用自动化组装设备将片式化、微型化的无引线或短引线的表面组装元器件直接贴焊到印制电路板（printed circuit board，PCB）表面或其他基板表面指定位置上的一种电子装联技术。从工艺角度来讲，首先在 PCB 焊盘上印刷焊锡膏，再将表面组装元器件准确地放到印有焊锡膏的焊盘上，通过加热直至焊锡膏熔化，实现元器件与 PCB 之间的连接。

从广义上讲，表面组装技术是一项复杂的、综合的系统工程，主要涉及化工与材料技术（如焊锡膏、助焊剂、贴片胶、清洗剂等）、印刷技术（如焊锡膏印刷、贴片胶涂敷等）、精密机械加工技术（如模板制作、工装夹具等）、自动控制技术（如生产设备、生产线控制等）、焊接技术（如波峰焊、再流焊等）、测试技术、检验技术和管理技术等。

综上所述，表面组装技术由生产物料、生产设备、生产工艺和生产管理四个部分组成。其中，生产物料和生产设备合称为表面组装技术的硬件，生产工艺和生产管理则称为表面组装技术的软件。表面组装技术的组成如图 1-1 所示。

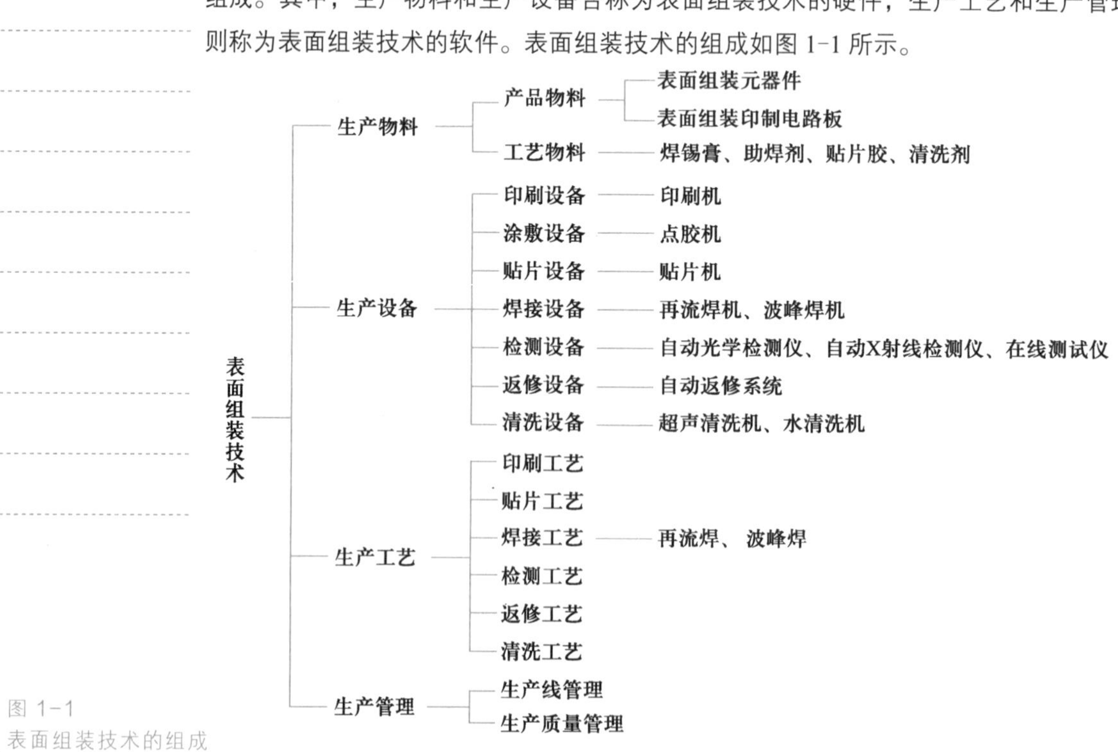

图 1-1
表面组装技术的组成

1.1.2　表面组装技术的特点

作为新一代的电子组装技术，与传统的通孔插装技术相比，表面组装技术具有以下几个显著的特点。

1．组装密度高

表面组装元器件的体积比传统的通孔插装元器件要小得多，其质量只有通孔插装元器件的 1/10 左右，而且贴装时不受引线间距、通孔间距的影响，大大提高了电子产品的组装密度。采用表面组装技术后，电子产品的体积缩小了 40%～60%，质量减轻了 60%～80%。

2．抗振能力强

由于表面组装元器件的体积小、质量轻，因而在受到振动冲击时，元器件对 PCB 上焊盘的反作用力大大减小，而且因为焊盘焊接面积相对较大，所以抗振能力也得到了相应提高。

3．可靠性高

表面组装元器件比传统通孔插装元器件的质量要小很多，元器件的应力大大减小，更容易焊接到 PCB 上。而且表面组装元器件焊接时与 PCB 的接触为面接触，与通孔插装元器件的点接触相比，元器件的应力状态相对简单，减少了焊点的不可靠因素，焊接质量高。采用表面组装技术的电子产品，其平均无故障时间一般为 20 万小时以上。

4．高频特性好

表面组装元器件无引线或只有短引线，而且贴装牢固，降低了引脚的分布特性影响以及寄生电容和寄生电感对电路的影响，减少了电磁干扰和射频干扰，改善了电路的高频特性。同时，由于表面组装元器件封装噪声小，去耦效果好，信号传输延时较小，所以特别适合安装在高频电子产品中。

5．自动化程度高、生产效率高

表面组装生产设备（如印刷机、贴片机、再流焊机等）的自动化程度很高，工作稳定可靠，生产效率高。此外，表面组装生产设备的适应性好，一台泛用型贴片机可配置不同的供料器和吸嘴，而且只需要很短的调整和准备时间，就可以实现不同类型元器件的贴装。与通孔插装技术相比，表面组装技术的操作工序少，更容易实现自动化的大规模生产，生产效率高。

6．生产成本低

采用表面组装技术后，PCB 实用面积减小，层数减少，钻孔数目减少，因而降低了 PCB 的制造成本。表面组装元器件无引线或短引线，因而减少了引线材料，省去了剪线、打弯等工序，降低了人力、材料、设备费用。由于表面组装元器件体积小、质量轻，因而减少了包装、运输和存储的成本。一般电子产品采用表面组装技术，可使得生产成本降低 30%左右。

当然，表面组装技术还有一些需要解决的问题。例如表面组装元器件的品种、规格还不全；散热和塑封器件的吸湿问题难以解决；返修元器件困难，需要使用专用工具；元器件与 PCB 之间热膨胀系数一致性差，受热后易引起焊接处开裂；表面组装生产设备初期投资大，设备复杂，涉及技术面广等。

从电子产品组装的工艺角度来看，表面组装技术与通孔插装技术的区别如表 1-1 所示。

表 1-1　表面组装技术与通孔插装技术的区别

区别	组装技术	
	表面组装技术	通孔插装技术
元件外形	片式（无引线）	圆柱形（长引线）
器件封装形式	SOT（小外形晶体管）、SOP（小外形封装）、PLCC（塑封有引脚芯片载体）、QFP（方形扁平封装）、BGA（球形栅格阵列）、CSP（芯片尺寸级封装）、QFN（方形扁平无引脚封装）等；无引线或短引线	SIP（单列直插封装）、DIP（双列直插封装）等
PCB	2.54 mm 网格设计	1.27 mm 网格设计，甚至更小
	通孔直径为 0.8～0.9 mm，主要用来插装元器件引脚	通孔直径为 0.3～0.5 mm，主要用来实现多层 PCB 之间的电气连接
组装方法	贴装——元器件贴装在 PCB 焊盘表面	插装——元器件引脚插入 PCB 焊盘内
焊接方法	再流焊、波峰焊	波峰焊

1.1.3　表面组装技术的发展历史

表面组装技术的发展伴随着微电子技术的发展。20 世纪 40 年代，晶体管的诞生以及 PCB 的研制成功促使人们开始尝试将晶体管等通孔插装元器件焊接到 PCB 上。到了 20 世纪 50 年代，英国人研制出世界上第一台波峰焊机，从此波峰焊技术取代传统手工焊接技术，实现了通孔插装元器件焊接的自动化和规模化，开辟了电子产品大规模工业化生产的新纪元。同时，在电子元器件方面出现了扁平封装，被称为第一代表面组装元器件封装，由于其具有高可靠性，被广泛应用于军事和商业领域。20 世纪 60 年代，为了实现电子产品的微型化，出现了无引脚的元器件，同时也出现了混合元器件，即采用陶瓷和塑料两种材料做成的元器件，进一步降低了元器件成本，使得将元器件直接贴焊到 PCB 表面成为可能，这也是表面组装技术的雏形。20 世纪 60 年代中期，荷兰的飞利浦公司发明了小外形封装集成电路，并广泛应用于电子手表中，这大大推动了表面组装技术的发展。20 世纪 60 年代后期，美国的军事领域出现了无引脚陶瓷芯片载体封装形式，在降低元器件面积的同时，也增加了引脚的数目，但是由于这种封装对基板的热膨胀系数要求很高，所以并未在更广泛的领域得到应用。到了 20 世纪 70 年代，在日本的电子产品生产中出现了方形扁平封装的元器件，进一步减小了元器件的体积，还出现了鸥翼形引脚，这对表面组装技术的焊接技术、检测技术和清洗技术产生了深远影响。这一时期也出现了表面组装技术专用的焊锡膏和设备（如印刷机、贴片机、再流焊机等），这些都为表面组装技术的发展奠定了扎实的基础。进入 20 世纪 80 年代，表面组装技术日趋完善，其重要标志是表面组装技术作为新一代电子组装技术广泛应用于航空航天、通信、计算机、汽车、家用电器等行业领域。20 世纪 90 年代，电子元器件的微型化更加明显，表面组装元器件的尺寸、体积、质量都大幅度减小，如片式电容器的体积缩小到原来的 0.88%。表面组装器件的引脚间距也进一步缩小，从 1.27 mm、1 mm、0.8 mm、0.65 mm、0.5 mm 发展到 0.4 mm。此外，集成电路的封装技术也快速发展，在 PLCC、QFP 的基础上出现了 BGA、CSP 等封装形式。同时表面组装技术生产设备的性能不断提升，如贴片机的贴片速度大幅度提高；再流焊机的焊接质量不断提高，几乎接近无缺陷焊接。进入 21 世纪，表面组装技术进入微组装、高密度和立体组装的新阶段，新型表面组装元器件如多芯片组件（multichip module，MCM）等不断涌现，并进入快速发展和大量使用阶段。

我国表面组装技术的发展起步于 20 世纪 80 年代初，最初是从美国、日本引进表面组装生产线用于电视调谐器的生产。20 世纪 80 年代中期，我国表面组装技术进入高速发展阶段。20 世纪 90 年代初，我国表面组装技术已成为较成熟的新一代电子组装技术，并逐步取代通孔插装技术，成为电子组装技术的主流技术。一方面，国外知名电子制造企业将表面组装生产线引入我国；另一方面，国内知名企业如华为、中兴等公司，大量引进和购置各种表面组装生产设备，组建各种生产线，这些都大大促进了我国表面组装技术的发展。进入 21 世纪，我国电子产品制造业快速发展，每年都以较快的速度增长，整体规模已经处于世界主导地位。伴随着我国电子制造业的高速发展，表面组装技术也在同步迅猛发展，国内表面组装生产企业和生产线迅速增长。但也要清晰地看到，虽然国内表面组装生产设备已经与世界接轨，部分设备如印刷机、再流焊机已经国产化，但关键设备如贴片机仍依赖进口，在设计、工艺等方面与国际水平还有一定差距。

1.1.4 表面组装技术的发展趋势

表面组装技术自 20 世纪 60 年代中期问世以来，经过 50 多年的发展，已经成为当今电子组装技术的主流，渗透到电子产品制造的各个领域，而且还在继续向纵深方向发展，其发展趋势主要表现在以下几个方面。

1. 元器件的发展

电子元器件既是表面组装技术的基础，也是表面组装技术发展的动力，推动着表面组装技术不断更新和深化。随着半导体技术的发展，表面组装元器件正在向微型化、大容量发展，元器件的封装也朝着小体积、多引脚、多功能、高可靠性和低成本方向发展。例如，英制的 0402、0201 的表面组装元件已经相当普遍，后来还出现了 01005 这种接近设备和工艺极限尺寸的封装形式；表面组装器件的引脚间距向细间距方向发展，从最初的 1.27 mm、1 mm、0.8 mm、0.65 mm、0.5 mm、0.4 mm 发展到现在的 0.3 mm、0.25 mm、0.15 mm，引脚排列从四周引脚向器件底部阵列发展，引脚形状从鸥翼形发

展到球形，出现了 BGA、CSP、FC（倒装芯片）等封装形式；另外，随着微组装技术的发展，表面组装器件的封装也从二维向三维立体方向发展，出现了多芯片组件、系统级封装（system in package，SIP）等新的封装技术。

2．生产设备的发展

表面组装生产设备正在向智能化、高效化、柔性化的方向发展。例如，贴片机的高速贴装头与多功能贴装头之间可以实现任意切换；将贴装头换成点胶头即可将贴片机变成点胶机，贴片和点胶融为一体；印刷和贴装精度的稳定性不断提高，从而提高了生产效率；贴片机中的控制主机和功能模块能更加柔性组合，以满足用户的不同需要。此外，随着电子行业竞争的加剧，企业需要应对日益缩短的新品上市周期，满足更加苛刻的环保要求，并顺应更低成本以及更加微型化的趋势，这对表面组装生产设备提出了更高的要求。

3．绿色环保方向的发展

从表面组装元器件的制作材料、包装材料，到表面组装生产的工艺材料、生产设备以及表面组装的生产过程，都会对环境造成或多或少的污染。随着人们环保意识的不断增强，表面组装技术正在向绿色环保的方向发展，这就意味着表面组装生产的每个环节均要考虑到环保的要求，选择相应的表面组装生产设备和工艺材料，制定相应的工艺规范，构建相应的生产环境，运用科学的管理方式维护生产，以满足生产的需要和环保的要求。

绿色表面组装生产是表面组装技术未来的发展方向。未来的表面组装生产不仅要考虑规模和生产能力，还要考虑表面组装生产对环境的影响，在生产线设计、生产设备选型、工艺材料选择、工艺废料处理以及工艺管理等方面均需要考虑到环保的要求。

1.2　表面组装生产系统

1.2.1　表面组装生产线

微课
表面组装生产线

表面组装生产线的主要生产设备包括印刷机、点胶机、贴片机、再流焊机和波峰焊机等，辅助生产设备主要包括检测设备、返修设备、清洗设备、干燥设备、物料存储设备、上/下板机等。典型表面组装生产线的基本配置如图 1-2 所示。

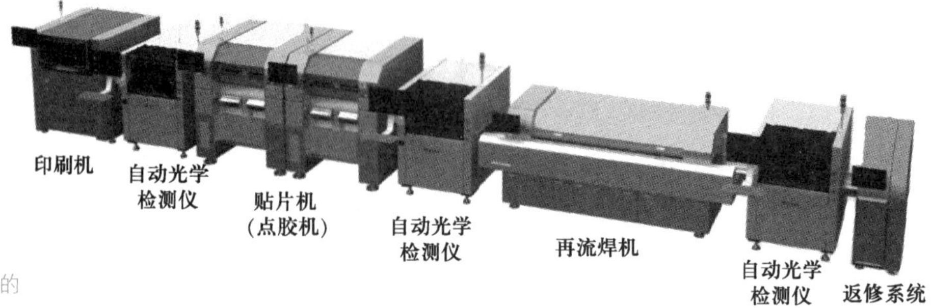

图 1-2
典型表面组装生产线的基本配置

1. 印刷机

印刷机位于表面组装生产线的最前端，其主要作用是将焊锡膏正确地印刷到 PCB 指定的焊盘或位置上，为元器件的贴装做好准备。

2. 点胶机

点胶机的主要作用是通过真空泵的压力，将贴片胶涂敷到 PCB 指定的位置上。在波峰焊时，贴片胶可用于将元器件固定到 PCB 上。

3. 贴片机

贴片机又称为贴装机，其主要作用是将表面组装元器件按事先编制好的程序从包装中取出，并准确贴装到 PCB 的指定位置上。贴片机是表面组装生产线中技术含量最高、最复杂、最昂贵的设备。

4. 再流焊机

再流焊机又称为回流焊机，其主要作用是通过一个加热环境，把预先分配在 PCB 上的焊料融化，使表面组装元器件与 PCB 焊盘通过焊锡膏合金牢固地连接起来。

5. 检测设备

检测设备的主要作用是对生产过程中的 PCB 进行检测，包括印刷质量检测、贴片质量检测、焊接质量检测、功能检测等。所用设备包括自动光学检测仪（AOI）、自动 X 射线检测仪（AXI）、在线测试仪、功能测试仪等。根据检测的需要，检测设备可以配置在生产线上合适的地方。

6. 返修设备

返修设备可以对检测出故障的 PCB，如存在焊锡球、锡桥、开路等缺陷的 PCB 进行返工修理。所用的设备有自动返修系统等。

1.2.2 表面组装生产线的分类

按照自动化程度不同，表面组装生产线可分为全自动生产线和半自动生产线。全自动生产线是指整条生产线上都是全自动设备，通过自动上板机、缓冲带和自动下板机将所有生产设备连成一条自动生产线。半自动生产线是指生产线上的主要生产设备没有连接起来或没有完全连接起来，例如印刷机是半自动的，需要人工印刷或者人工装卸 PCB。

按照生产线规模大小，表面组装生产线可分为大型生产线、中型生产线和小型生产线。大型生产线具有较大的生产能力，如一条大型单线生产线上的贴片机可由一台泛用型贴片机和多台高速贴片机组成。中、小型生产线则主要适合于中小企业，可满足多品种、中小批量或单一品种产品的生产，可以使用全自动生产线或半自动生产线。

按照生产产品的不同，表面组装生产线可分为单线生产线和双线生产线。单线生产线由印刷机、贴片机（包括高速贴片机和泛用型贴片机）、再流焊机、自动光学检测仪等设备组成，主要用于只在 PCB 单面组装表面组装元器件的产品，其基本组成示意图如图 1-3 所示。双线生产线由两条单线生产线组成，这两条单线生产线可以独立存在，也可以串联组成，主要用于在 PCB 双面组装表面组装元器件的产品，其基本组成示意图如图 1-4 所示。

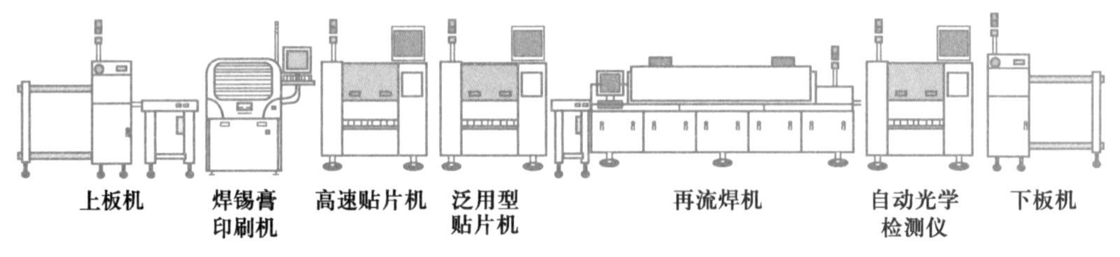

图 1-3
单线生产线基本组成示意图

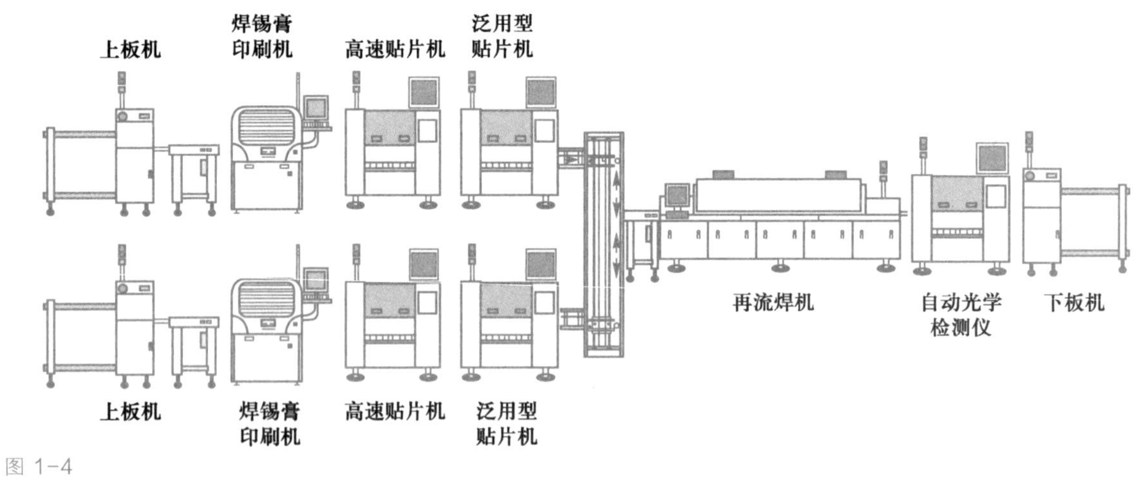

图 1-4
双线生产线基本组成示意图

1.3 表面组装工艺流程

1.3.1 表面组装方式

典型的表面组装方式有全表面组装、单面混装、双面混装。全表面组装是指 PCB 的任意一面或两面全部采用表面组装元器件，又可分为单面表面组装和双面表面组装；单面混装是指 PCB 上既有表面组装元器件，又有通孔插装元器件，通孔插装元器件在主面（元件面），表面组装元器件在主面或者辅面（焊接面）；双面混装是指双面都有表面组装元器件，通孔插装元器件在主面或者双面都有。表面组装方式如表 1-2 所示。

表 1-2 表面组装方式

组装方式		示意图	焊接方式	特征
全表面组装	单面表面组装	A B	单面再流焊	工艺简单，适用于小型简单电路板组装
	双面表面组装	A B	双面再流焊或A 面再流焊+B 面波峰焊	适用于高密度、薄型化组装
单面混装	通孔插装元器件在A面，表面组装元器件在B面	A B	B面波峰焊	工艺简单
	通孔插装元器件和表面组装元器件都在A面	A B	A 面再流焊+B面波峰焊	工艺简单
双面混装	通孔插装元器件在A面，表面组装元器件在A、B两面都有	A B	A 面再流焊+B面波峰焊	适用于高密度组装
	通孔插装元器件和表面组装元器件在A、B两面都有	A B	A 面再流焊+B面波峰焊+A 面选择性波峰焊	工艺复杂

注：A 面为主面，即元件面；B 面为辅面，即焊接面。

1.3.2 常见表面组装工艺流程

微课
表面组装工艺流程

表面组装工艺有两种基本的工艺流程，即焊锡膏—再流焊工艺和贴片胶—波峰焊工艺。表面组装的所有工艺流程都是在这两种基本工艺流程的基础上变化而来的。

焊锡膏—再流焊工艺：如图 1-5 所示，先在 PCB 焊盘上印刷适量的焊锡膏，再将表面组装元器件贴放到 PCB 指定焊盘上，最后将贴装好元器件的 PCB 通过再流焊完成焊接。该工艺流程的特点是简单、快捷，适用于只有表面组装元器件的组装。

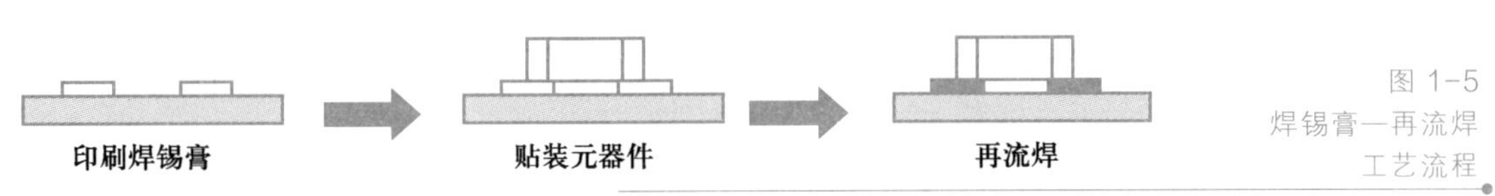

图 1-5 焊锡膏—再流焊工艺流程

贴片胶—波峰焊工艺：如图 1-6 所示，先在 PCB 焊盘间点涂适量的贴片胶，再将表面组装元器件贴放到 PCB 的指定焊盘上，然后将贴片胶进行固化，之后翻板，插装通孔插装元器件，最后将通孔插装元器件与表面组装元器件同时进行波峰焊。该工艺流程的特点是可使电子产品的体积进一步减小，并部分使用通孔插装元器件，价格更低，但所需设备增多，适用于表面组装元器件和通孔插装元器件的混合组装。

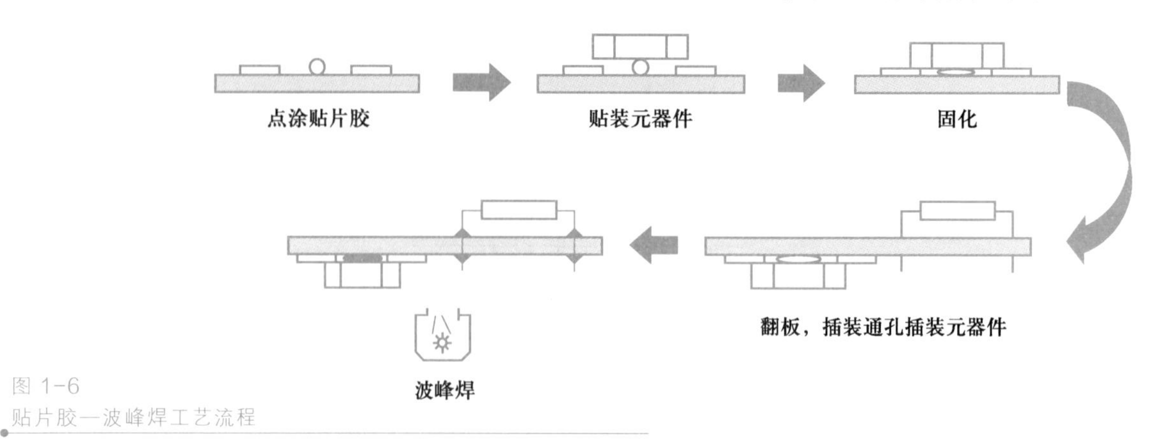

图 1-6
贴片胶—波峰焊工艺流程

现代电子产品往往不仅仅贴装表面组装元器件，有时还要焊接通孔插装元器件，因此采用表面组装工艺组装各种产品时所采用的流程均应以上述两种基本工艺流程为基础，两者单独或者混合使用，以满足不同产品生产的需求。常见的表面组装工艺流程分为以下四种。

1. 单面表面组装工艺流程

单面表面组装工艺流程全部采用表面组装元器件，主要完成在 PCB 单面的印刷、贴装、再流焊等工艺，其工艺流程如图 1-7 所示。

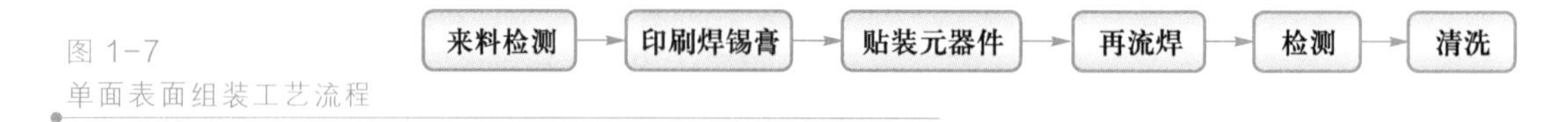

图 1-7
单面表面组装工艺流程

2. 双面表面组装工艺流程

双面表面组装工艺中，表面组装元器件分布在 PCB 的两面，组装密度高，其工艺流程可分为两种，如图 1-8 和图 1-9 所示。

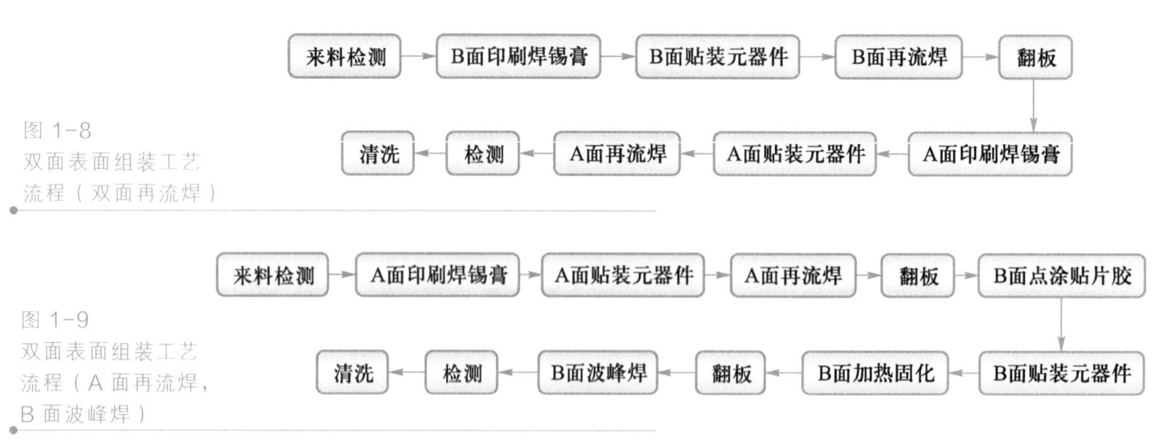

图 1-8
双面表面组装工艺流程（双面再流焊）

图 1-9
双面表面组装工艺流程（A 面再流焊，B 面波峰焊）

3. 单面混装工艺流程

单面混装工艺分为焊接面在同一面和元件面在同一面两种情况。针对焊接面在同一面的情况，采用波峰焊工艺，其工艺流程如图 1-10 所示。其中，先贴法适用于表面组装元器件数量大于通孔插装元器件数量的情况，后贴法适用于表面组装元器件数量小于通孔插装元器件数量的情况。针对元件面在同一面的情况，采用先进行 A 面的再流焊，再进行 B 面的波峰焊的工艺流程，如图 1-11 所示。

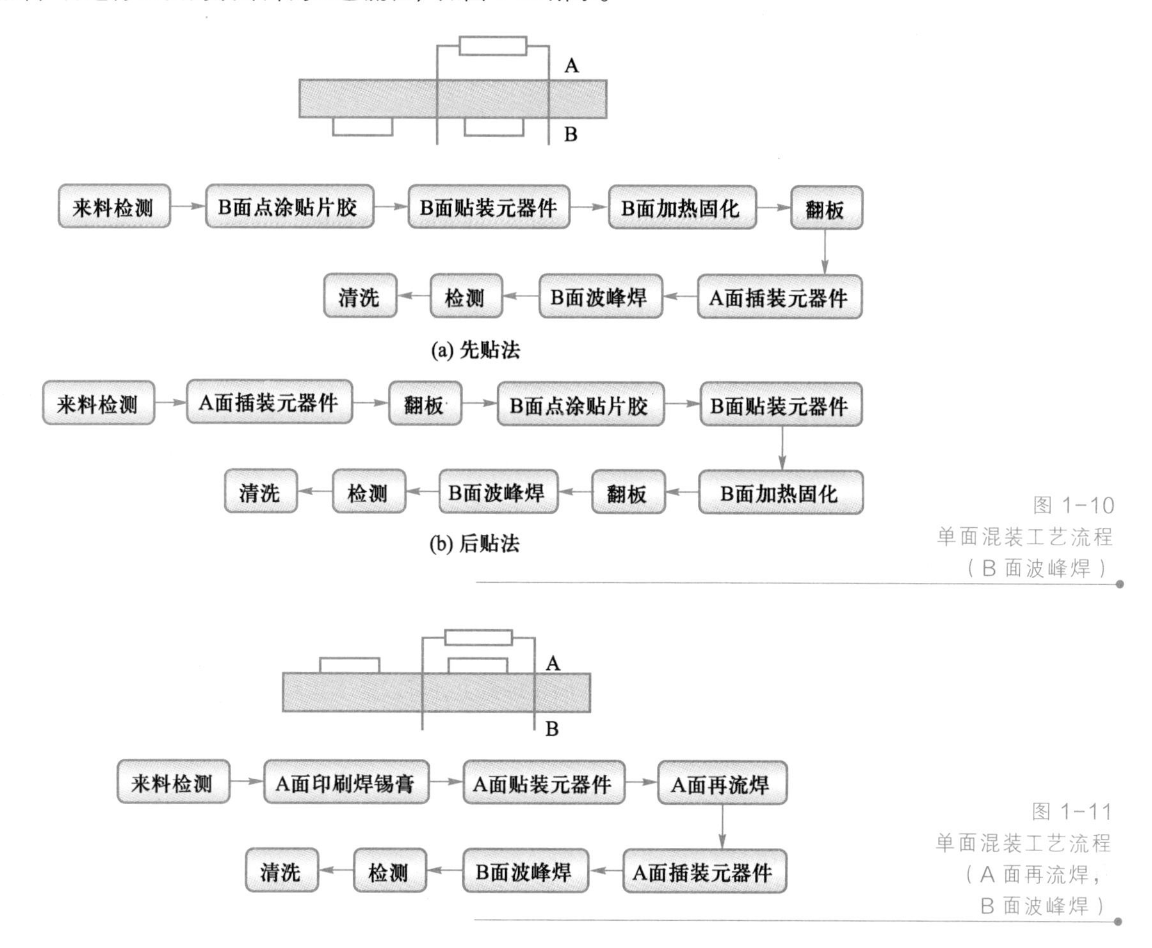

图 1-10
单面混装工艺流程（B 面波峰焊）

图 1-11
单面混装工艺流程（A 面再流焊，B 面波峰焊）

4. 双面混装工艺流程

双面混装工艺流程最为复杂，可分为两种形式，分别如图 1-12 和图 1-13 所示。图 1-12 所示工艺流程是先进行 A 面的再流焊，再进行 B 面的波峰焊。图 1-13 所示工艺流程是先进行 A 面的再流焊和 B 面的波峰焊，再在 A 面进行选择性波峰焊。

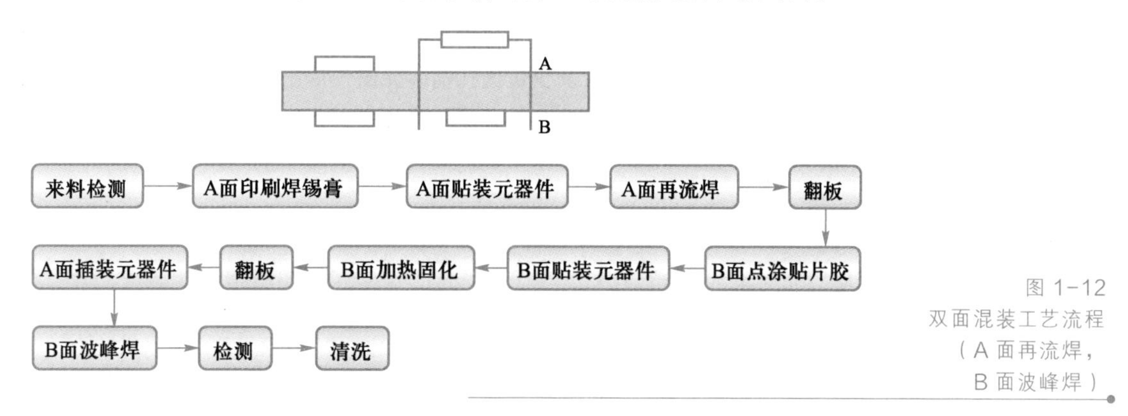

图 1-12
双面混装工艺流程（A 面再流焊，B 面波峰焊）

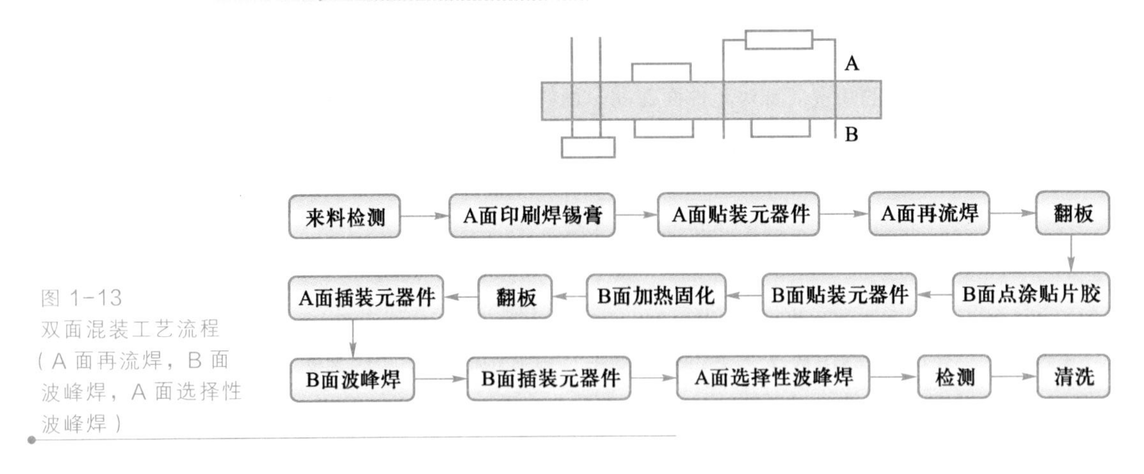

图 1-13
双面混装工艺流程（A 面再流焊，B 面波峰焊，A 面选择性波峰焊）

1.3.3　表面组装工艺流程的选择

选择表面组装工艺流程的主要依据是 PCB 的组装密度和表面组装生产线设备条件。当表面组装生产线具备再流焊、波峰焊两种焊接设备条件时，可作以下几个方面的考虑。

① 尽量采用再流焊工艺，这是因为与波峰焊相比，再流焊具有以下优越性：

a. 再流焊不像波峰焊那样，元器件直接浸渍在熔融的焊料中，所以元器件受到的冲击力小。

b. 再流焊时只需将焊料施加在焊盘上，可以控制焊料的施加量，避免产生焊接缺陷，可靠性高。

c. 再流焊具有自定位效应，即当元器件贴放位置有一定偏离时，由于熔融焊料表面张力的作用，在元器件全部焊端或引脚与相应焊盘同时被润湿的情况下，在润湿力和表面张力的作用下，元器件会被自动拉回近似的目标位置。

d. 再流焊的焊料中一般不会混入杂质，能正确地确保焊料的成分。

e. 再流焊可以采用局部加热热源，从而可在同一 PCB 上采用不同的焊接工艺。

② 对于一般密度的混装，当表面组装元器件和通孔插装元器件在 PCB 的同一面时，可采用 A 面再流焊、B 面波峰焊工艺；当通孔插装元器件在 A 面，表面组装元器件在 B 面时，可采用 B 面波峰焊工艺。

③ 在高密度混装条件下，当没有通孔插装元器件或只有极少量的通孔插装元器件时，可采用双面再流焊工艺以及少量通孔插装元器件后附的方法；当 A 面有较多通孔插装元器件时，可采用 A 面再流焊、B 面波峰焊工艺。

注意

在 PCB 的同一面，禁止采用先对表面组装元器件进行再流焊，后对通孔插装元器件进行波峰焊的工艺流程。

在进行工艺流程选择时应注意：选择最简单、质量最优秀的工艺；选择自动化程度最高、劳动强度最小的工艺；保证工艺流程路线最短、工艺材料种类最少；选择加工成本最低的工艺。

1.3.4 表面组装工艺的发展趋势

现代电子产品正在向体积小、质量轻、厚度薄、功能多、智能化的方向发展，表面组装元器件越来越小，表面组装器件的引脚间距越来越细，集成电路的集成度越来越高，这使得电子产品的组装密度越来越高，组装难度越来越大，也推动了表面组装工艺的不断发展，主要体现在以下几个方面：

① 目前表面组装主要采用焊锡膏—再流焊工艺，再流焊仍然是表面组装技术的主流工艺。

② 单面混装以及有较多通孔插装元器件时采用波峰焊工艺。

③ 在通孔插装元器件较少的混装板中，通孔插装元器件的再流焊工艺越来越多地被应用。

④ 随着无铅焊接的应用，传统的波峰焊工艺难度越来越大，选择性波峰焊被广泛采用。

⑤ FC、CSP、WLP（晶圆级封装）、POP（堆叠组装）等新型封装技术快速发展。

⑥ 挠性印制电路板（PFC）冲破了传统互连接技术观念，在各个领域得到了广泛应用。

此外，随着新型元器件的不断涌现，一些新技术、新工艺不断推出，极大地促进了表面组装工艺的改进、创新和发展，使得表面组装工艺向着更先进、更可靠的方向发展。

习题与思考

1. 简述表面组装技术的定义。
2. 简述表面组装技术的特点。
3. 表面组装技术与通孔插装技术有何区别?
4. 简述表面组装技术的发展历史。
5. 简述表面组装技术的发展趋势。
6. 简述表面组装生产线的构成及分类。
7. 简述表面组装工艺的基本工艺流程。
8. 选择表面组装工艺流程时应考虑哪些因素?
9. 表面组装方式有哪几种类型?
10. 简述表面组装工艺的发展趋势。

第2章　表面组装产品物料

表面组装产品物料主要包括表面组装元器件和表面组装印制电路板，它们是进行表面组装生产的物质基础。本章主要介绍常见的表面组装元器件（如电阻器、电容器、电感器、半导体分立器件、集成电路），以及表面组装印制电路板的基本特点、设计原则以及制作方法。

学习目标

知识目标

- 理解表面组装元器件的特点。
- 熟悉常见表面组装元器件的外形、尺寸、封装等信息。
- 掌握表面组装元件的标注信息。
- 掌握表面组装器件的封装形式。
- 掌握表面组装元器件的包装形式。
- 掌握表面组装元器件的存储与使用。
- 理解表面组装印制电路板的基本特点。
- 理解表面组装印制电路板的设计原则。

技能目标

- 能够读懂表面组装元件的标注信息。
- 能够区别表面组装器件的封装形式。
- 能够区别表面组装元器件的包装形式。
- 能够正确使用表面组装元器件。
- 能够根据生产要求设计表面组装印制电路板。

素质目标

- 培养自主学习能力。
- 培养沟通交流和统筹协调能力。
- 培养劳动意识和精益求精的工匠精神。

PPT 电子课件
表面组装产品物料

2.1　表面组装元器件

2.1.1　表面组装元器件的特点、分类和封装命名方法

表面组装元器件是指外形为矩形片式、圆柱形或异形，焊端或引脚制作在同一平面内并适合采用表面组装工艺的电子元器件。习惯上，人们把表面组装无源元件称为表面组装元件（surface mount component，SMC），如片式电阻器、电容器和电感器；而将表面组装有源器件称为表面组装器件（surface mount device，SMD），如小外形晶体管、集成电路等。表面组装元器件与传统的通孔插装元器件在功能上基本相同，但在体积、质量、高频特性等方面则具有传统通孔插装元器件无法比拟的优越性。表面组装元器件的出现极大地推动了电子产品向微型化、低成本、高性能的方向发展。目前，表面组装元器件已广泛应用于工业自动化、计算机、通信设备、消费电子产品等领域。

1. 表面组装元器件的特点

① 表面组装元器件的焊端上没有引线，或者只有非常短的引线。引脚间距比传统的通孔插装元器件小很多。在集成度相同的情况下，表面组装元器件的体积比传统的通孔插装元器件小很多。

② 表面组装元器件直接贴装在 PCB 表面，将电极焊接在元器件同一面的焊盘上，使得 PCB 的组装密度大大提高。

③ 表面组装元器件无引线或只有短引线，减少了寄生电容或寄生电感，从而改善了高频特性，有利于提高电路使用频率。

④ 表面组装元器件一般都紧紧贴在 PCB 表面，元器件与 PCB 表面非常贴近，空隙小，给清洗造成困难。

⑤ 大部分表面组装元器件体积小，组装集成度高，这就造成散热问题，也对 PCB 制造技术提出新的要求。

微课
表面组装元器件的分类

2. 表面组装元器件的分类

随着微电子技术的快速发展，各种不同的表面组装元器件大量出现。从结构形状上，表面组装元器件可分为矩形片式、圆柱形、异形等。从功能上，表面组装元器件可分为 SMC、SMD 和机电元件三大类，如表 2-1 所示。

表 2-1　表面组装元器件的分类

类别	元器件	种类
SMC（表面组装元件）	电阻器	矩形片式电阻器（厚膜型、薄膜型）、圆柱形电阻器、电阻网络、电位器等
	电容器	片状瓷介电容器、钽电解电容器、铝电解电容器、有机薄膜电容器、云母电容器等
	电感器	叠层型电感器、绕线型电感器、磁珠等
SMD（表面组装器件）	半导体分立器件	二极管、晶体管等
	集成电路	小规模、中规模、大规模和超大规模集成电路等
机电元件	开关、继电器	钮子开关、轻触开关、簧片继电器等
	连接器	连接器、片式或圆柱形跨接线等
	微电机	微型直流电动机、微型交流电动机等

3. 表面组装元器件封装命名方法

（1）SMC 封装命名

SMC 封装是以元件的外形尺寸来命名的。尺寸单位可分为英制和公制两个系列，欧美产品大多采用英制系列，日本产品大多采用公制系列，在我国这两种系列均在使用。对于用 4 位数字命名的 SMC 封装，其含义是前两位数字表示元件的长度，后两位数字表示元件的宽度。例如，英制系列 0805 封装的片式 SMC，表示其长度为 0.08 in（1 in≈25.4 mm），宽度为 0.05 in，其对应的公制系列为 2012，表示长度为 2.0 mm，宽度为 1.2 mm。对于用 5 位数字命名的 SMC 封装，其含义是前两位数字表示元件的长度，后三位数字表示元件的宽度。例如，英制系列 01005 封装的片式 SMC，表示其长度为 0.01 in，宽度为 0.005 in，其对应的公制系列为 0403，表示长度为 0.4 mm，宽度为 0.2 mm。典型 SMC 封装公制与英制系列对照如表 2-2 所示。

表 2-2　典型 SMC 封装公制与英制系列对照

公制系列	英制系列	公制系列	英制系列
0402	01005	2520	1008
0603	0201	3216	1206
1005	0402	3225	1210
1608	0603	4532	1812
2012	0805	5750	2220

（2）SMD 封装命名

SMD 封装是以器件的外形来命名的，主要包括半导体分立器件和集成电路两类。半导体分立器件的封装分为 SOD 和 SOT 两种，集成电路的封装按引脚形状和排列位置分为 SOP、SOJ、PLCC、LCCC、QFP、BGA、CSP 等。常见 SMD 封装中英文名称如表 2-3 所示。

表 2-3　常见 SMD 封装中英文名称

SMD 类型	SMD 封装名称	
	中文名称	英文名称
半导体分立器件	小外形二极管	SOD（small outline diode）
	小外形晶体管	SOT（small outline transistor）
集成电路	小外形封装	SOP（small outline package）
	小外形 J 形引脚封装	SOJ（small outline J-lead package）
	塑封有引脚芯片载体	PLCC（plastic leaded chip carrier）
	无引脚陶瓷芯片载体	LCCC（leadless ceramic chip carrier）
	方形扁平封装	QFP（quad flat package)
	球形栅格阵列	BGA（ball grid array）
	芯片尺寸级封装	CSP（chip scale package，chip size package）

2.1.2　表面组装电阻器

微课
表面组装电阻器

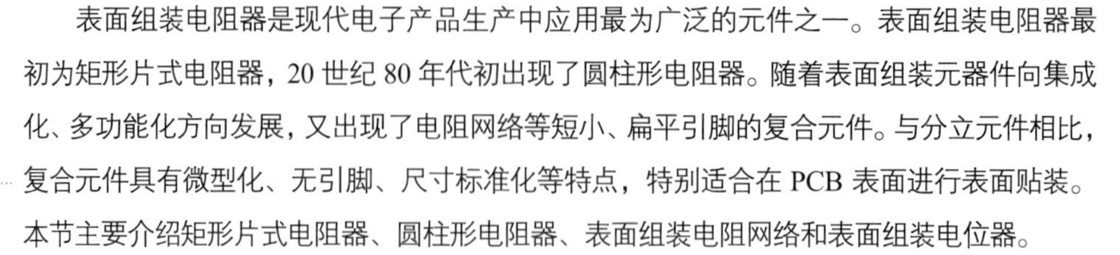

表面组装电阻器是现代电子产品生产中应用最为广泛的元件之一。表面组装电阻器最初为矩形片式电阻器，20 世纪 80 年代初出现了圆柱形电阻器。随着表面组装元器件向集成化、多功能化方向发展，又出现了电阻网络等短小、扁平引脚的复合元件。与分立元件相比，复合元件具有微型化、无引脚、尺寸标准化等特点，特别适合在 PCB 表面进行表面贴装。本节主要介绍矩形片式电阻器、圆柱形电阻器、表面组装电阻网络和表面组装电位器。

1. 矩形片式电阻器

矩形片式电阻器是表面组装生产中使用最多的电阻器。

（1）结构

矩形片式电阻器的结构如图 2-1（a）所示。矩形片式电阻器的基体为高纯度的氧化铝（Al_2O_3）陶瓷，具有良好的电绝缘性能，在高温下具有优良的导热性、电性能和机械强度等特征，充分保证了电阻、电极浆料印刷到位。在此基体上，可以采用两种不同的制造工艺涂覆电阻膜。按照该阶段制造工艺的不同，矩形片式电阻器可分为厚膜型（RK 型）和薄膜型（RN 型）两种。其中，厚膜型矩形片式电阻器的制作工艺是：在高纯度氧化铝基体上网印一层二氧化钌（RuO_2）电阻浆来制作电阻膜，通过改变电阻浆的成分或配比，得到不同的电阻值，然后将玻璃浆涂覆在电阻膜上，并烧结成釉保护层，使电阻体表面具有绝缘性，最后把基体两端做成焊端。厚膜型矩形片式电阻器的制作工艺简单，价格便宜，是目前在表面组装技术中应用最广泛的元件之一。薄膜型矩形片式电阻器则采用真空镀膜、溅射等薄膜工艺加工，在基体上喷射一层镍铬合金而成，其特点是电阻温度系数小，阻值精度高，性能稳定，但阻值范围较小，价格较贵，适用于精密高频领域。

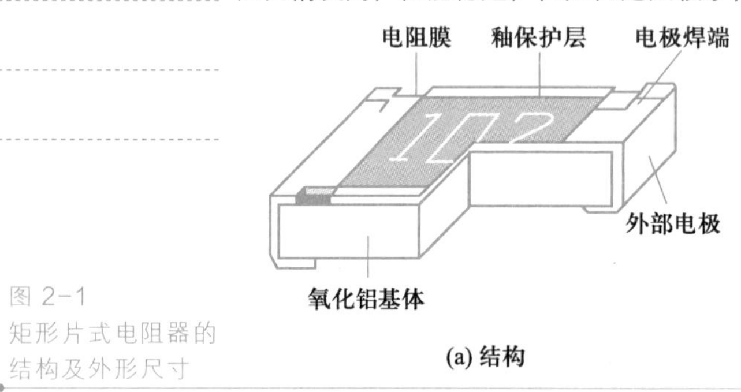

(a) 结构

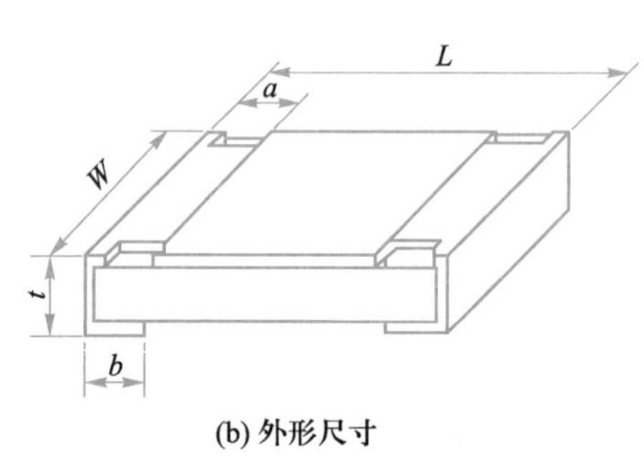

(b) 外形尺寸

图 2-1　矩形片式电阻器的结构及外形尺寸

（2）精度

矩形片式电阻器的精度及代号如表 2-4 所示。

表 2-4　矩形片式电阻器的精度及代号

精度	代号	IEC 系列
± 1%	F	E96 系列
± 2%	G	E48 系列
± 5%	J	E24 系列
± 10%	K	E12 系列

常见的矩形片式电阻器为 E24 和 E96 系列，这两个系列的矩形片式电阻器也称为标准电阻器。

（3）额定功率

电阻器的额定功率是指在规定的大气压力、温度范围下，电阻器所允许承受的最大功率。矩形片式电阻器的额定功率与封装尺寸有关，封装尺寸大的，额定功率相对较大；封装尺寸小的，额定功率相对较小。不同封装型号的矩形片式电阻器对应的额定功率如表 2-5 所示，其中，特殊功率是在额定功率基础上的提升功率。

表 2-5 矩形片式电阻器的额定功率

封装型号（英制系列）	0402	0603	0805	1206	1210	1812	2010	2512
额定功率/W	1/16	1/16	1/10	1/8	1/4	1/2	1/2	1
特殊功率/W	1/16	1/10	1/8	1/4	1/3	1/2	3/4	1

（4）外形尺寸

矩形片式电阻器的外形尺寸如图 2-1（b）和表 2-6 所示。

表 2-6 矩形片式电阻器的外形尺寸

封装型号		尺寸/mm				
英制系列	公制系列	长 L	宽 W	高 t	a	b
0201	0603	0.60±0.05	0.30±0.05	0.23±0.05	0.10±0.05	0.15±0.05
0402	1005	1.00±0.10	0.50±0.10	0.30±0.10	0.20±0.10	0.25±0.10
0603	1608	1.60±0.15	0.80±0.15	0.40±0.10	0.30±0.20	0.30±0.20
0805	2012	2.00±0.20	1.25±0.15	0.50±0.10	0.40±0.20	0.40±0.20
1206	3216	3.20±0.20	1.60±0.15	0.55±0.10	0.50±0.20	0.50±0.20
1210	3225	3.20±0.20	2.50±0.20	0.55±0.10	0.50±0.20	0.50±0.20
1812	4532	4.50±0.20	3.20±0.20	0.55±0.10	0.50±0.20	0.50±0.20
2010	5025	5.00±0.20	2.50±0.20	0.55±0.10	0.60±0.20	0.60±0.20
2512	6432	6.40±0.20	3.20±0.20	0.55±0.10	0.60±0.20	0.60±0.20

（5）标注

电阻器的阻值一般通过读取标注获得，标注通常采用数字和字母组合的形式。矩形片式电阻器的标注一般位于电阻器本体上，由于 0402 和 0201 的元件尺寸比较小，所以在电阻器本体上没有标注，其阻值可以通过料盘上的标注读出。因此，矩形片式电阻器的标注分为电阻器本体上的标注和料盘上的标注两种。

① 电阻器本体上的标注。电阻器本体上的标注通常会根据精度的不同，采用数字组合或数字和字母组合的形式丝印在电阻器本体上，如图 2-2 所示。

图 2-2
矩形片式电阻器本体上的标注

两种标准电阻器上标注的读数方法如下：

a. 当矩形片式电阻器的精度为 ± 5%时，标注采用 3 位数字表示，其读数方法如表 2-7 所示。

表 2-7　3 位数字标注读数方法

阻值范围	标注方法	举例
电阻值≥10 Ω	前 2 位数字表示有效数字，最后 1 位数字为有效数字后加“0”的个数	101 表示 100 Ω
		562 表示 5.6 kΩ
电阻值<10 Ω	小数点的位置在 R 处	4R7 表示 4.7 Ω
		1R0 表示 1.0 Ω

b. 当矩形片式电阻器的精度为 ± 1%时，标注采用 4 位数字表示，其读数方法如表 2-8 所示。

表 2-8　4 位数字标注读数方法

阻值范围	标注方法	举例
电阻值≥100 Ω	前 3 位数字表示有效数字，最后 1 位数字为有效数字后加“0”的个数	1001 表示 1 kΩ
		2003 表示 200 kΩ
电阻值<100 Ω	小数点的位置在 R 处	28R7 表示 28.7 Ω
		10R0 表示 10.0 Ω

② 料盘上的标注。电阻器料盘上通常采用一组数字和字母来表示电阻器的标注信息，目前并没有统一的命名方法，不同的生产企业略有不同，通常包括产品代号、额定功率代号、封装型号代号、温度系数代号、标称阻值代号、精度代号、包装形式代号等。例如，风华高新生产的矩形片式电阻器料盘上的标注及其含义如图 2-3 所示。

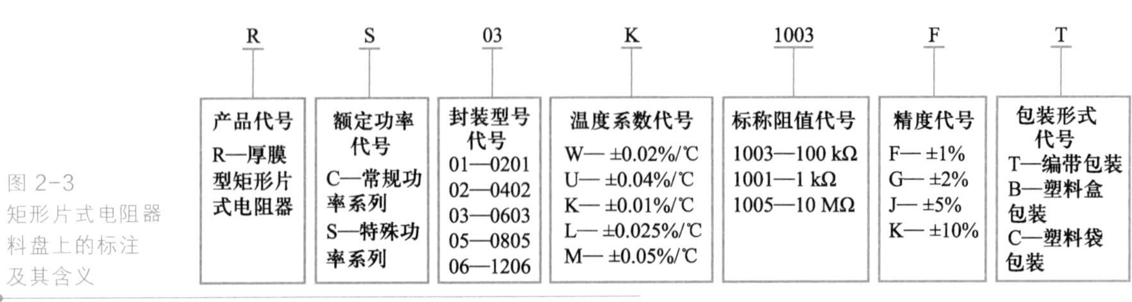

图 2-3
矩形片式电阻器料盘上的标注及其含义

2．圆柱形电阻器

圆柱形电阻器即金属电极无引脚端面（metal electrode leadless face，MELF）电阻器，它的结构、形状和制造方法基本上与带引脚电阻器相同，只是去掉了电阻器的轴向引脚，制作成无引脚形式。与矩形片式电阻器相比，圆柱形电阻器无方向性和正反面性，包装使用方便，装配密度高，固定到 PCB 上有较高的抗弯曲能力，特别是噪声电平和三次谐波失真都比较低，常用于高档音响电器产品中，但圆柱形电阻器的标准化不够完善。

（1）结构

圆柱形电阻器采用薄膜工艺制成，其结构如图 2-4（a）所示。在高纯度陶瓷基体表面溅射镍铬合金膜或者碳膜，在膜上刻槽以调整电阻值，两端压上金属焊端，再涂敷耐热漆形成保护膜，并印上色环标志。圆柱形电阻器主要分为碳膜、金属膜及玻璃釉膜电阻器三大类。

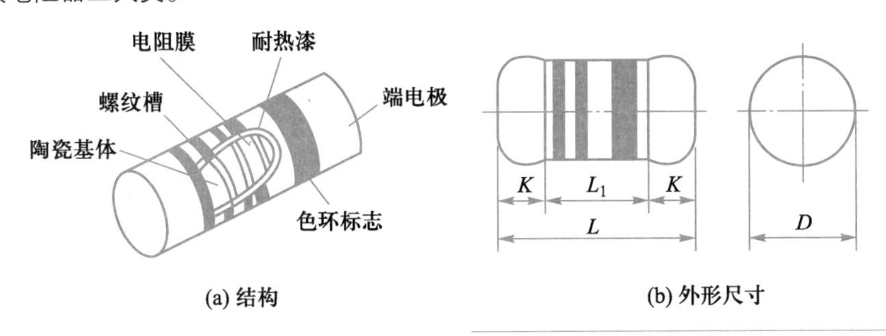

图 2-4 圆柱形电阻器的结构及外形尺寸

（2）精度

常见圆柱形电阻器的精度如表 2-9 所示。

表 2-9 圆柱形电阻器的精度

分类	碳膜电阻器	金属膜电阻器	玻璃釉膜电阻器
精度	±2%、±5%	±0.25%、±0.5%、±1%	±0.25%、±0.5%、±1%、±10%
标称阻值系列	E24	E48	E96

（3）外形尺寸

圆柱形电阻器的外形尺寸如图 2-4（b）和表 2-10 所示。

表 2-10 圆柱形电阻器的外形尺寸

常见型号	碳膜电阻器	—	RDM73S RDM73P	—	RDM74S RDM74P	—	—
	金属膜电阻器	RJM72P	RJM73S RJM73P	RJM74S RJM74P	RJM16M	RJM17M	RJM18M
	玻璃釉膜电阻器	RGM72	RGM73	RGM74	RGM16M	RGM17M	RGM18M
尺寸/mm	$L(\pm0.2)$	2.2	3.5	5.5	5.9	8.6	11.6
	$L_1(\pm0.2)$	1.0	1.6	3.5	3.9	6.2	8.8
	$D(\pm0.2)$	1.3	1.3	2.1	2.1	3.1	3.6
	$K(\pm0.2)$	0.4	0.8	1.0	1.2	1.5	1.6

（4）标注

圆柱形电阻器的色环标志如图 2-5 所示。当电阻值精度为 ±5%时，采用三色环标志，前面 2 环表示有效数字，第 3 环表示有效数字的倍率，三色环中没有精度环；当电阻值精度为 ±2%时，采用四色环标志，前面 2 环表示有效数字，第 3 环表示有效数字的倍率，第 4 环表示精度；当电阻值精度为 ±1%时，采用五色环标志，前面 3 环表示有效数字，第 4 环表示有效数字的倍率，第 5 环表示精度。

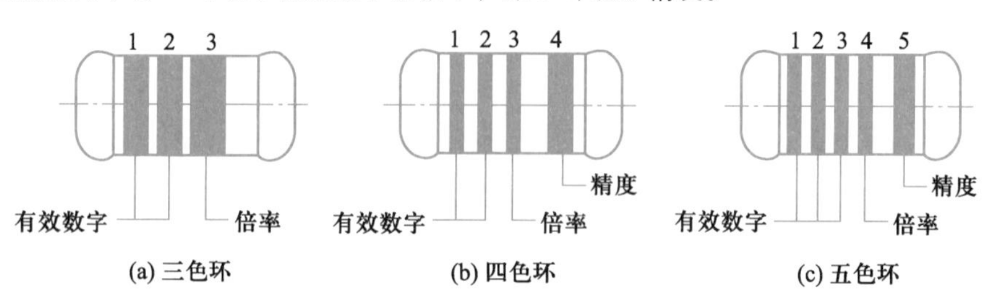

图 2-5 圆柱形电阻器的色环标志

通常色环的第 1 环靠近电阻器的一端，最后 1 环比其他各环宽 1.5～2 倍，色环标志中各环表示的意义如表 2-11 所示。

表 2-11　色环标志中各环表示的意义

颜色	有效数字	倍率	精度/%	颜色	有效数字	倍率	精度/%
黑	0	10^0	—	紫	7	10^7	±0.1
棕	1	10^1	±1	灰	8	10^8	±0.05
红	2	10^2	±2	白	9	10^9	—
橙	3	10^3	—	金	—	10^{-1}	±5
黄	4	10^4	—	银	—	10^{-2}	±10
绿	5	10^5	±0.5	无色	—	—	±20
蓝	6	10^6	±0.25				

3．表面组装电阻网络

表面组装电阻网络又称贴片电阻排或集成电阻器，它是指在一块基体上，将多个参数和性能一致的电阻，按预定的配置要求连接后置于一个组装体内形成的电阻网络，具有体积小、质量轻、可靠性高、可焊性好等特点。使用表面组装电阻网络时，焊接远离元件的引出端，不会带来热冲击；引出端扁平短小，且元件均进行密封，寄生电参数小，便于屏蔽。

（1）分类

表面组装电阻网络按电阻膜特性分为厚膜型和薄膜型，其中厚膜型电阻网络用得最多，薄膜型电阻网络只在高频、高精密度的情况下使用。

表面组装电阻网络按结构特性分为 SOP 型、芯片功率型、芯片载体型和芯片阵列型四种。

SOP 型电阻网络是将电阻元件用厚膜或薄膜方法制作在氧化铝基体上，将内部连接与外引出端焊接，再经模塑封装而制成的。这种电阻网络在耐湿性和机械强度等方面具有突出的优点，其两侧的引线在装配时可起到一定的缓冲效果。

芯片功率型电阻网络采用的是氧化钌厚膜或薄膜型电阻器，并在电路表面覆盖低熔点玻璃膜。这种电阻网络的特点是电路功率较大，尺寸较大，精度高，适用于功率电路。

芯片载体型电阻网络是在硅基片上制作薄膜微片电阻网络，再通过粘贴或低温焊接的方法贴装在陶瓷基体上，并用连接线将微片上的焊区和基体上的焊区焊接起来。基体的四个侧面都印烧上电极，并镀上 Ni-Sn 层。这种电阻网络具有小而薄的特点，可高速贴装。

芯片阵列型电阻网络可视为矩形片式电阻器的阵列化，如图 2-6 所示。它将多个电阻器按阵列形式制作在一块氧化铝陶瓷基体上，在基体两侧印烧电极，并电镀 Ni-Sn 层，其结构、用材及各种性能与矩形片式电阻器相似。

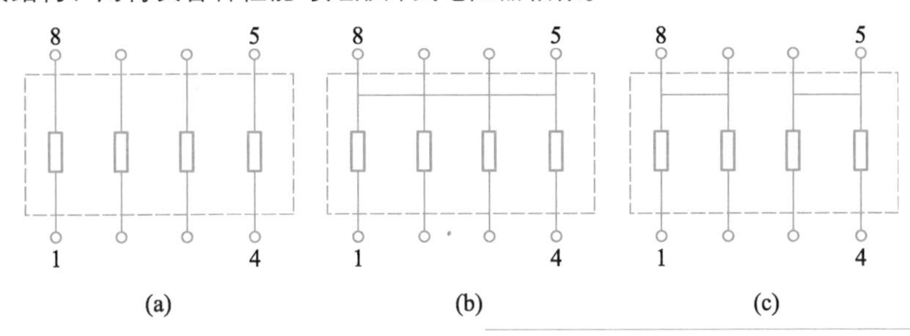

图 2-6
芯片阵列型电阻网络

以上四类表面组装电阻网络的结构与特征如表 2-12 所示。

表 2-12　表面组装电阻网络的结构与特征

类　型	结　构	特　征
SOP 型	外引出端子与 SOIC（小外形封装集成电路）相同，膜塑封装，厚膜或薄膜型电阻器	适用于高密度组装
芯片功率型	氧化钌厚膜或薄膜型电阻器	功率大，外形稍大，适用于专用电路
芯片载体型	电阻芯片贴于载体基板上，基板侧面四周电极均匀分布	小型、薄型电阻网络，适用于高密度电路，仅适用于再流焊
芯片阵列型	电阻芯片以阵列形式排列，在基板两侧有电极	小型、简单电阻网络

（2）外形尺寸

以 SOP 型电阻网络为例，其外形尺寸如图 2-7 和表 2-13 所示。

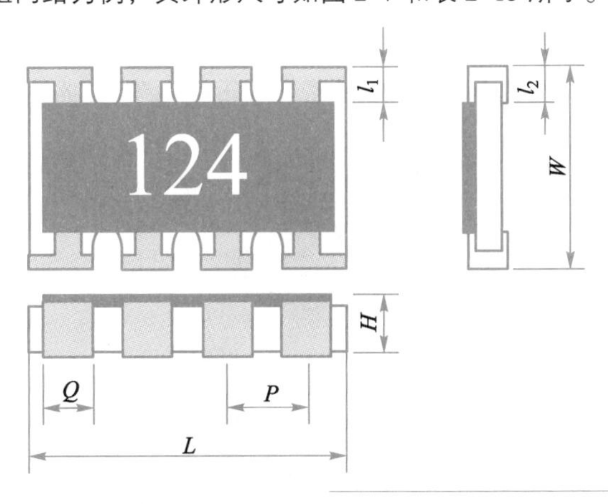

图 2-7
SOP 型电阻网络的外形尺寸

表 2-13　SOP 型电阻网络的外形尺寸　　单位：mm

L	W	H	P	Q	l_1	l_2
1.00 ± 0.10	1.00 ± 0.10	0.35 ± 0.10	0.65 ± 0.05	0.35 ± 0.10	0.15 ± 0.05	0.25 ± 0.10
2.00 ± 0.10	1.00 ± 0.10	0.45 ± 0.10	0.50 ± 0.05	0.20 ± 0.15	0.15 ± 0.05	0.25 ± 0.10
3.20 ± 0.15	1.60 ± 0.15	0.50 ± 0.10	0.80 ± 0.10	0.50 ± 0.15	0.30 ± 0.20	0.30 ± 0.15
5.08 ± 0.20	3.10 ± 0.20	0.60 ± 0.10	1.27 ± 0.10	1.10 ± 0.15	0.50 ± 0.20	0.50 ± 0.15

（3）料盘上的标注

在表面组装电阻网络的料盘上，通常也会采用一组数字和字母来表示电阻网络的标注信息，主要包括产品代号、封装型号代号、端子个数和形状代号、标称阻值代号、精度代号、包装形式代号等。例如，风华高新生产的表面组装电阻网络料盘上的标注及其含义如图 2-8 所示。

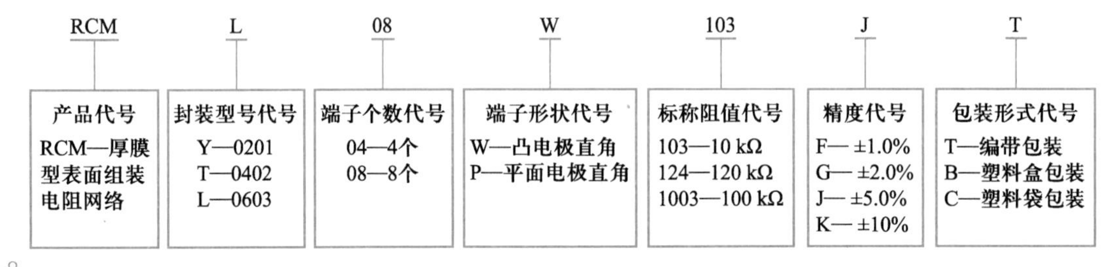

图 2-8
表面组装电阻网络料盘上的标注及其含义

4. 表面组装电位器

表面组装电位器又称为片式电位器，包括片状、柱状、扁平矩形等各类电位器。按照功能，片式电位器可分为可变电阻器和分压式电位器。可变电阻器是一种两端元件，其阻值可以调节；而分压式电位器则是一种三端元件，利用抽头部分来对固定阻值进行调节。

（1）分类

表面组装电位器按结构可分为敞开式微调电位器和密封式微调电位器两类。

① 敞开式微调电位器。敞开式微调电位器无外壳保护，灰尘和潮气易进入产品，对性能有一定影响，但其价格低廉，常用于消费类电子产品中。片状敞开式微调电位器仅适用于再流焊工艺，不适用于波峰焊工艺。敞开式微调电位器的实物如图 2-9 所示。

图 2-9
敞开式微调电位器的实物

② 密封式微调电位器。密封式微调电位器经过密封处理，适用于各种焊接工艺，具有调节方便、可靠、寿命长的特点，常用于高档电子产品中。密封式微调电位器可分为单圈或多圈调节、顶调或侧调几种不同的类型，如图 2-10 所示。

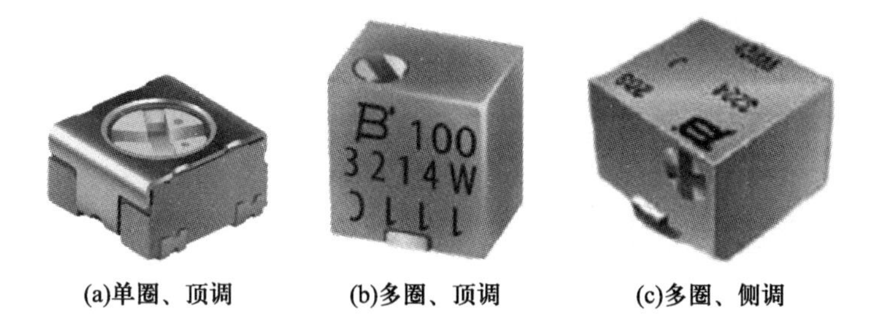

(a)单圈、顶调　(b)多圈、顶调　(c)多圈、侧调

图 2-10
密封式微调电位器的实物

（2）外形尺寸

常见的敞开式和密封式微调电位器的焊盘尺寸如图 2-11 和图 2-12 所示。

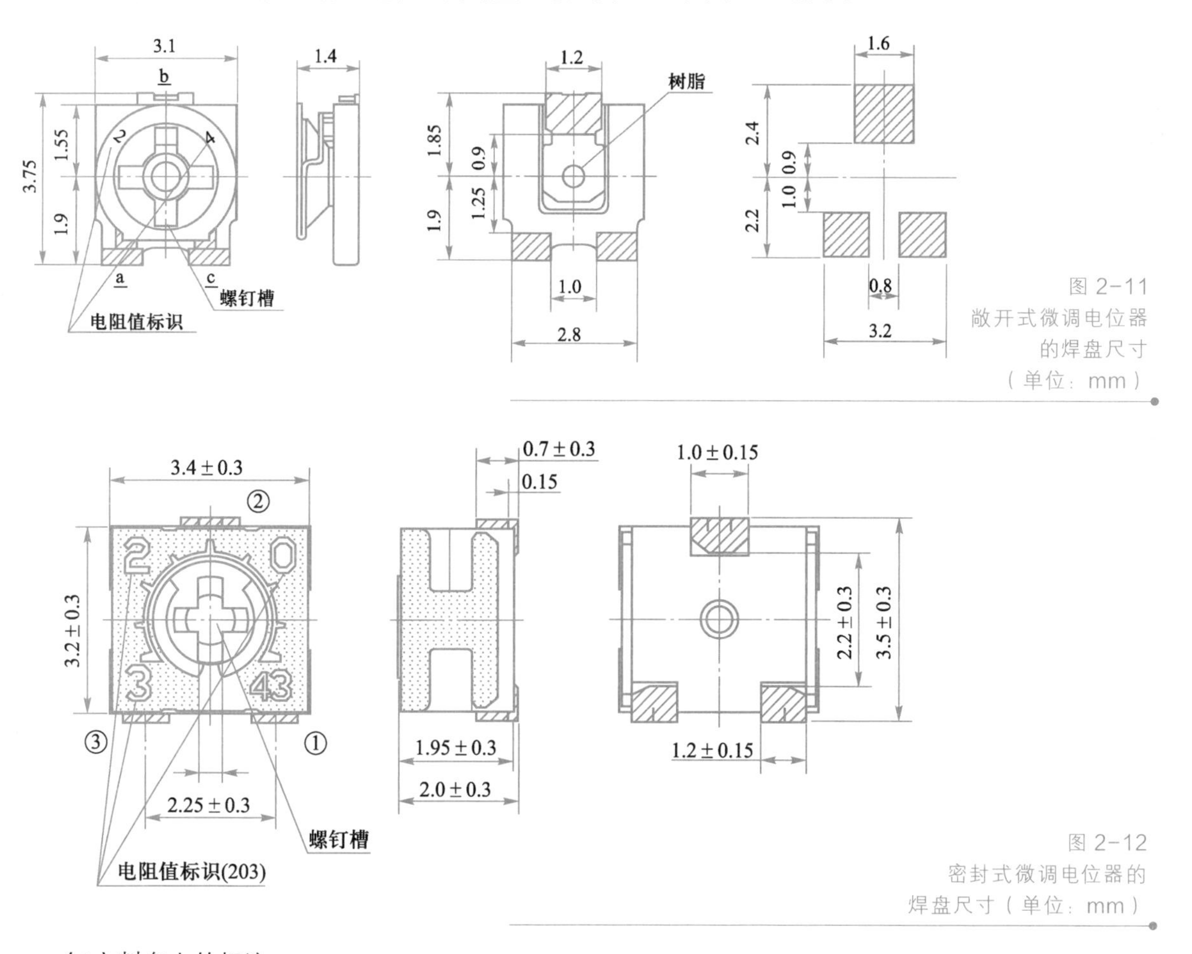

图 2-11
敞开式微调电位器的焊盘尺寸（单位：mm）

图 2-12
密封式微调电位器的焊盘尺寸（单位：mm）

（3）料盘上的标注

表面组装电位器的料盘上通常采用一组数字和字母来表示电位器的标注信息，主要包括产品代号、形状结构代号、包装形式代号、元件数量代号、标称阻值代号等。例如，松下公司生产的表面组装电位器料盘上的标注及其含义如图 2-13 所示。

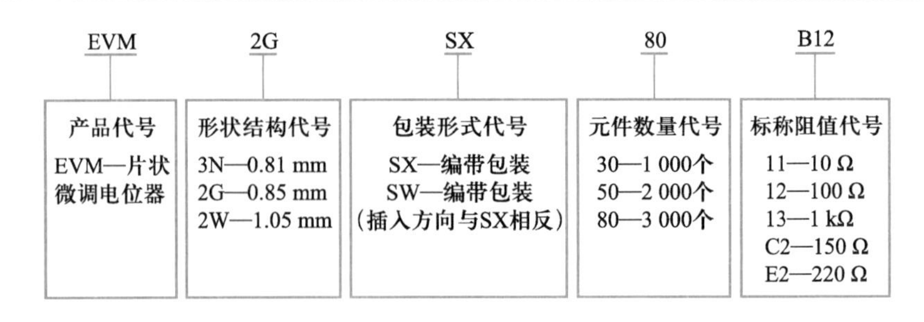

图 2-13
表面组装电位器料盘上的标注及其含义

2.1.3　表面组装电容器

表面组装电容器主要包括片式瓷介电容器、钽电解电容器、铝电解电容器、有机薄膜电容器和云母电容器。在实际应用中，使用较多的是片式瓷介电容器（其中多层片式瓷介电容器占 80%），其次是钽电解电容器和铝电解电容器，有机薄膜电容器和云母电容器使用较少。本节主要介绍片式瓷介电容器、钽电解电容器和铝电解电容器。

微课
表面组装电容器

1. 片式瓷介电容器

片式瓷介电容器根据其结构和外形可以分为矩形瓷介电容器和圆柱形瓷介电容器，其中矩形瓷介电容器又分为单层片式瓷介电容器和多层片式瓷介电容器。多层片式瓷介电容器（multilayer ceramic capacitor，MLCC）也称为独石电容器，这里主要介绍 MLCC。

（1）结构

片式瓷介电容器以陶瓷材料为电容介质，MLCC 是在单层片式瓷介电容器的基础上制成的，电极深入电容器内部，并与陶瓷介质相互交错。电极的两端露在外面，并与两端的焊端相连。MLCC 通常是无引脚矩形结构，外部电极与矩形片式电阻器相同，也是 3 层结构，即 Ag-Ni/Cd-Sn/Pb。其实物与结构如图 2-14 所示。

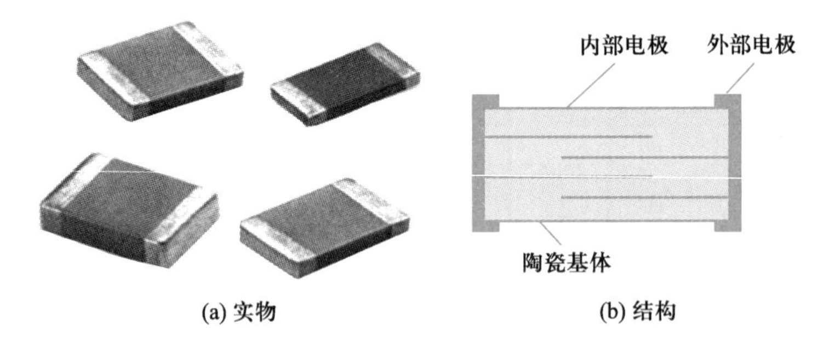

图 2-14
MLCC 的实物与结构

MLCC 的特点主要包括：轻薄，无引脚，寄生电感小，等效串联电阻低，电路损耗小，高频特性好。由于 MLCC 的电极与介质材料共烧结，因此其耐潮性好，结构牢固，可靠性高，具有优良的稳定性和可靠性。

（2）分类

MLCC 按用途可分为 Ⅰ 类瓷介电容器和 Ⅱ 类瓷介电容器两种，其特点及用途如表 2-14 所示。

表 2-14　各类 MLCC 的特点及用途

MLCC 类型	Ⅰ类瓷介电容器	Ⅱ类瓷介电容器	
介质名称	C0G/NPO	X7R	Z5V
国产型号	CC41	CT41-2X1	CT41-2E6
工作温度	-55～125 ℃	-55～125 ℃	-55～85 ℃
特点	低损耗电容材料，高稳定性电容量，不随温度、电压和时间的变化而改变	电气性能稳定，随温度、电压、时间的变化，其特性变化不显著，属于稳定性电容器	具有较高的介电常数，电容量较高，属低频通用型
用途	用于对稳定性、可靠性要求较高的高频、特高频、甚高频电路	在对可靠性要求较高的高频电路中用于隔直、耦合、旁路、滤波	用于对电容器的损耗要求偏低，并要求电容器标称容量较高的电路

（3）外形尺寸

MLCC 的外形尺寸如图 2-15 和表 2-15 所示。

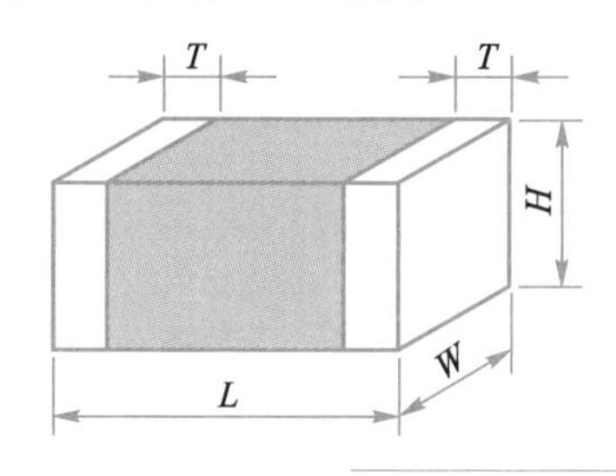

图 2-15
MLCC 的外形尺寸

表 2-15　常见 MLCC 的外形尺寸

封装型号（公制系统）	尺寸/mm			
	长 L	宽 W	高 H	端头宽度 T
0603	0.60 ± 0.03	0.30 ± 0.03	0.30 ± 0.03	≥0.10，≤0.20
1005	1.00 ± 0.05	0.50 ± 0.05	0.50 ± 0.05	0.25 ± 0.10
1608	1.60 ± 0.10	0.80 ± 0.10	0.80 ± 0.10	0.30 ± 0.10
2012	2.00 ± 0.20	1.25 ± 0.20	0.80±0.10 1.00±0.10 1.25±0.20	0.50 ± 0.25
3216	3.20 ± 0.30	1.60 ± 0.20	0.80±0.10 1.00±0.10 1.25±0.20	0.50 ± 0.25

（4）精度

当电容量大于 10 pF 时，MLCC 精度的表示方法如表 2-16 所示；当电容量小于或等于 10 pF 时，MLCC 精度的表示方法如表 2-17 所示。

表 2-16　MLCC（电容量>10 pF）精度的表示方法

代号	B	F	G	J	K	M
精度	± 0.5%	± 1%	± 2%	± 5%	± 10%	± 20%

表 2-17　MLCC（电容量≤10 pF）精度的表示方法

代号	A	B	C	D	E	F
精度	± 0.05 pF	± 0.1 pF	± 0.25 pF	± 0.5 pF	± 1 pF	± 1 pF

（5）料盘上的标注

MLCC 本体上通常不做任何标注，而是将字母和数字的组合标记在料盘上。不同厂家的标注形式和方法有所不同，主要标注信息包括封装型号、介质种类代号、标称容量代号、精度代号、额定电压代号、端头材料代号、包装形式代号等。例如，风华高新生产的 MLCC 料盘上的标注及其含义如图 2-16 所示。

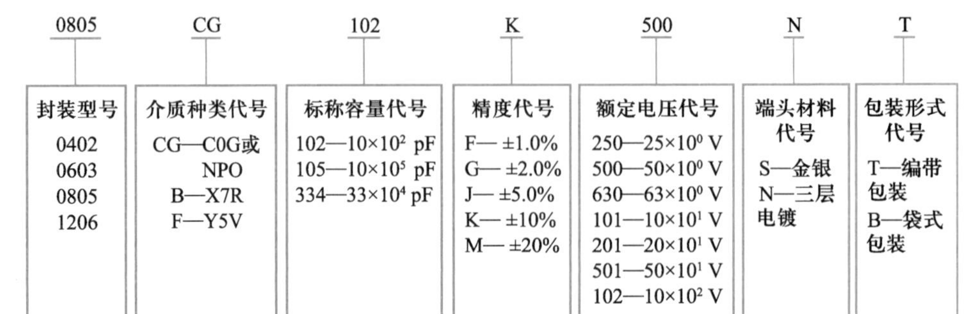

图 2-16
MLCC 料盘上的标注及其含义

2. 钽电解电容器

钽电解电容器以金属钽作为电容介质，其内部没有电解液，适合在高温下工作，工作温度范围为-50～100 ℃。钽电解电容器的颜色通常为浅黄色或黑色，具有体积小、电容量大的特点，因而电容量超过 0.33 μF 时通常使用钽电解电容器。钽电解电容器的电解质响应速度快，常常应用于高速运算处理的大规模集成电路中。按照外形结构，钽电解电容器可以分为片式矩形和圆柱形两种，下面以片式矩形固体钽电解电容器为例进行介绍。

（1）结构

片式矩形固体钽电解电容器采用高纯度的钽粉末与黏结剂混合，埋入钽引线后，在 1 800～2 000 ℃的真空炉中烧结成多孔性的烧结体作为阳极；用硝酸锰热解反应，在烧结体表面形成固体电解质的二氧化锰作为阴极；经过石墨、导电涂料涂敷后，进行阴、阳极引出线的连接，然后封装成型。片式矩形固体钽电解电容器的实物与内部结构如图 2-17 所示。

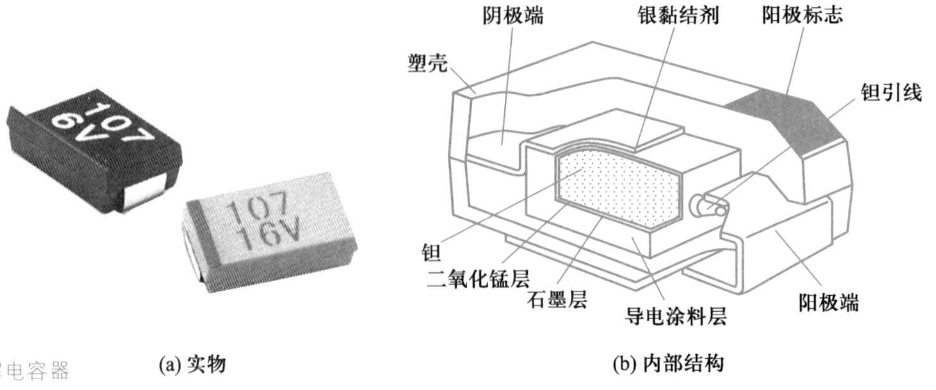

(a) 实物　　(b) 内部结构

图 2-17
片式矩形固体钽电解电容器的实物与内部结构

（2）分类

按封装形式的不同，片式矩形钽电解电容器分为裸片型、模塑封装型和端帽型三种不同类型。裸片型无封装外壳，吸嘴无法吸取，因此贴片机无法贴装，一般用于手工贴装。该类型电容器尺寸小，成本低，但对恶劣环境的适应性差。对裸片型钽电解电容器来说，有引线的一端为正极。模塑封装型较为常见，多数为浅黄色塑料封装，成本高，尺寸较大，可用于自动化贴装。该类型电容器的阴极和阳极与框架引脚的连接会导致热应力过大，对机械性能影响较大，广泛应用于通信类电子产品中。对模塑封装型钽电解电容器来说，靠近深色标记线的一端为正极。端帽型也称树脂封装型，主体为黑色树脂封装，两端有金属帽电极，体积中等，成本较高，高频特性好，机械强度高，适合于自动化贴装，常用于投资类电子产品中。对端帽型钽电解电容器来说，靠近白色标记线的一端为正极。

（3）外形尺寸

片式矩形固体钽电解电容器的外形尺寸如图 2-18 所示和表 2-18 所示。

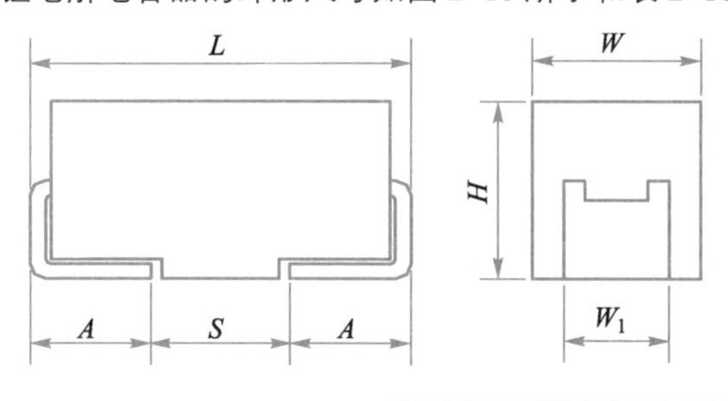

图 2-18 片式矩形固体钽电解电容器的外形尺寸

表 2-18 片式矩形固体钽电解电容器的外形尺寸

封装型号	尺寸/mm					
	元件长度 L	元件宽度 W	元件厚度 H	焊端长度 W_1	焊端宽度 A	焊盘间距 S
2012	2.0 ± 0.2	1.3 ± 0.2	1.2 ± 0.2	1.0	0.5	0.85
3216	3.2 ± 0.2	1.6 ± 0.2	1.6 ± 0.2	1.2	0.8	1.1
3528	3.5 ± 0.2	2.8 ± 0.2	1.9 ± 0.2	2.2	0.8	1.4
6032	6.0 ± 0.2	3.2 ± 0.2	2.5 ± 0.3	2.2	1.3	2.9
7343	7.3 ± 0.2	4.3 ± 0.2	2.8 ± 0.3	2.4	1.3	4.4

（4）标注

片式矩形固定钽电解电容器的标注分为两种。第一种是标注在元件本体上，主要标注极性标志、标称容量和额定电压。如图 2-19 所示，印有标记线的一端为该电容器的正极；本体上的 3 位数字 226 表示该电容器的标称容量为 22 μF，具体读数方法与矩形片式电阻器一致；35 V 表示该电容器的额定电压为 35 V。

第二种是标注在元件的料盘上，通过读取数字和字母组合的标注信息来获取电容器有关参数的数值，主要包括产品代号、系列代号、额定电压代号、标称容量代号、精度代号、封装型号代号、包装形式代号、极性代号等。例如，三星公司生产的片式矩形固体钽电解电容器料盘上的标注及其含义如图 2-20 所示。

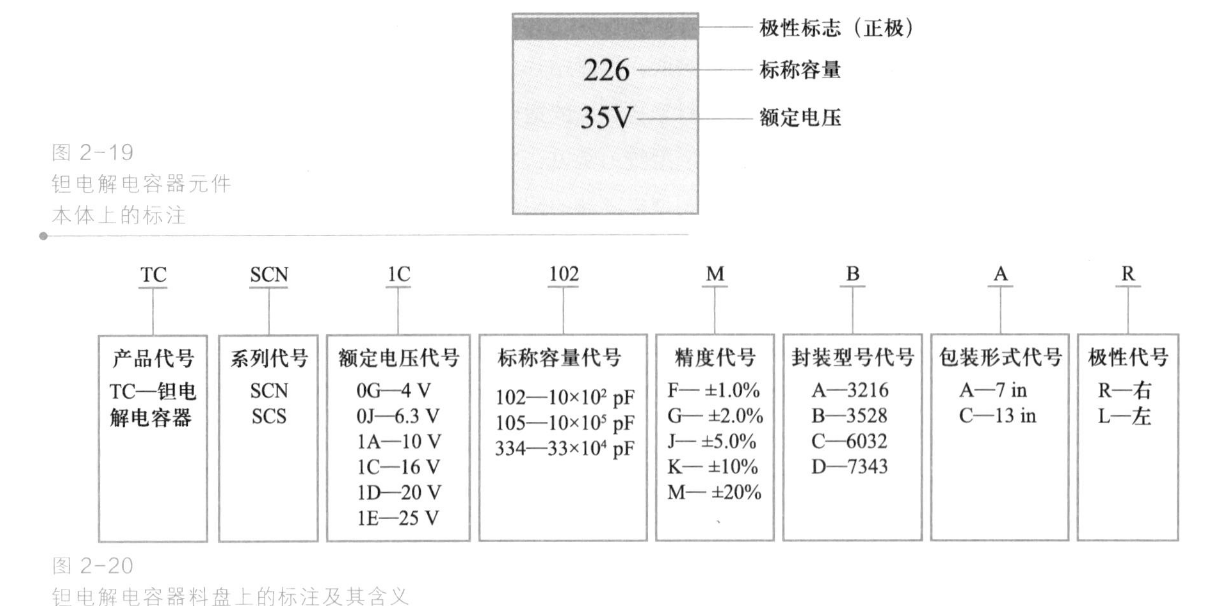

图 2-19
钽电解电容器元件本体上的标注

TC	SCN	1C	102	M	B	A	R
产品代号	系列代号	额定电压代号	标称容量代号	精度代号	封装型号代号	包装形式代号	极性代号
TC—钽电解电容器	SCN SCS	0G—4 V 0J—6.3 V 1A—10 V 1C—16 V 1D—20 V 1E—25 V	102—10×10² pF 105—10×10⁵ pF 334—33×10⁴ pF	F— ±1.0% G— ±2.0% J— ±5.0% K— ±10% M— ±20%	A—3216 B—3528 C—6032 D—7343	A—7 in C—13 in	R—右 L—左

图 2-20
钽电解电容器料盘上的标注及其含义

3．铝电解电容器

铝电解电容器的电容量和额定电压的范围比较大，因此做成贴片形状比较困难，一般做成异形，主要应用于各种消费类电子产品中。按照外形和封装材料的不同，铝电解电容器可分为矩形（树脂封装）和圆柱形（金属封装）两类，其中以圆柱形为主。

（1）结构

铝电解电容器是将高纯度的铝箔（含铝量为 99.9%～99.99%）电解腐蚀成高倍率的附着面，然后在硼酸、磷酸等弱酸性的溶液中进行阳极氧化，形成电介质薄膜，作为阳极箔；将低纯度的铝箔（含铝量为 99.5%～99.8%）电解腐蚀成高倍率的附着面，作为阴极箔；用电解纸将阳极箔和阴极箔隔离后烧成电容器芯子，经电解液浸透，根据电解电容器的工作电压与导电率的差异，分成不同的规格，然后用密封橡胶铆接封口，最后用金属铝壳或耐热环氧树脂封装。铝电解电容器的实物与内部结构如图 2-21 所示。由于铝电解电容器采用非固体介质作为电解材料，因此在再流焊工艺中应严格控制焊接温度，特别是要注意再流焊的峰值温度和预热区的升温速率。采用手工焊接时，电烙铁与电解电容器的接触时间应尽量控制在 2 秒以内。

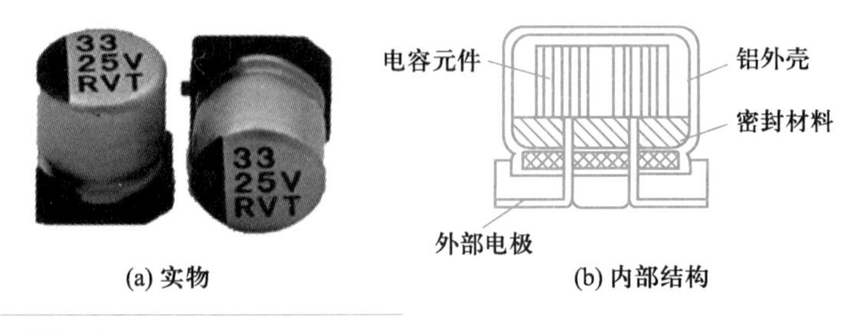

(a) 实物　　(b) 内部结构

图 2-21
铝电解电容器的实物与内部结构

（2）外形尺寸

铝电解电容器的外形尺寸如图 2-22 和表 2-19 所示。

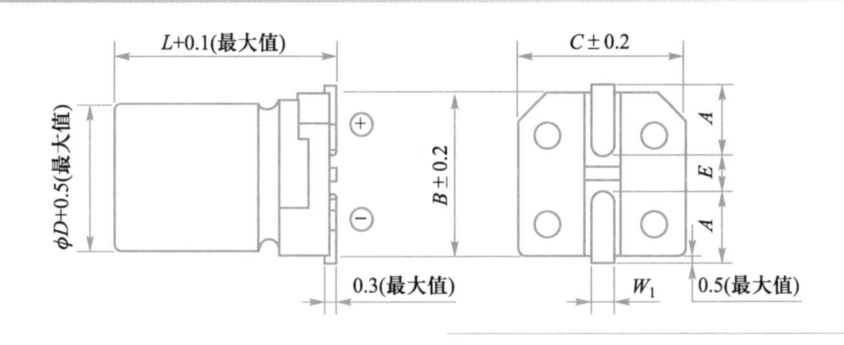

图 2-22
铝电解电容器的外形尺寸（单位：mm）

表 2-19 铝电解电容器的外形尺寸 单位：mm

ϕD	L	C	B	A	W_1	E
4	5.5	4.3	4.3	1.8	0.5～0.8	1.0
5	5.5	5.3	5.3	2.1	0.5～0.8	1.4
6.3	5.5	6.6	6.6	2.5	0.5～0.8	2.0
6.3	7.7	6.3	6.6	2.5	0.5～0.8	2.0

（3）标注

铝电解电容器的标注一般位于元件本体上，主要包括极性标志、标称容量、额定电压型号系列等信息。如图 2-23 所示，外壳上的深色标志代表负极，“100”表示该铝电解电容器的标称容量为 100 μF，“25V”表示该铝电解电容器的额定电压为 25 V；“RVT”表示该铝电解电容器的型号系列，该系列电容器的使用温度范围是-55～105 ℃，工作时间是 1 000 小时。这里要注意的是，铝电解电容器标称容量的单位为μF，而且直接用数字表示。

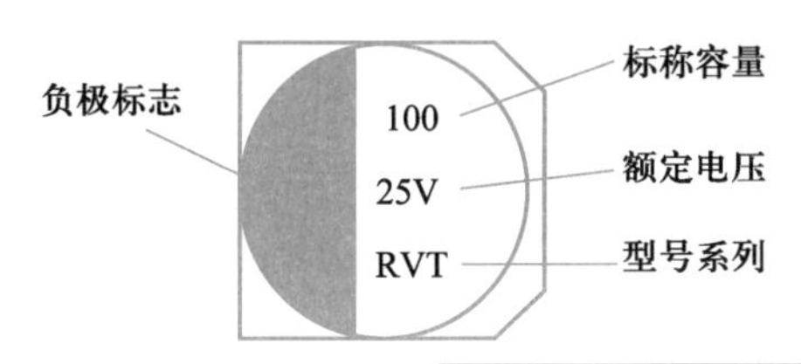

图 2-23
铝电解电容器上的标注含义

2.1.4 表面组装电感器

表面组装电感器是继表面组装电阻器、表面组装电容器之后迅速发展起来的一种新型 SMC。表面组装电感器除了具有与传统的通孔插装电感器相同的扼流、退耦、滤波、调谐、延迟、补偿等功能外，还特别在 *LC* 调谐器、*LC* 滤波器、*LC* 延迟线等多功能元件中体现了独到的优越性。

表面组装电感器的种类很多，按外形可分为矩形和圆柱形，按电感量可分为固定的和可调的，按磁路可分为开磁路和闭磁路，按结构和制造工艺可分为绕线型、叠层型、编织型和薄膜型。这里主要介绍叠层型表面组装电感器、绕线型表面组装电感器和磁珠。

1. 叠层型表面组装电感器

叠层型表面组装电感器具有良好的磁屏蔽性，其烧结密度高，机械强度好，不足之处是成品合格率低，成本高，电感量较小，Q 值低。与绕线型表面组装电感器相比，叠层型表面组装电感器具有诸多优点：尺寸小，有利于电路的小型化；磁路封闭，不会干扰周围的元器件，也不会受邻近元器件的干扰，有利于元器件的高密度安装；一体化结构，可靠性高；耐热性、可焊性好；形状规整，适合于自动化表面组装生产。

（1）结构

叠层型表面组装电感器的结构和制造工艺与多层片式瓷介电容器相似，其制作工艺是将铁氧体浆料和导电浆料一层一层交替叠层，然后经高温烧结形成一个整体，磁路呈闭合状态。导电浆料经烧结后形成的螺旋式导电带相当于传统电感器的线圈，被导电带包围的铁氧体相当于磁芯，导电带外围的铁氧体使磁路闭合。叠层型表面组装电感器的结构如图 2-24 所示。

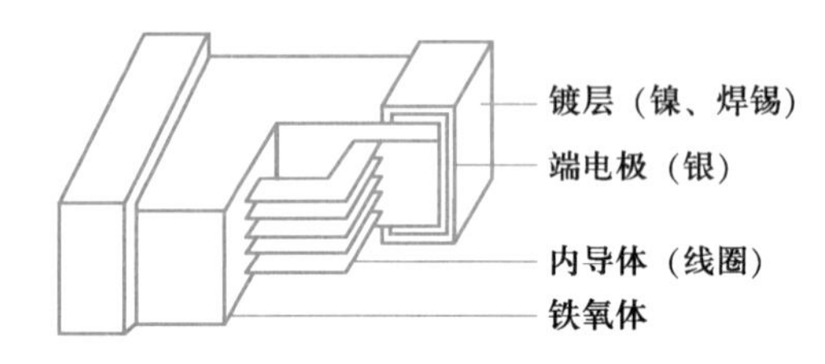

图 2-24
叠层型表面组装电感器的结构

（2）外形尺寸

叠层型表面组装电感器的实物如图 2-25（a）所示，常见封装的外形尺寸如图 2-25（b）和表 2-20 所示。

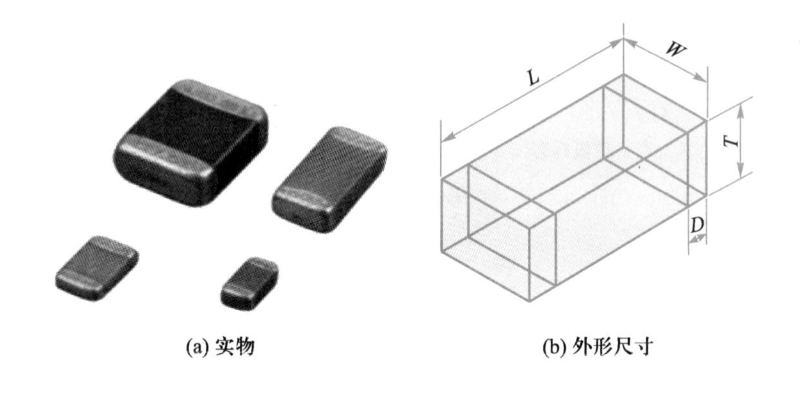

(a) 实物　(b) 外形尺寸

图 2-25
叠层型表面组装电感器的实物与外形尺寸

表 2-20　叠层型表面组装电感器的外形尺寸

封装型号	尺寸/mm			
	长度 L	宽度 W	厚度 T	端头宽 D
1005	1.0 ± 0.15	0.5 ± 0.15	0.5 ± 0.15	0.25 ± 0.15
1608	1.6 ± 0.2	0.8 ± 0.2	0.8 ± 0.2	0.3 ± 0.2
2012	2.0 ± 0.2	1.2 ± 0.2	0.9 ± 0.2	0.5 ± 0.3
2012	2.0 ± 0.2	1.2 ± 0.2	1.2 ± 0.2	0.5 ± 0.3
3216	3.2 ± 0.2	1.6 ± 0.2	0.9 ± 0.2	0.5 ± 0.3
3216	3.2 ± 0.2	1.6 ± 0.2	1.1 ± 0.2	0.5 ± 0.3

（3）标注

叠层型表面组装电感器的本体上通常不做任何标注，而是将字母和数字的组合标记在料盘上，主要标注信息包括产品代号、外形尺寸代号、磁芯材料代号、标称电感量代号、精度代号、包装形式代号等。例如，风华高新生产的叠层型表面组装电感器料盘上的标注及其含义如图 2-26 所示。

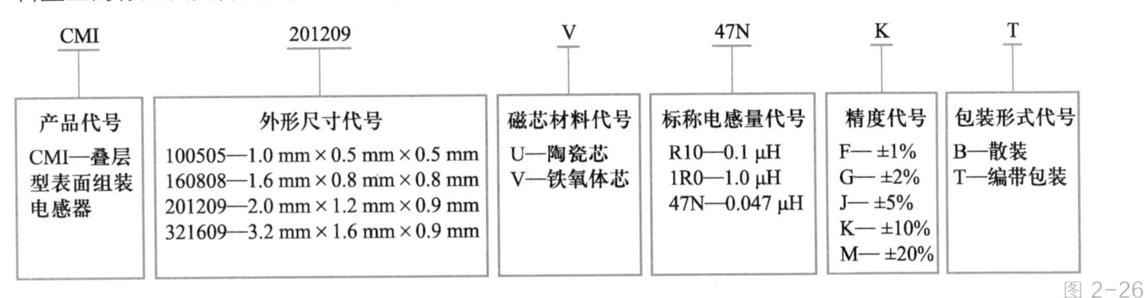

图 2-26
叠层型表面组装电感器料盘上的标注及其含义

2. 绕线型表面组装电感器

绕线型表面组装电感器是对传统电感器进行技术改造，把引线改为适合表面贴装的端电极结构，并采用高精度的线圈骨架，结合高超的绕线技术制成的。绕线型表面组装电感器的优点是电感量范围广，精度高，损耗小（即 Q 值大），允许电流大，制作工艺简单，成本低，在高频率下能够保持稳定的电感量和相当低的损耗值；但不足之处是在进一步小型化方面受到限制。绕线型表面组装电感器主要用于各种高频回路，抑制各种高频杂波。

（1）分类

绕线型表面组装电感器按照所用磁芯可以分为以下四种结构。

① 工字形结构。这种结构的电感器是在工字形磁芯上绕线制作而成的，如图 2-27 所示。

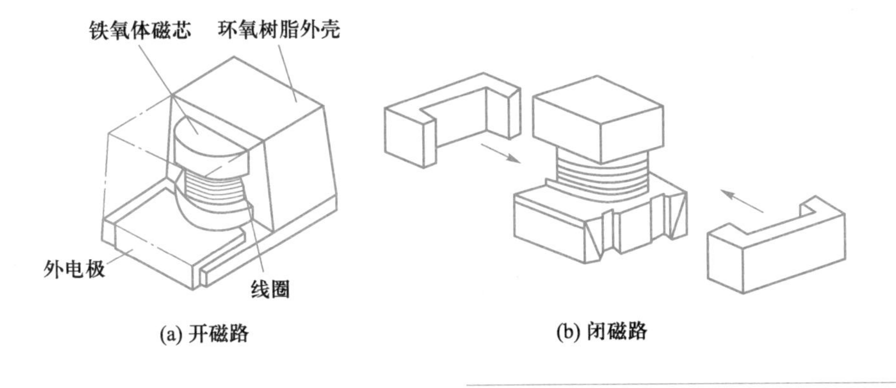

图 2-27
工字形磁芯绕线型表面组装电感器

② 槽形结构。这种结构的电感器是在磁性体的沟槽上绕上线圈制成的，如图 2-28 所示。

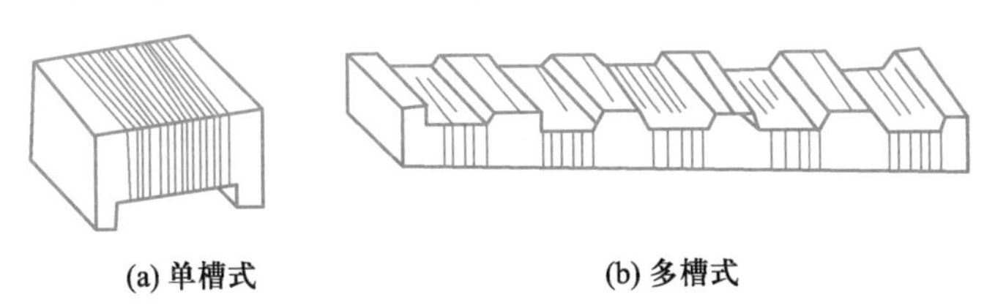

图 2-28
槽形绕线型表面组装电感器

③ 棒形结构。这种结构的电感器是在棒形磁芯上绕线制成的，用适合表面组装用的端电极替代了传统电感器插装用的引线。

④ 腔体结构。这种结构的电感器是把绕好的线圈放在磁性腔体内，加上磁性盖板和端电极制成的，如图 2-29 所示。

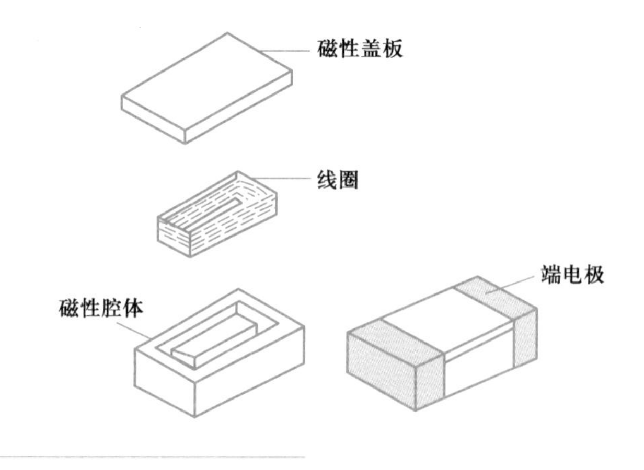

图 2-29
腔体绕线型表面组装电感器

（2）外形尺寸

常见绕线型表面组装电感器的实物如图 2-30（a）所示，外形尺寸如图 2-30（b）和表 2-21 所示。

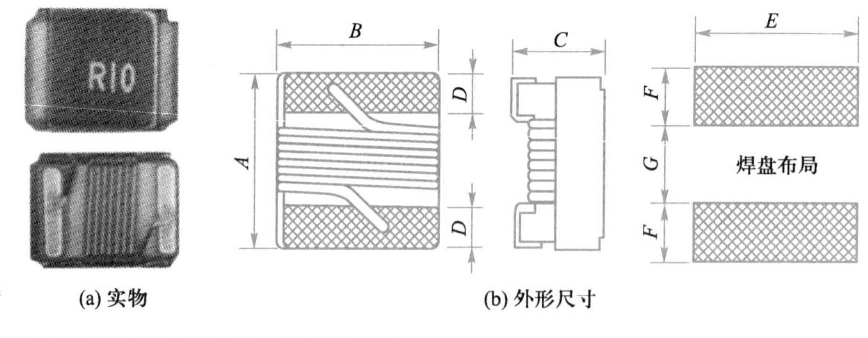

图 2-30
绕线型表面组装电感器的实物与外形尺寸

表 2-21　绕线型表面组装电感器的外形尺寸

封装型号	尺寸/mm						
	A（最大值）	B（最大值）	C（最大值）	D	E	F	G
0402	1.19	0.66	0.60	0.23	0.66	0.36	0.46
0603	1.78	1.10	0.95	0.30	1.02	0.64	0.64
0805	2.30	1.70	1.52	0.50	1.78	1.02	0.76
1008	2.92	2.79	2.10	0.50	2.54	1.02	1.27
1210	3.50	2.90	2.25	0.50	2.54	1.02	1.78

（3）标注

绕线型表面组装电感器料盘上的标注信息与叠层型表面组装电感器类似，主要包括产品代号、封装型号、磁芯材料代号、标称电感量代号、电极材料代号、精度代号、包装形式代号等。例如，风华高新生产的绕线型表面组装电感器料盘上的标注及其含义如图 2-31 所示。

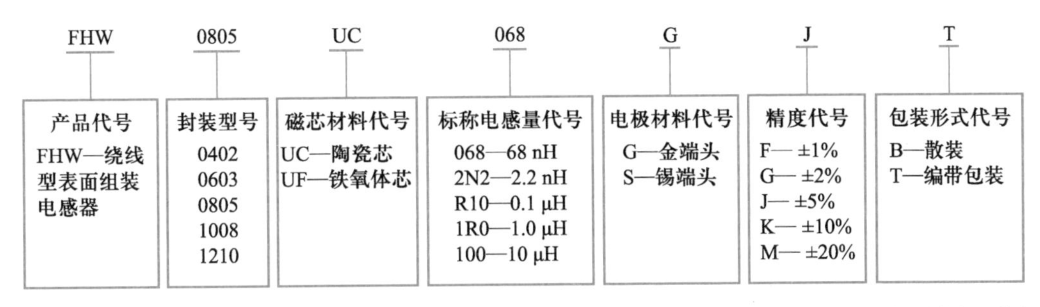

图 2-31
绕线型表面组装电感器料盘上的标注及其含义

3. 磁珠

磁珠是一种填充磁芯的电感器。磁珠在高频下阻抗迅速增加，所以可以抑制各种电子线路中由于电磁干扰源产生的电磁干扰杂波。磁珠主要应用于数据传输线、信号线、电源部分及回路的抗干扰。磁珠的优点主要包括：小型化和轻量化，适合波峰焊和再流焊；在射频噪声频率范围内具有高阻抗，能消除传输线中的电磁干扰；闭合的磁路结构，能更好地消除信号的串扰；极好的磁屏蔽结构；能降低直流电阻，以免对有用信号产生过大的衰减；高频特性和阻抗特性好，能在高频放大电路中消除寄生振荡。

（1）外形尺寸

常见磁珠的实物如图 2-32（a）所示，外形尺寸如图 2-32（b）和表 2-22 所示。

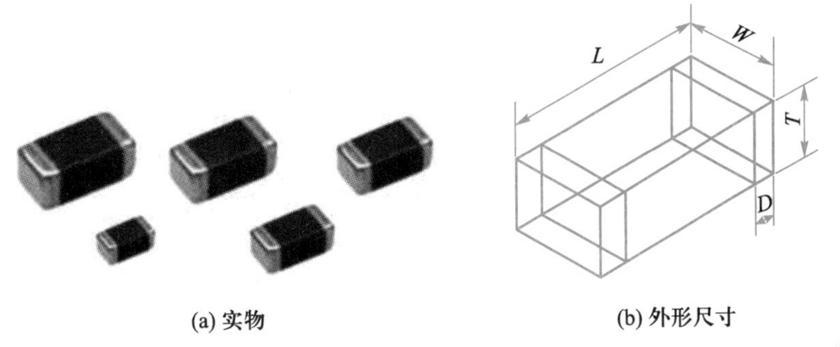

(a) 实物　(b) 外形尺寸

图 2-32
常见磁珠的实物与外形尺寸

表 2-22 常见磁珠的外形尺寸

封装型号	尺寸/mm			
	长度 L	宽度 W	厚度 T	端头宽 D
1005	1.0 ± 0.15	0.5 ± 0.15	0.5 ± 0.15	0.25 ± 0.10
1608	1.6 ± 0.2	0.8 ± 0.2	0.8 ± 0.2	0.3 ± 0.2
2012	2.0 ± 0.2	1.2 ± 0.2	0.9 ± 0.2	0.5 ± 0.3
3216	3.2 ± 0.2	1.6 ± 0.2	0.9 ± 0.2	0.5 ± 0.3
3225	3.2 ± 0.2	2.5 ± 0.2	1.3 ± 0.2	0.5 ± 0.3

（2）标注

磁珠料盘上的标注信息与绕线型表面组装电感器类似，主要包括产品代号、外形尺寸代号、磁芯材料代号、阻抗代号、包装形式代号等。例如，风华高新生产的磁珠料盘上的标注及其含义如图 2-33 所示。

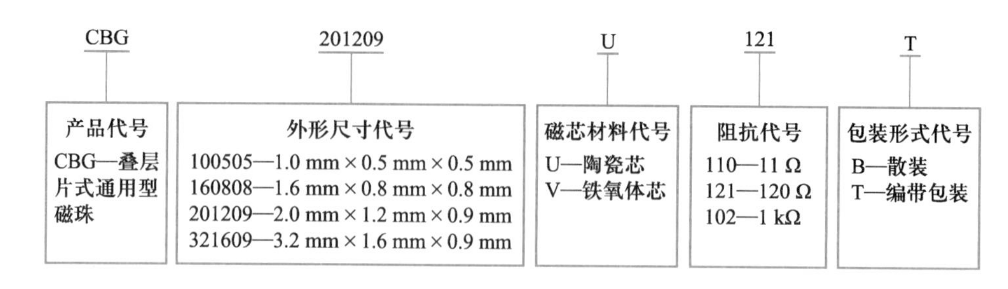

图 2-33 磁珠料盘上的标注及其含义

2.1.5　表面组装半导体分立器件

表面组装半导体分立器件主要包括表面组装二极管和表面组装晶体管。

微课 表面组装半导体分立器件

1. 表面组装二极管

表面组装二极管按封装形式可分为四种。

（1）圆柱形无引脚二极管

圆柱形无引脚二极管的封装结构是将二极管芯片装在具有内部电极的细玻璃管中，玻璃管两端装上金属帽作为正负电极，通常用作稳压、开关和通用二极管，如图 2-34 所示。

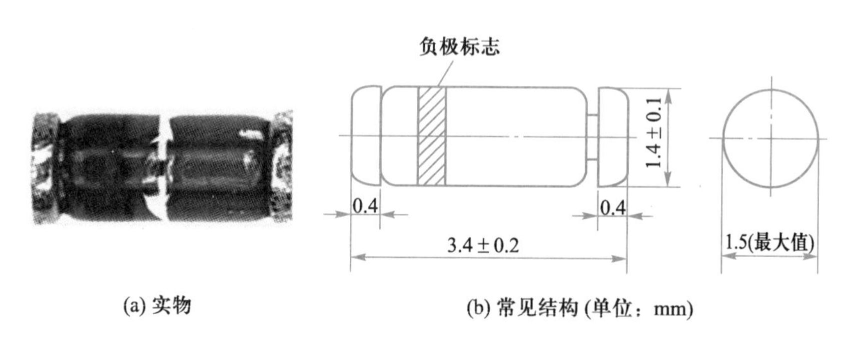

图 2-34 圆柱形无引脚二极管实物及常见结构

（2）矩形片式二极管

矩形片式二极管一般为塑料封装矩形薄片，其实物如图 2-35 所示，常用作肖特基二极管、整流二极管等，外壳上有色条标志的为负极。

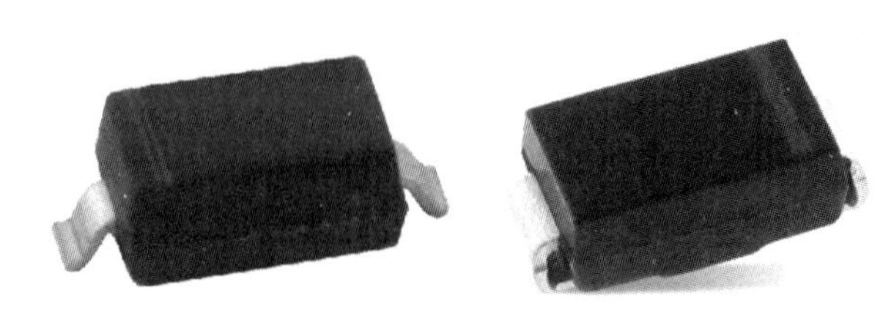

图 2-35 矩形片式二极管实物

（3）SOT-23 封装形式的片式二极管

SOT-23 的实物及常见内部电极连接如图 2-36 所示。为满足不同的电路工作要求，其内部通常封装一个或两个二极管。这种封装形式的二极管常用作高速开关二极管或高压二极管。

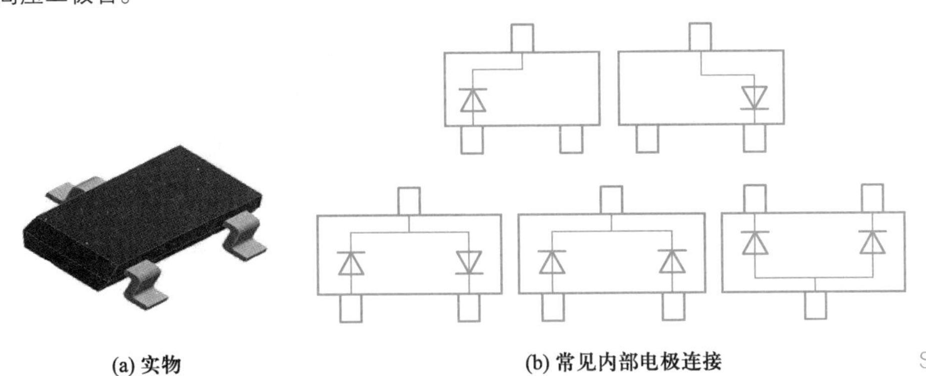

图 2-36 SOT-23 实物及常见内部电极连接

（4）片式发光二极管

片式发光二极管是一种新型表面贴装式半导体发光器件，具有体积小、光强高、发光均匀、功率低、可靠性高、寿命长等优点，发光颜色包括白光在内的各种颜色，因此被广泛应用于各种电子产品中。片式发光二极管实物如图 2-37 所示，其极性可根据外观特点来判断，正面四个直角中有缺角的一端或有标识的一端为负极。

图 2-37 片式发光二极管实物

2. 表面组装晶体管

表面组装晶体管的封装形式主要有 SOT-23、SOT-89、SOT-143 和 SOT-252 四种。

（1）SOT-23

SOT-23 是通用的表面组装晶体管封装形式，有三条鸥翼形引脚。这种封装形式常见于小功率晶体管、场效应管和带电阻网络的复合晶体管，其实物及内部结构如图 2-38 所示。

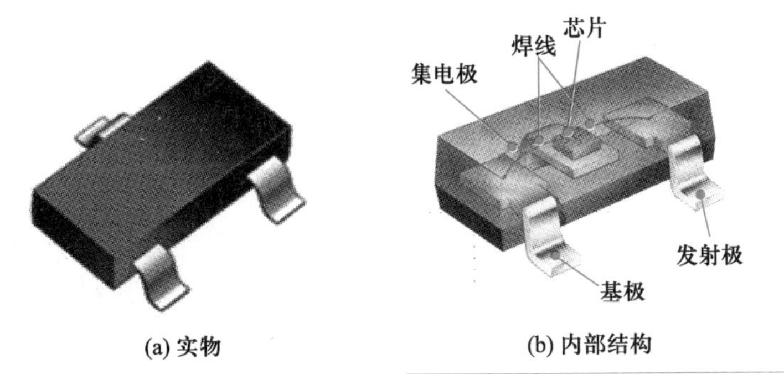

图 2-38 SOT-23 实物及内部结构

（2）SOT-89

SOT-89 具有三条薄的短引脚，分布在晶体管的同一端，即集电极、基极和发射极从管子的同一侧引出，晶体管芯片粘贴在较大的铜片上，以增强热能力。这种封装形式通常见于较大功率的器件，其实物及内部结构如图 2-39 所示。

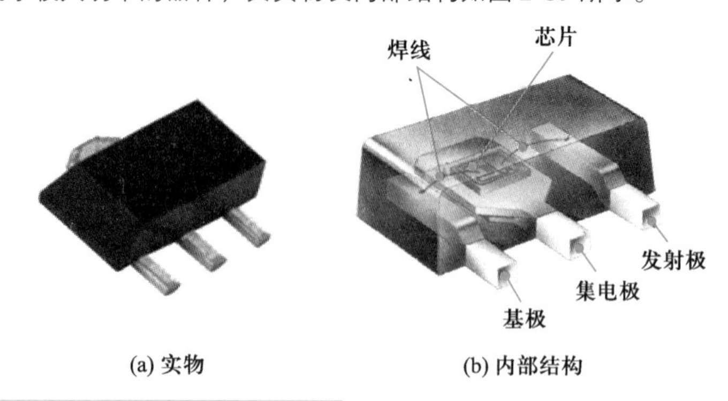

图 2-39
SOT-89 实物及内部结构

（3）SOT-143

SOT-143 具有四条鸥翼形短引脚，从两侧引出，引脚中宽度偏大一端为集电极。SOT-143 的散热性能与 SOT-23 基本相同。这种封装常见于双栅场效应管及高频晶体管，其实物如图 2-40 所示。

（4）SOT-252

SOT-252 的引脚分布形式与 SOT-89 相似，三个引脚从同一侧引出，中间一个引脚较短，是集电极，并与另外一端较大的引脚（起散热作用的铜片）相连，其实物如图 2-41 所示。

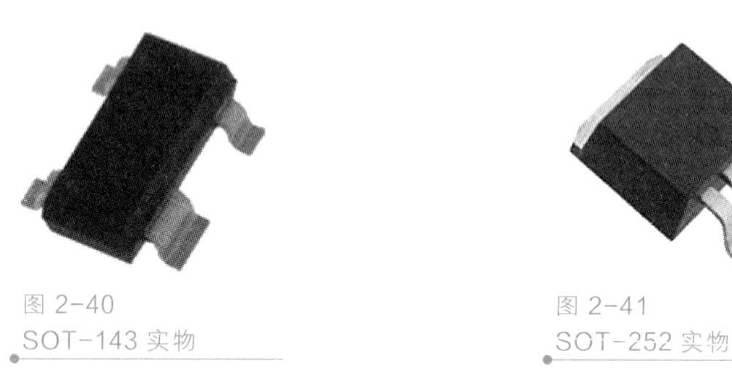

图 2-40
SOT-143 实物

图 2-41
SOT-252 实物

2.1.6　表面组装集成电路

微课
表面组装集成电路（1）

集成电路（integrated circuit，IC）是采用半导体工艺，把一个电路中所需的晶体管、二极管、电阻器、电容器和电感器等元器件及布线互连在一起，制作在一小块或几小块半导体晶片或介质基片上，然后封装在一个管壳内，成为具有特定电路功能的微型结构，其中所有元器件在结构上已组成一个整体。

集成电路已经成为各行各业实现信息化、智能化的基础，推动了电子元器件向着微型化、低功耗、智能化和高可靠性等方向发展，无论是在军事领域还是在民用领域都起着不可替代的作用。随着大规模和超大规模集成电路技术的发展，各种先进的封装技术不断出现，目前表面组装集成电路的封装形式主要有 SOIC（小外形封装集成电路）、PLCC（塑封有引脚芯片载体）、LCCC（无引脚陶瓷芯片载体）、QFP（方形扁平封装）、PQFN（方形扁平无引脚塑料封装）、BGA（球形栅格阵列）、CSP（芯片尺寸级封装）、裸芯片等。以下所提到的集成电路均指表面组装集成电路。

1. SOIC

SOIC（small outline integrated circuit，小外形封装集成电路）是由 DIP（dual in-line package，双列直插封装）演变而来的。20 世纪 60 年代，飞利浦公司首先研制出供电子手表使用的 SOIC。SOIC 有两种不同的引脚形式：一种是鸥翼形引脚，这类封装称为 SOP，其结构如图 2-42 所示；另一种是 J 形引脚，这类封装称为 SOJ，其结构如图 2-43 所示。

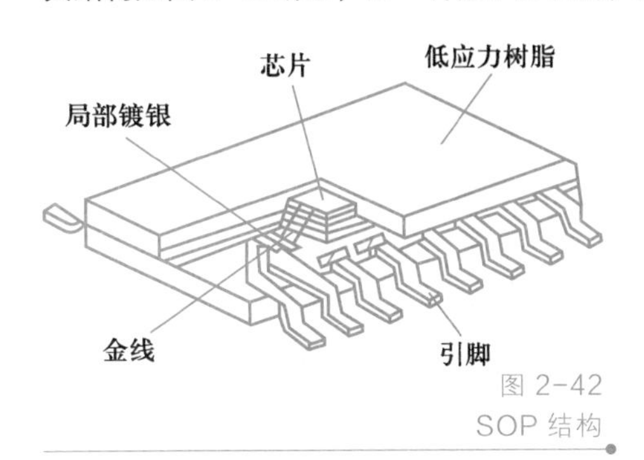

图 2-42
SOP 结构

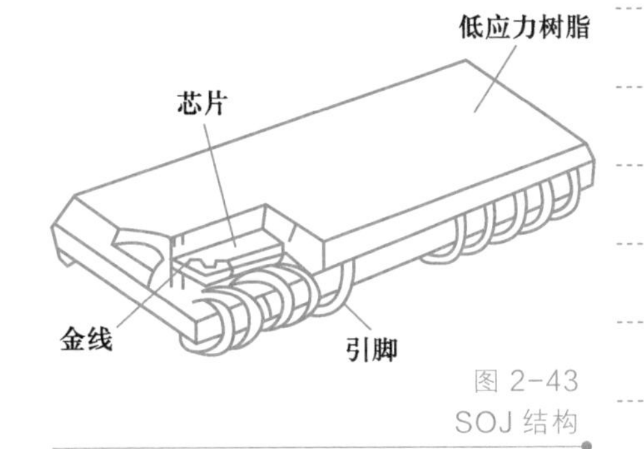

图 2-43
SOJ 结构

SOP 的特点是引脚容易焊接，在焊接过程中检测比较方便，但占用组装面积较大。SOJ 的特点是引脚不易变形，具有一定的弹性，可以缓解焊接的压力，防止焊点开裂，且占用组装面积较小，能够提高装配密度，但是由于 J 形引脚位于器件四周底部，因此检测和返修困难。

SOIC 的表面均有标记点（缺口或凹坑），用以判断引脚排列顺序，如图 2-44 所示。判断方法是标记点对应左下角为第 1 脚，然后按逆时针方向依次为第 2 脚、第 3 脚等。

(a) SOP标记点

(b) SOT标记点

图 2-44
SOIC 标记点

2. PLCC

PLCC（plastic leaded chip carrier，塑封有引脚芯片载体）封装四周都有引脚，引脚采用 J 形短引脚，引脚间距通常为 1.27 mm，如图 2-45 所示。PLCC 主要用于计算机微处理单元、专用集成电路、门阵列电路等。其特点是引脚强度大，不易变形，共面性好，占用 PCB 面积少，安装密度高，但检测焊点比较困难。

每个 PLCC 表面均有标记点，用以判断第 1 脚的位置，然后按逆时针方向依次为第 2 脚、第 3 脚等。

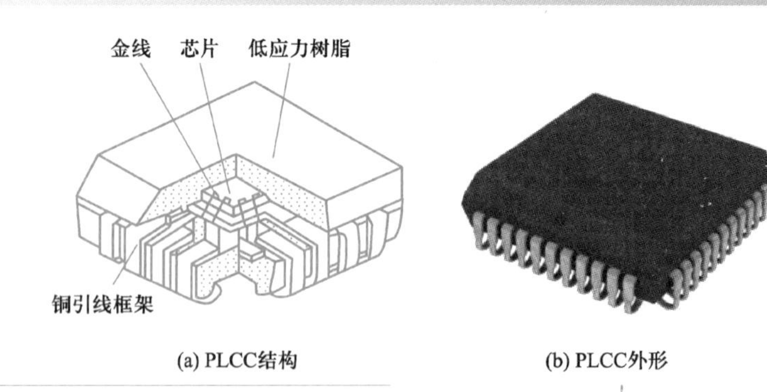

(b) PLCC外形

图 2-45
PLCC 结构与外形

3．LCCC

LCCC（leadless ceramic chip carrier，无引脚陶瓷芯片载体）是将芯片封装在陶瓷载体上，无引线的电极焊端排列在封装底面四周，引脚间距主要有 1.0 mm 和 1.27 mm 两种。LCCC 结构与外形如图 2-46 所示。

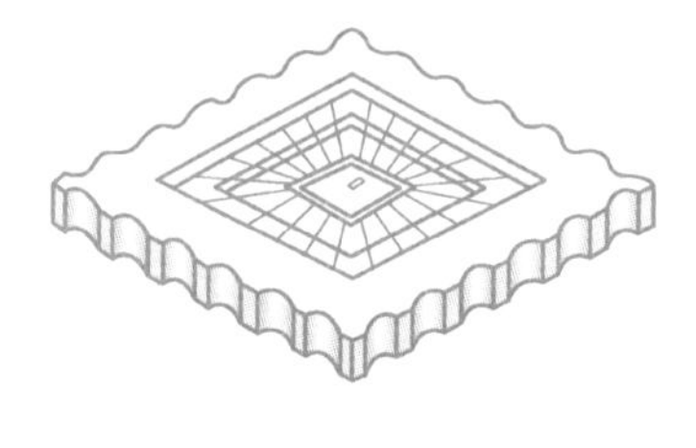

(a) LCCC结构　　(b) LCCC外形

图 2-46
LCCC 结构与外形

LCCC 四周有若干个城堡状的镀金凹槽，作为与外电路连接的端点，可直接将它焊到 PCB 的金属电极上，从而实现信号连接。这种封装的寄生电感和寄生电容都较小，可用于高频工作状态，如微处理单元、门阵列和存储器等。LCCC 的密封性和抗热应力都较好，但成本高，主要用于军事产品与高可靠性领域，使用中要考虑器件与电路板的热膨胀系数是否一致的问题。

4．QFP

QFP（quad flat package，方形扁平封装）是适应集成电路容量增加、I/O 引脚数量增多、小引脚间距而出现的新型封装形式。QFP 引脚从四个侧面引出，通常为鸥翼形引脚，还有少量为 J 形引脚，引脚间距通常有 1.0 mm、0.8 mm、0.65 mm、0.5 mm、0.4 mm、0.3 mm 等多种规格。QFP 结构如图 2-47 所示。

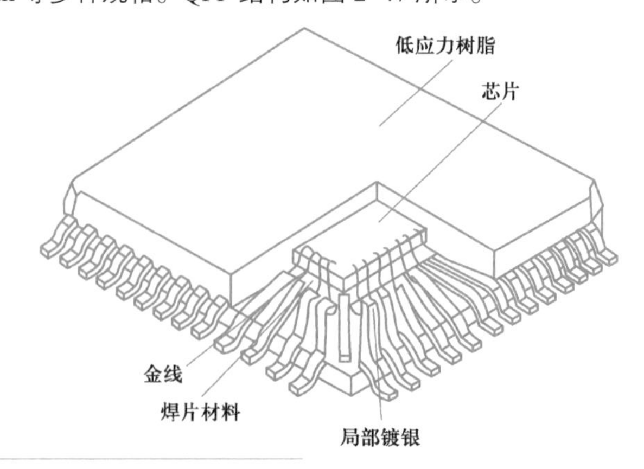

图 2-47
QFP 结构

QFP 表面均有标记点，如图 2-48 所示，用以判断第 1 脚的位置，然后按逆时针方向依次为第 2 脚、第 3 脚等。

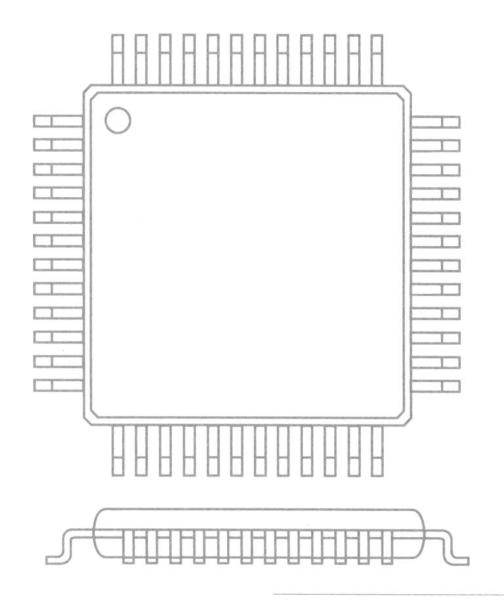

图 2-48
QFP 标记点

QFP 按其封装材料、外形结构及引脚间距常分为以下几种。

（1）塑封 QFP（PQFP）

PQFP 是 QFP 中使用量最大且应用面最广的封装形式，占所有 QFP 的 90%以上，其引脚间距通常为 1.0 mm、0.8 mm、0.65 mm。PQFP 外形如图 2-49 所示。

（2）陶瓷 QFP（CQFP）

CQFP 是价格较高的气密性 QFP 产品，多用于军事通信装备及航空航天领域等要求高可靠性或使用环境条件苛刻的尖端电子装备中，其引脚间距通常为 1.27 mm、1.0 mm、0.8 mm、0.65 mm。CQFP 外形如图 2-50 所示。

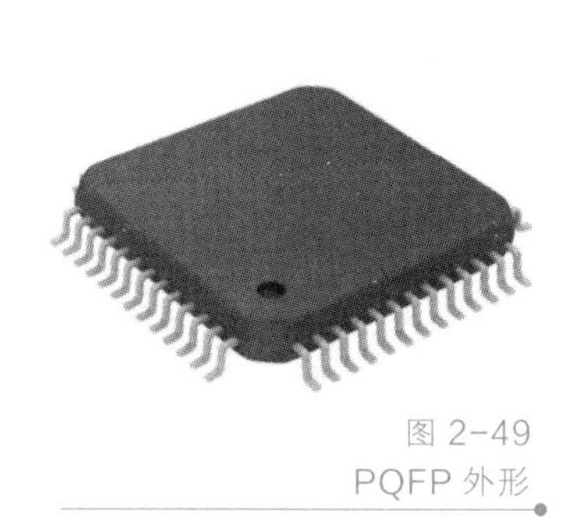

图 2-49
PQFP 外形

图 2-50
CQFP 外形

（3）薄型 QFP（TQFP）

TQFP 是为了适应各种薄型电子整机而开发的产品，因封装厚度比常规 QFP 薄而得名，最小封装厚度可达 1.4 mm 甚至更薄，其引脚间距通常为 0.5 mm、0.4 mm、0.3 mm。TQFP 外形如图 2-51 所示。

（4）带缓冲垫的 QFP（BQFP）

BQFP 是在 QFP 基础上开发的一种带缓冲垫的 QFP 产品。这种封装突出的特征是其四个角各有一个缓冲垫，外形比引脚长 0.076 mm，用以保护引脚在操作、测试和运输过程中不受损坏，保持引脚共面性。BQFP 外形如图 2-52 所示。

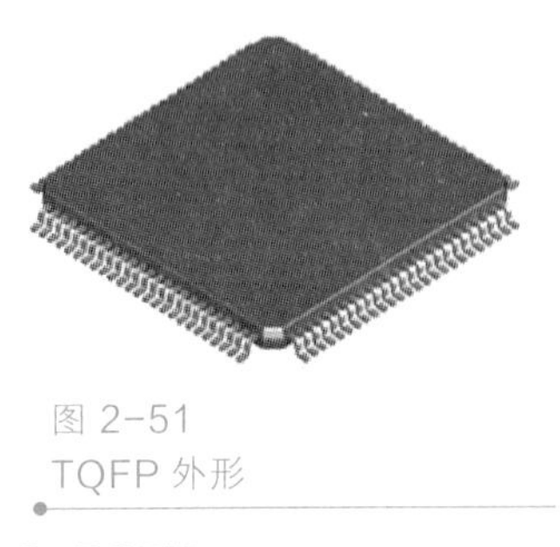

图 2-51
TQFP 外形

图 2-52
BQFP 外形

5. PQFN

微课
表面组装集成电路（2）

PQFN（plastic quad flat no-lead package，方形扁平无引脚塑料封装）是一种无引脚封装，呈矩形，封装底部中央位置有一个大面积裸露焊盘，可提高散热性能。PQFN 不像 SOP、QFP 等具有鸥翼形引脚，其内部引脚与焊盘之间的导电路径短，自感系数与封装体内的布线电阻很低，所以能提供良好的电性能。由于 PQFN 具有良好的电性能，体积小，质量轻，因此非常适合应用于手机、数码相机、智能卡及其他便携式电子设备等高密度产品中。PQFN 外形如图 2-53 所示。

图 2-53
PQFN 外形

6. BGA

BGA（ball grid array，球形栅格阵列）是为了适应芯片 I/O 数的快速增长而研制开发的新型封装形式，它将 PLCC 的 J 形引脚和 QFP 的鸥翼形引脚变为球形引脚，把从器件本体四周“单线性”顺序引出引脚变为本体之下“全平面”式的栅格阵列布局的引脚，这样既增加了引脚的间距，又增加了引脚的数目。

BGA 的优点是引脚短，寄生电感、电容小，电性能优异；集成度高，引脚间距大、引脚共面性好，散热性好。BGA 的不足之处是焊接后的检查和维修都比较困难；由于引脚位于器件底部，容易引起焊接阴影效应，因此对焊接的温度曲线要求较高。

按照封装和基座材料不同，BGA 可分为以下几种。

（1）塑封 BGA（PBGA）

PBGA 是目前应用最为广泛的一种 BGA 封装形式，主要应用在通信产品和消费产品上，如图 2-54 所示。PBGA 的载体是普通的 PCB 基材，芯片通过金属丝压焊方式连接到载体的上表面，然后用塑料模压成形，在载体的下表面连接有共晶成分的焊球阵列。PBGA 的优点是热综合性能良好，成本相对较低，电气性能优良，对焊点的可靠性影响也较小。其不足之处是塑料封装容易吸潮，焊接时的迅速升温会使芯片内的潮气蒸发，导致芯片损坏。

（2）陶瓷 BGA（CBGA）

CBGA 是为了解决 PBGA 吸潮性而进行改进的封装形式，如图 2-55 所示。CBGA 的芯片连接在多层陶瓷载体的上面，芯片与多层陶瓷载体的连接有两种形式：一种是芯片的线路层朝上，采用金属丝压焊的方式实现连接；另一种是芯片的线路层朝下，采用倒装芯片技术实现芯片与载体的连接。CBGA 可靠性高，共面性好，具有良好的电性能和热性能，对湿气不敏感，存储时间长，封装更可靠。

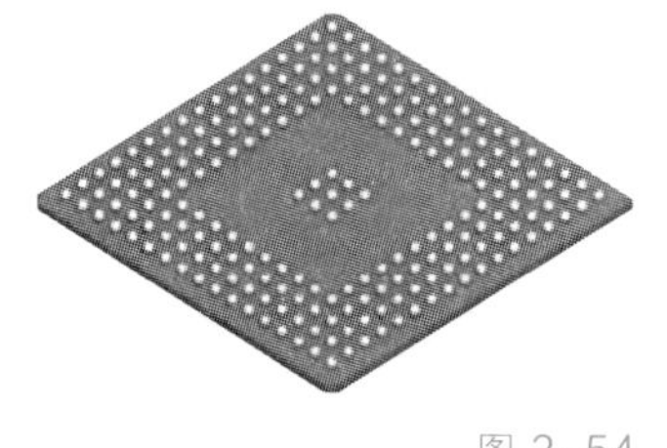

图 2-54
PBGA

图 2-55
CBGA

（3）陶瓷柱状 BGA（CCBGA）

CCBGA 是 CBGA 在陶瓷尺寸大于 32 mm × 32 mm 时的另一种形式，如图 2-56 所示。CCBGA 底部的焊端不是焊球，而是焊料柱。焊料柱阵列的分布可以是完全分布，也可以是部分分布。CCBGA 有两种形式：一种是焊料柱与陶瓷底部采用共晶焊料连接，另一种是采用浇注式固定结构。与 CBGA 相比，CCBGA 的焊料柱可以承受因 PCB 和陶瓷载体的热膨胀系数不同所产生的应力。其不足之处是焊料柱比焊球更易受机械损伤。

（4）载带 BGA（TBGA）

TBGA 的载体是铜-聚酰亚胺-铜双金属层带，载体的上表面分布着用于传输信号的铜导线，而另一面作为地层使用。芯片与载体之间的连接采用倒装芯片技术实现，如图 2-57 所示。TBGA 比其他 BGA 更轻、更小，具有更优的电性能。其不足之处是对环境温度的要求非常严格，因为当芯片受热时，热张力集中在四个角上，焊接容易有缺陷。

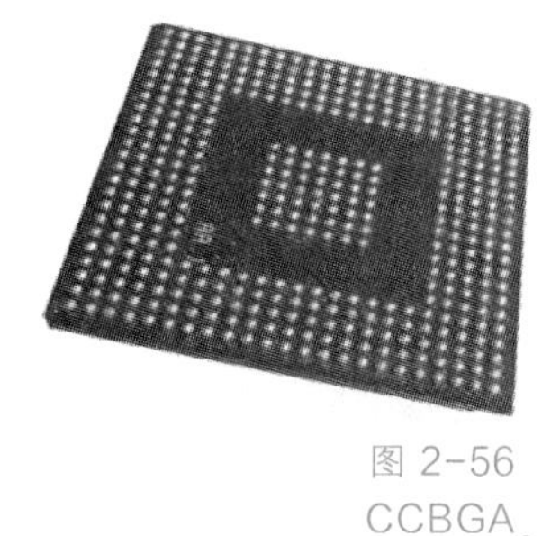

图 2-56
CCBGA

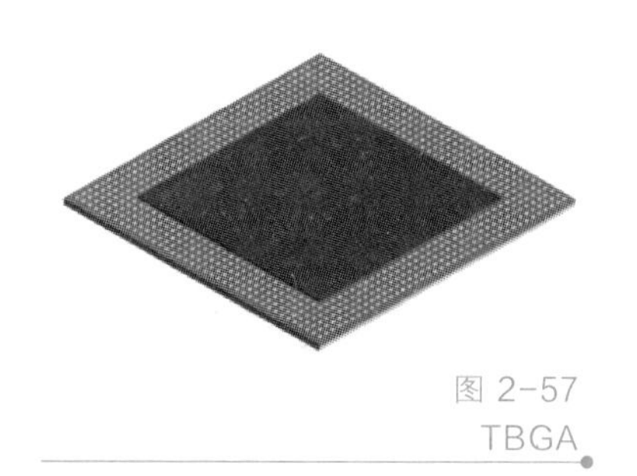

图 2-57
TBGA

7. CSP

CSP（chip scale package，芯片尺寸级封装）是 BGA 进一步微型化的产物，如图 2-58 所示。CSP 问世于 20 世纪 90 年代中期，其封装尺寸接近于裸芯片尺寸，通常两者之比小于或等于 1.2∶1。CSP 尺寸比 BGA 小，表面更平整，更有利于提高再流焊质量；与 QFP 相比，CSP 提供了更短的互连，因此电性能更好，更适合在高频领域应用；CSP 器件本体更薄，具有更好的散热性能。但同 BGA 一样，CSP 存在焊接后焊点质量检测和热膨胀系数匹配问题。

8. 裸芯片

虽然芯片尺寸不断地缩小，但人们仍希望引脚的数目能进一步增加。人们试图将芯片直接封装在 PCB 上，通常采用两种封装方法：一种是板载芯片（chip on board，COB）法，适用 COB 法的裸芯片又称为 COB 芯片，如图 2-59 所示；另一种是倒装焊法，适用倒装焊法的裸芯片又称为倒装芯片（flip chip，FC）。两种芯片的结构有所不同。

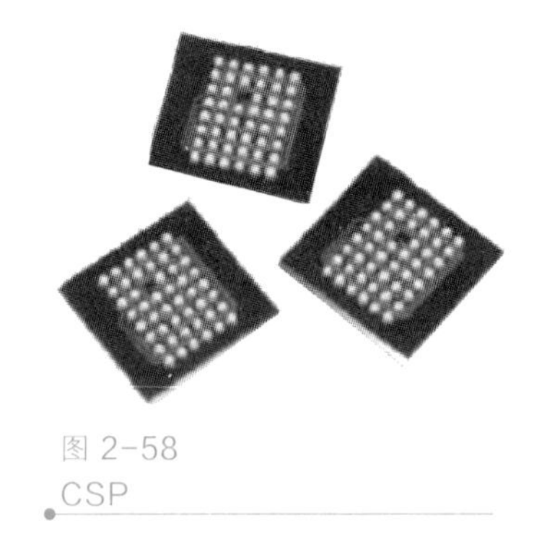

图 2-58
CSP

图 2-59
COB 芯片

（1）COB 法

COB 法采用引线键合（wire bonding，WB）技术将裸芯片直接组装在 PCB 上，如图 2-60 所示。焊区与芯片体处于同一平面，焊区在芯片周边均匀分布，最小面积为 90 μm×90 μm，最小间距为 100 μm。由于 COB 芯片的焊区为周边分布，所以 I/O 的增加会受到一定限制。焊接时，采用线焊实现焊区与 PCB 焊盘之间的连接，因此 PCB 上应有相对应的焊盘数，并也要周边排列，才能与焊区相适应，通常采用环氧树脂进行封装以保护键合引线。

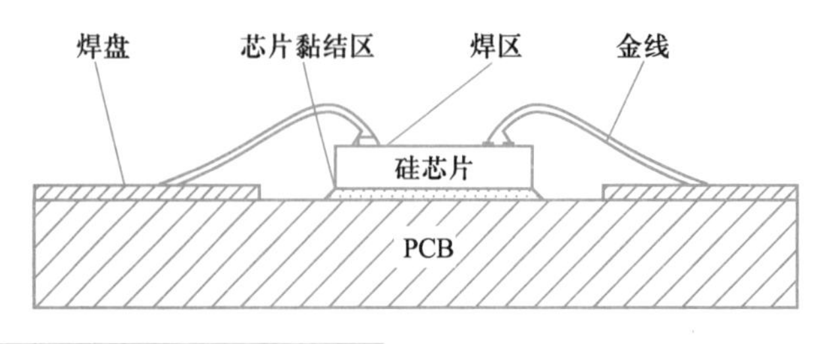

图 2-60
COB 法示意图

从制造工艺上可以看出，COB 法不适用于大批量自动贴装，并且对 PCB 的要求比较高，PCB 的制造工艺难度也相对较大，此外 COB 的散热也有一定困难，因此 COB 法只适用于低功耗（0.5～1 W）的芯片。

（2）倒装焊法

倒装焊法又称为可控塌陷芯片连接（controlled collapse chip connection，C4）法。它是将带有凸点电极的电路芯片面朝下，使凸点成为芯片电极与基板布线层的焊点，经焊接实现牢固的连接。这种封装方法具有工艺简单、安装密度高、体积小、温度特性好以及成本低等优点，尤其适合制作混合集成电路。此外，倒装焊法还适合裸芯片多输入/输出、电极整表面排列、焊点微型化的高密度发展趋势，是最具有发展前途的一种裸芯片封装方法。

2.1.7 表面组装元器件的包装形式

表面组装元器件的包装形式直接影响表面组装生产的效率。目前表面组装元器件的包装形式可分为编带包装、管式包装、托盘包装和散装四种。

微课
表面组装元器件的包装形式

1. 编带包装

编带（tape and reel）包装是应用时间最久、应用领域最为广泛、适应性强、贴装效率高的一种包装形式。编带包装按所用的编带可分为纸质编带、塑料编带和黏结式编带三种。

（1）纸质编带

纸质编带由基带、载带、盖带组成，如图 2-61 所示。载带上的圆形小孔为定位孔，定位供料器的驱动位置，矩形孔为装料腔，承载元器件，盖带密封后卷绕在料盘上。纸质编带宽度一般为 8 mm，定位孔间距一般为 4 mm，封装尺寸小于 0402 系列的纸质编带定位孔的间距为 2 mm，载带上元器件的间距依据元器件的长度而定，一般为 4 mm 的倍数。纸质编带主要用于包装较小的片式 SMC，如片式电阻器、片式电容器等。

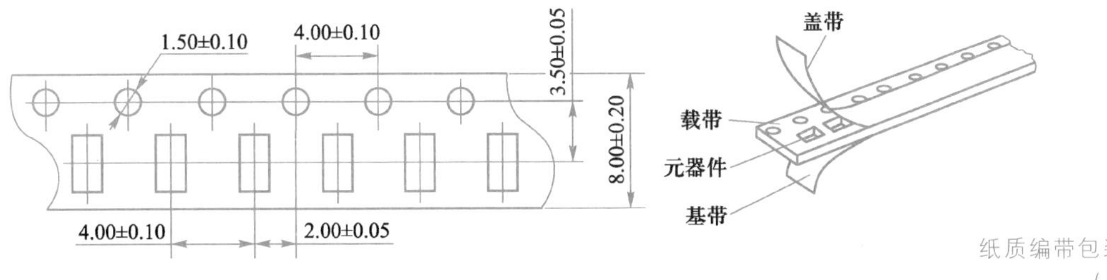

图 2-61
纸质编带包装结构示意图
（单位：mm）

（2）塑料编带

塑料编带与纸质编带的结构大致相同，主要由塑料载带、薄膜盖带和成型料盒组成，如图 2-62 所示。因载带上用于放置元器件的成型料盒是凸型，故也称为凸型塑料编带。塑料编带的宽度范围比纸质编带大，主要尺寸有 8 mm、12 mm、16 mm、24 mm、44 mm、56 mm、72 mm。塑料编带是一次模塑成型，其尺寸精度高，使用方便。塑料编带主要用于包装一些比纸质编带包装稍大的元器件，如矩形、圆柱形、异形 SMC，小型 SOP 器件、小尺寸 QFP 器件等。

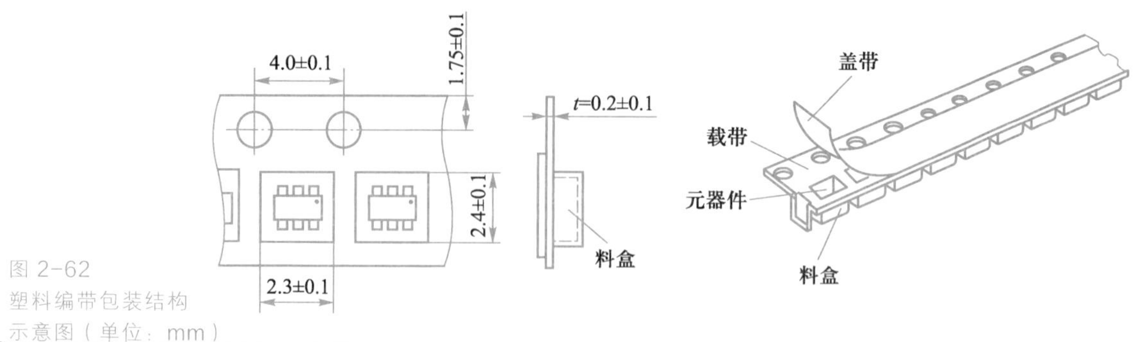

图 2-62
塑料编带包装结构示意图（单位：mm）

（3）黏结式编带

黏结式编带的底面是胶带，元器件依靠不干胶黏结在编带上，双排孔驱动定位，编带有一个长槽孔，供料器上的专用针形销将元器件顶出，使元器件在与编带脱离时被取出。黏结式编带主要用来包装尺寸较大的片式元器件，如 SOIC 器件、片式电阻网络等。

2. 管式包装

管式（tube）包装，也称棒式（stick）包装，用来包装矩形片式元件及某些异形和小型元器件，主要用于表面组装元器件品种很多且批量小的场合。管式包装的形状是一根长管，内腔为矩形的，包装矩形元器件；内腔为异形的，包装异形元器件，如图 2-63 所示。包装时将元器件按同一方向重叠排列后一次装入塑料管内（一般 100～200 只/管），管的两端用止动栓固定管内元器件。管式包装材料的成本高，且包装的元器件数目受限。

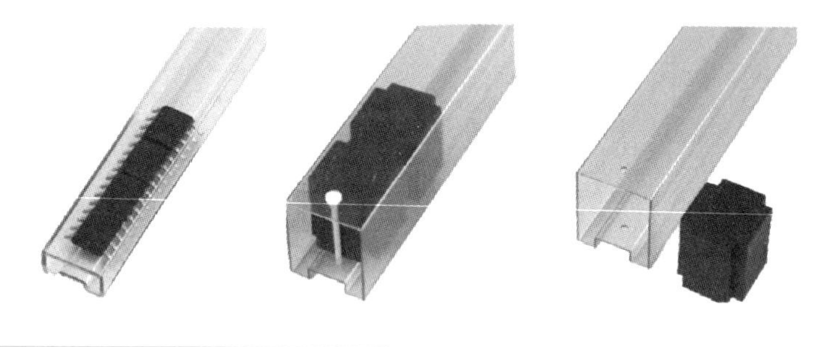

图 2-63
管式包装

3. 托盘包装

托盘（tray）也称华夫盘（waffle tray）。托盘包装是用矩形隔板使托盘按规定的空腔等分，再将元器件逐一装入盘内，一般 50 只/盘，装好后盖上保护层薄膜，如图 2-64 所示。托盘有单层、多层，最多可达 100 多层。托盘包装主要用于包装体形较大、引脚较多或者对共面性要求较高的元器件，如 QFP、PLCC、BGA 器件以及异形元器件等。

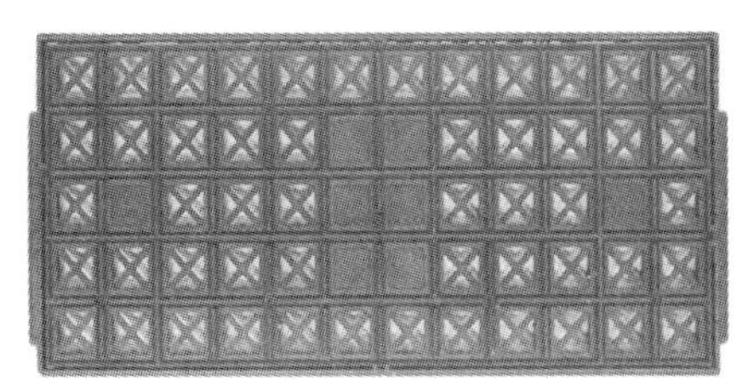
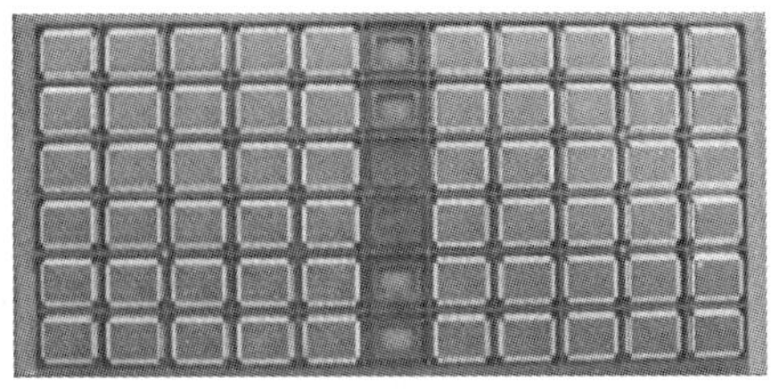

图 2-64
托盘包装

托盘包装的托盘有硬盘和软盘之分。硬盘常用来包装多引脚、细间距的器件，这样封装体的引脚线不易变形。软盘则用来包装普通的异形片式元件。

4. 散装

散装（bulk）是将片式元件自由地封入成型的塑料盒或袋内，贴装时把塑料盒插入料架上，利用送料器或送料管使元件逐一送入贴片机的料口。这种包装形式成本低、体积小，但适用范围小，主要用于包装无引脚、无极性的元件，如圆柱形电阻器、电容器等。

2.1.8 表面组装元器件的存储与使用

表面组装元器件一般采用陶瓷封装、金属封装和塑料封装。前两种封装的气密性较好，元器件能保存较长的时间；而对于塑料封装来说，由于塑料自身的气密性差，具有一定的吸湿性，因而塑料封装器件如 SOIC、PLCC、QFP、BGA 器件等都属于湿度敏感器件（moisture sensitive device，MSD）。湿度敏感器件一旦吸湿，便会受损。这是因为再流焊或波峰焊通常会对整个元器件进行瞬时加热，在焊接过程中，当高热施加到已经吸湿的塑料封装器件的壳体上时，所产生的热应力会使塑料外壳与引脚连接处出现裂纹，裂纹不仅会引起壳体发生渗透，使芯片受潮而慢慢失效，还会使引脚松动，导致元器件早期失效。

微课
湿度敏感器件的存储与使用

1. 湿度敏感器件的存储

（1）存储环境

① 库房室温 < 40 ℃。

② 生产场地温度 < 30 ℃。

③ 环境相对湿度 < 60%。

④ 防静电措施：要满足表面组装元器件对防静电的要求。

⑤ 存放周期：从元器件厂家的生产日期算起，库存时间不超过 2 年。

（2）不使用不开封

湿度敏感器件出厂时，被封装在带有湿度指示卡（humidity indicator card，HIC）和干燥剂的防潮湿包装袋内，并注明其防潮有效期为 1 年，不用时不开封。

2. 湿度敏感器件的开封使用

开封时先观察包装袋内附带的湿度指示卡。湿度指示卡是用来显示密封空间湿度状况的卡片，可分为有钴和无钴两类。可以根据湿度指示卡上对应湿度点的变色情况来直接判断周围环境湿度是否超出元器件所能承受的湿度以及干燥剂的吸潮效果。常见的湿度指示卡可分为三圈式、四圈式、六圈式等，圆圈上方或侧方的百分数对应圆圈指示的相对湿度值。三圈式和六圈式湿度指示卡如图 2-65 所示。

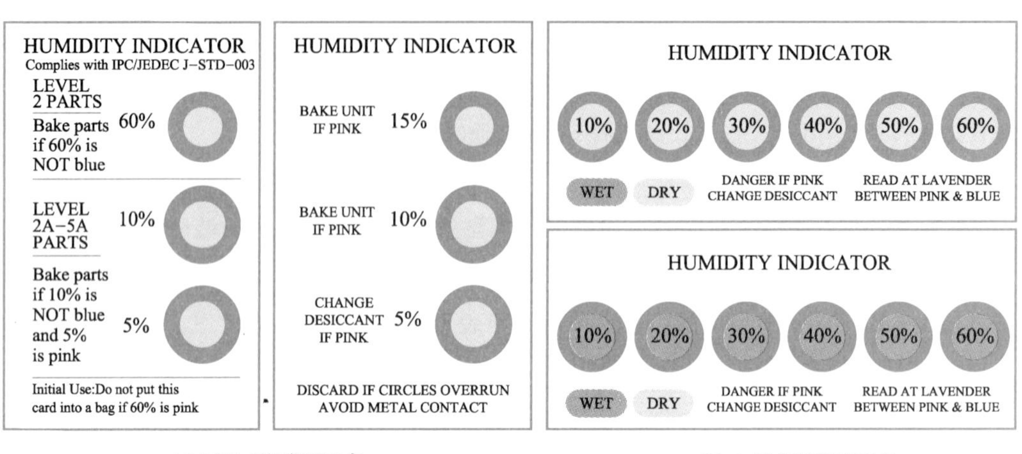

(a) 三圈式湿度指示卡　　(b) 六圈式湿度指示卡

图 2-65
三圈式和六圈式湿度指示卡

使用湿度指示卡判断环境相对湿度的依据是当环境湿度达到指示卡上圆圈对应的数值时，该圆圈会从干燥色变成吸湿色。常用的湿度指示卡为蓝色指示卡，即未吸湿时，所有圆圈均为蓝色，吸湿后对应的圆圈就会变成粉红色，其指示的相对湿度是圆圈对应的百分数。以三圈式有钴湿度指示卡为例，20%的圆圈变成粉红色，40%的圆圈仍显示蓝色，则此包装袋中的相对湿度即为 20%，如图 2-66 所示。

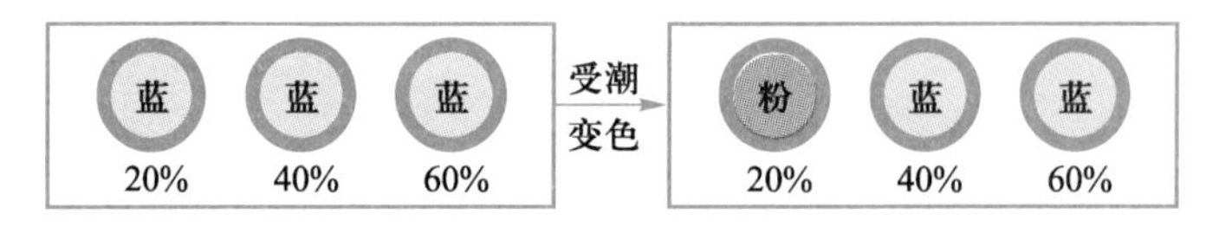

图 2-66
湿度指示卡读数方法

以六圈式湿度指示卡为例，开封时，如果湿度指示卡上所有圆圈都显示蓝色，表示该包装中的所有元器件都是干燥的，可以放心使用；如果只有 10%和 20%的圆圈变成粉红色，该包装中的所有元器件也可以安全使用；如果 30%的圆圈变成粉红色，则表示该包装中的所有元器件都有吸湿的危险，且干燥剂已经变质；如果所有圆圈都变成粉红色，则表示该包装中的所有元器件已经严重吸湿，焊接前一定要对其进行驱湿烘干处理。

湿度敏感器件的包装袋开封后，应遵循从速取用的原则，并在规定的裸露时间内使用完，否则会造成吸湿危害。元器件湿度敏感等级以及裸露时间如表 2-23 所示。若不能及时用完，应将其存放在相对湿度为 20%的干燥箱内。

表 2-23 元器件湿度敏感等级以及裸露时间

湿度敏感等级	生产环境条件	裸露时间
1	≤30 ℃/85%RH	无期限
2	≤30 ℃/ 60%RH	1 年
2a	≤30 ℃/ 60%RH	4 周
3	≤30 ℃/ 60%RH	168 小时
4	≤30 ℃/ 60%RH	72 小时
5	≤30 ℃/ 60%RH	48 小时
5a	≤30 ℃/ 60%RH	24 小时
6	≤30 ℃ / 60%RH	按标签注明的时间

3. 湿度敏感器件的干燥

这里的干燥指的是在一定的温度下对湿度敏感器件进行一定时间的恒温烘干处理。根据湿度敏感器件的湿度敏感等级、大小和周围环境湿度状况，不同湿度敏感器件的烘干过程也各不相同。对于开封时发现湿度指示卡显示的湿度超出使用要求、开封后未在规定时间内焊接完、暴露时间超过规定要求的湿度敏感器件，在贴装前一定要进行烘干处理。另外，在将湿度敏感器件密封在防湿包装袋之前，也要进行烘干处理。常见的烘干有低温烘干、中温烘干和高温烘干。按照湿度敏感器件的厚度和湿度敏感等级，低温烘干的温度为 40 ℃，相对湿度小于 5%，烘干时间为 8～79 天；中温烘干的温度为 90 ℃，相对湿度小于 5%，烘干时间为 11 小时至 10 天；高温烘干的温度为 125 ℃，烘干时间为 5～48 小时。凡采用塑料封装的湿度敏感器件，由于封装不耐高温，所以不能直接放进烘箱中烘干，而应放在金属管或金属盘中进行烘干；烘干时务必控制好温度和时间，如果温度过高或时间过长，很容易使器件氧化，在器件内部连接处产生金属间化合物，从而影响器件的焊接性；在烘干过程中要注意静电保护，尤其在烘干以后，环境特别干燥，容易产生静电。

2.2 表面组装印制电路板（SMB）

PCB 是指在绝缘基材上，按照预定的设计印制一层用于连接电子元器件的导电图形的基板。由于表面组装技术是将表面组装元器件直接贴装在 PCB 上，对基板的要求比较高，而且表面组装电路板制作技术也比较复杂，因此为了区别，通常将专用于表面组装的 PCB 称为表面组装印制电路板（surface mount printed circuit board，SMB）。

2.2.1 SMB 的基本特点

与传统 PCB 相比，SMB 不需要在焊盘上钻插装孔。但由于一些高集成度的表面组装元器件具有面积大、引脚多、间距密等特点，因此无论是基材的选用，还是图形的设计与制作，SMB 都比传统的 PCB 有更高的要求。SMB 的主要特点是密度高，孔

径小，热膨胀系数小，耐高温，平整度高。

1. 密度高

有些表面组装元器件引脚数高达数百个甚至上千个，引脚间距已由 1.27 mm 发展到 0.3 mm，线宽从 0.2～0.3 mm 缩小到 0.15 mm、0.1 mm 甚至 0.05 mm，2.54 mm 网格之间已从过双线发展到过 4 根、5 根甚至 6 根导线。线细、间距窄极大地提高了 SMB 的组装密度。

2. 孔径小

SMB 中大多数金属化孔不再用来插装元器件，而是用来实现层与层导线之间的互连，小孔径为 SMB 提供了更多的空间。目前 SMB 上的孔径为 0.3～0.46 mm，并向 0.1～0.2 mm 方向发展。

3. 热膨胀系数小

热膨胀系数（coefficient of the thermal expansion，CTE）是指材料受热后的膨胀程度。表面组装元器件引脚多且短，元器件本体与 PCB 之间的 CTE 不一致，由热应力造成的器件损坏经常发生。因此要求表面组装元器件基材的 CTE 应尽可能低，以适应与元器件的匹配性。此外，CSP、FC 等芯片级的器件已直接贴装在 SMB 上，这就对 SMB 的 CTE 提出了更高的要求。

4. 耐高温

表面组装过程中经常需对双面贴装元器件进行焊接，因此 SMB 需要承受两次再流焊的高温，而且多数焊接采用无铅焊接，焊接温度要求更高，并要求焊接后 SMB 变形小、不起泡，SMB 焊盘仍有优良的可焊性，表面仍有较高的光洁度，因此要求 SMB 耐高温性能好。

5. 平整度高

细线、高精度对基板平整度要求很高，以便于表面组装元器件的引脚与 SMB 焊盘密切配合，SMB 的翘曲度要求控制在 0.5%以内，而传统 PCB 的翘曲度则要求为 1%～1.5%。同时，SMB 对焊盘上的金属镀层也有较高的平整度要求，要求采用镀金工艺、水平式热风整平工艺或者预热助焊剂涂敷工艺，而不宜采用热熔锡铅合金镀层工艺和垂直式热风整平工艺。

2.2.2　SMB 的设计

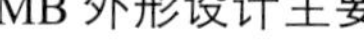

SMB 的设计是表面组装技术的重要组成部分，是衡量表面组装技术水平的一个重要标志，也是保证表面组装质量的首要条件之一。表面组装生产设备和工艺的精细化发展对 SMB 的设计也提出了更高的要求。SMB 的设计主要包括 SMB 外形设计、布线设计、元器件布局、元器件焊盘设计、焊盘与线路连接设计、SMB 可靠性设计等。

1. SMB 外形设计

SMB 外形设计主要包括外形尺寸设计、定位孔与工艺边设计、基准标志设计以及拼板设计等。

（1）外形尺寸设计

SMB 的外形应尽量简单，一般为矩形，长宽比为 3∶2 或 4∶3。SMB 的尺寸应尽量接近标准系列尺寸，以简化加工工艺，降低生产成本。SMB 的尺寸设计不宜过大，以免再流焊引起翘曲变形。设计外形时要将 SMB 四边加工成圆角或 45° 倒角，以防止锐角损坏表面组装生产设备上的传送带。SMB 的厚度应根据对 SMB 的机械强度要求以及 SMB 上单位面积承受的元器件质量来选取。考虑焊接工艺过程中的热变形以及结构强度，如抗张、抗弯、机械脆性、热膨胀等因素，SMB 厚度、最大宽度与最大长宽比如表 2-24 所示。

表 2-24　SMB 厚度、最大宽度及最大长宽比

厚度/mm	最大宽度/mm	最大长宽比
0.8	50	2.0
1.0	100	2.4
1.6	150	3.0
2.4	300	4.0

（2）定位孔与工艺边设计

表面组装生产设备在装夹 SMB 时主要采用针定位或者边定位，因此在 SMB 上需要有适应生产要求的定位孔或者工艺边。

① 定位孔。定位孔位于 SMB 的四角，以圆形为主，也可以是椭圆，孔径一般为 3.2 mm。定位孔内壁要求光滑，不允许有电镀层，定位孔周围 2 mm 范围内不允许有铜箔，且不得贴装元器件。定位孔尺寸及位置如图 2-67 所示。

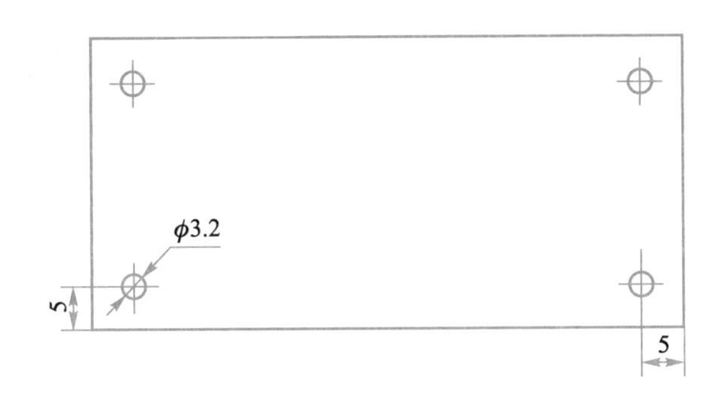

图 2-67
定位孔尺寸及位置（单位：mm）

② 工艺边。工艺边主要用于设备的夹持、定位以及异形边框补偿。如果 SMB 两侧 5 mm 以内不贴装元器件或不插装元器件，则可以不设置专门的工艺边。如果 SMB 结构尺寸的限制无法满足上述要求，则可在 SMB 上沿着夹持的方向增设工艺边。工艺边的宽度根据 SMB 的大小确定，一般为 5～8 mm，此时定位孔与图像识别标志应设于工艺边上，待加工工序结束并经检测合格后可以去掉工艺边。当 SMB 外形为异形时，必须设计工艺边，使 SMB 外形成直线，生产结束后再把该工艺边去除。

（3）基准标志设计

基准标志是用于表面组装生产中光学定位的一组图形。

① 基准标志图形。基准标志的形状有实心圆、椭圆、三角形、菱形、正方形、十字形等，其中以实心圆为主（下文以实心圆基准标志为例）。一个完整的基准标志由基准标志点（Mark 点）和空旷区组成，空旷区是在 Mark 点周围的无阻焊区，如图 2-68 所示。Mark 点的直径一般为 1～2 mm，最小的为 0.5 mm，最大不超过 5 mm，具体尺寸视印刷机与贴片机设备的识别精度而定，同一块 SMB 上所有 Mark 点的大小必须一致。

Mark 点表面材料采用裸铜、镀锡、镀金均可，但要求镀层均匀、光滑平整，如果使用阻焊，不应该覆盖 Mark 点或空旷区。Mark 点与 SMB 基材之间要有很高的亮度对比，才能使 Mark 点获得最佳性能。

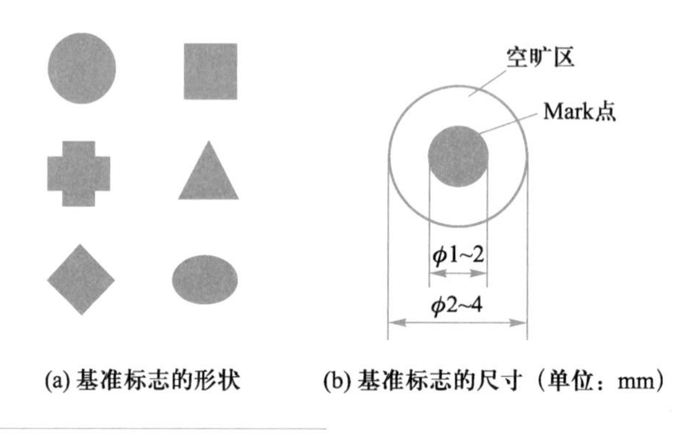

图 2-68
基准标志

② 基准标志分类。基准标志有 SMB 基准标志和器件基准标志两大类。其中，SMB 基准标志是表面组装生产时 SMB 的定位标志；器件基准标志则用于引脚数量多、引脚间距小的单个器件的定位，如 QFP、PLCC、BGA 器件等，以提高贴装精度。

SMB 基准标志一般在 SMB 对角两侧成对设置，距离越大越好，但基准标志的坐标值不应相等，以确保贴片时 SMB 进板方向的唯一性。当 SMB 较大（长度≥200 mm）时，通常需在 SMB 的 4 个角分别设置基准标志，但不可对称分布，并在 SMB 长边的中心线上或附近增设 1～2 个基准标志，如图 2-69 所示。

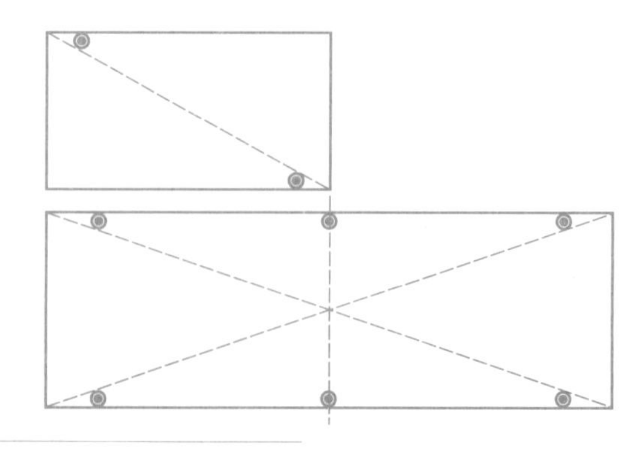

图 2-69
PCB 基准标志位置示意图

器件基准标志则设置在元器件的对角线上，成对且可以对称设置，如图 2-70 所示。

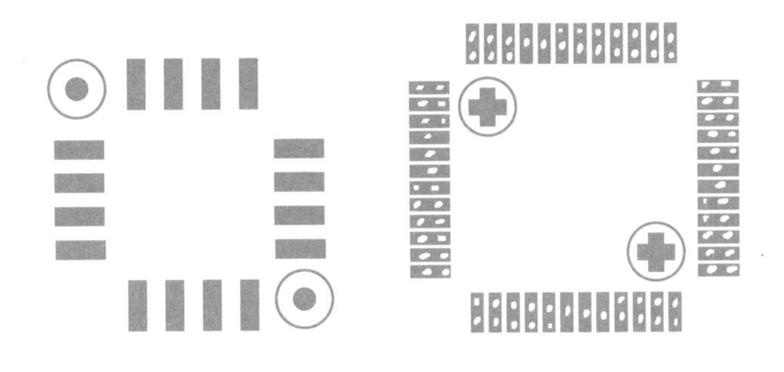

图 2-70
器件基准标志位置示意图

（4）拼板设计

当单个 SMB 尺寸较小，其上元器件较少，且为刚性板时，为了适应表面组装生产设备的要求，经常将若干个相同或者不同的 SMB 有规则地拼合成矩形，这就是拼板（panel），如图 2-71 所示。拼板之间可采用 V 形槽、邮票孔、冲槽等手段进行组合，既有一定的机械强度，又便于组装后再分离。

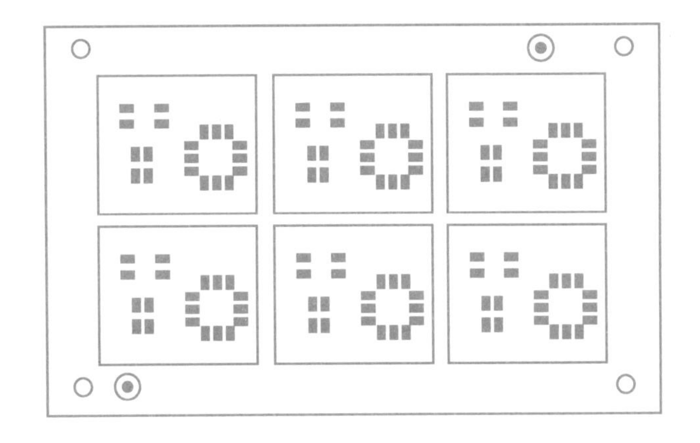

图 2-71
拼板结构示意图

拼板设计时应考虑以下几方面因素：

① 拼板可由多块同样的 SMB 组成或由多块不同的 SMB 组成。

② 根据表面组装生产设备的情况决定拼板的最大外形尺寸，如贴片机的贴片面积、印刷机的最大印刷面积和再流焊机传送带的宽度等。

③ 拼板的工艺孔可设计成一个圆形孔和一个槽形孔，槽形孔的宽度和圆形孔的直径相等，而长度要比宽度至少大 0.5 mm。

④ 拼板上各 SMB 间的连接筋起机械支撑作用，既要有一定的强度，又要便于把 SMB 分开。

⑤ 拼板在分割时会产生不同的应力，因此在拼板设计中，进行元器件排列时要考虑分割应力的影响，避免由于分割应力造成元器件裂损。应力大的位置尽量不放置贵重元件和关键元件，元器件与工艺边的最小距离为 5 mm。

2．布线设计

（1）布线一般原则

① 走线最短。特别是对于小信号电路，线越短，电阻越小，则干扰越小，因此元

器件之间的走线必须最短。当走线长度大于 150 mm 时，绝缘电阻会明显下降，高频时容易产生串扰。

② 避免长距离平行走线。SMB 上的布线应短而直，减小平行布线，必要时可以采用跨接线；双面 SMB 两面的导线应垂直交叉；高频电路印制导线的长度和宽度都要小，导线间距要大。

③ 不同信号系统要分开。SMB 上同时组装模拟电路和数字电路时，要将这两种电路的地线系统和供电系统完全分开。

④ 采用恰当的接插形式，如接插件、插接端或导线引出等。输入电路的导线要远离输出电路的导线，引出线要相对集中设置，布线时使输入、输出电路分列于 SMB 的两侧，并用地线分开。

⑤ 设置地线。SMB 上每级电路的地线一般应自成封闭回路，以保证每级电路的地电流主要在本地回路中流通，减小级与级之间的电流耦合。但 SMB 附近有强磁场时，地线不能做成封闭回路，以免成为一个闭合线圈而引起感应电流。电路工作频率越高，地线应越宽或采用大面积敷铜。

⑥ 走线方式。同一层上的信号线改变方向时，应走斜线，拐角处应尽量避免锐角，一般取圆弧形，因为锐角或直角在高频电路中会影响电气性能。

（2）印制导线宽度及间距

印制导线的宽度主要是由导线与绝缘基板间的黏附强度和流过它们的电流值决定的。当铜箔厚度为 0.5 mm、宽度为 1～15 mm，流过 2 A 的电流，温度不高于 3 ℃时，选用宽度为 1.5 mm 的导线即可。对于集成电路，通常选用宽度为 0.02～0.3 mm 的导线。印制导线图形时，同一 SMB 上导线的宽度应该一致，地线可适当加宽。

印制导线间距、相邻导线平行段的长度和绝缘介质决定了 SMB 导线间的绝缘电阻，因此，在布线允许的情况下，应适当加宽导线间距；一般情况下，导线间距应等于导线宽度。具体设计时还要考虑以下三个因素：

① 低频低压电路的导线间距取决于焊接工艺，采用自动化焊接时导线间距可小些，采用手工焊接时导线间距应大些。

② 高压电路的导线间距取决于工作电压和基板的抗电强度。

③ 设计高频电路的导线间距时应主要考虑分布电容对信号的影响。

3. 元器件布局

元器件布局既要满足整机电气性能和机械结构要求，又要满足表面组装生产工艺要求。由设计引起的产品质量问题在生产中难以解决，因此应根据不同的工艺进行元器件布局。

（1）电路设计对元器件布局的要求

元器件布局对 SMB 的性能有很大的影响，在设计时，一般将大电路分成各单元电路，并按照电路信号流向安排各单元电路位置，避免输入/输出、高低电平部分交叉；电路信号流向要有一定规律，并尽可能保持一致方向，以便于故障的查找。

（2）表面组装工艺对元器件布局的要求

① SMB 上的元器件应尽可能按相同方向均匀分布，而且大质量的元器件必须分散布置，这是由于大质量元器件通常吸热较多，若过于集中焊接，会出现某个区域吸热过多导致热分布不均的情况，影响焊接质量。

② 在电路中应尽可能使元器件平行排列，这样不但美观，而且易于焊接。

③ 同类元器件应尽可能按相同方向排列，特征方向应一致，便于元器件的贴装、焊接和检测，如二极管的极性、三极管的单引脚端、集成电路的第一引脚位置等。所有元器件位号的丝印方位应相同。

④ 大型元器件的四周要留一定的维修空间，以保证返修设备能够正常进行操作。

⑤ 发热元器件应尽可能远离其他元器件，一般位于边角或者机箱内通风的位置。

⑥ 温度敏感元器件要尽量远离发热元器件。

⑦ 需要调节或经常更换的元件和零部件，如电位器、可调线圈、可变电容器、微动开关、按键等元器件的布局，应考虑整机结构要求，置于方便调节和更换的位置。

⑧ 元器件布局要满足再流焊、波峰焊工艺及间距要求：

a. 单面混装时，应将表面贴装元器件和通孔插装元器件布放在 A 面。

b. 采用双面再流焊的混装时，应将大的表面贴装元器件和通孔插装元器件放在 A 面，小元件放在 B 面。

c. 采用 A 面再流焊、B 面波峰焊时，应将大的表面贴装元器件和通孔插装元件放置在 A 面（再流焊面），将适合于波峰焊的矩形、圆柱形元器件及 SOT 器件和较小的 SOP 器件放置在 B 面（波峰焊面），如需在 B 面安放 QFP 元器件，应按 45° 方向放置。

（3）元器件排列方向

SMB 上的元器件要求尽量有统一的方向，有正负极性的元器件也要有统一的方向。在表面组装技术中，工艺流程不同，对元器件排列方向也有不同要求。

① 再流焊工艺的元器件排列方向。在再流焊中，为了使片式元件的两个焊端以及表面组装器件两侧引脚同步受热，减少由于元器件两侧焊端不能同步受热而产生的立碑、移位等焊接缺陷，要求 SMB 上两个端头的片式元件的长轴应垂直于再流焊机的传送带方向，表面组装器件的长轴应平行于再流焊机的传送带方向，片式元件的长轴与表面组装器件的长轴相互垂直，如图 2-72 所示。

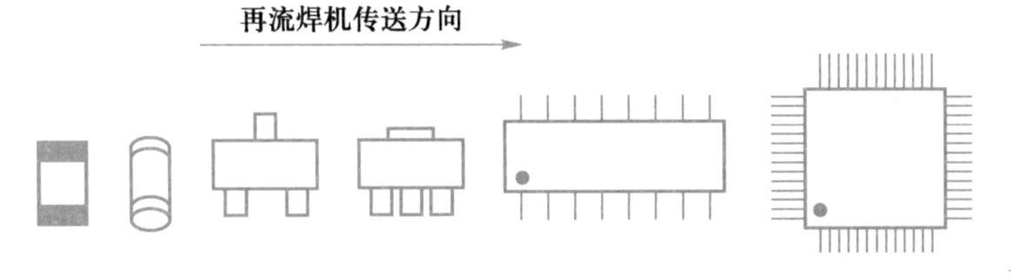

图 2-72
再流焊工艺的元器件排列方向

② 波峰焊工艺的元器件排列方向。在波峰焊中，片式元件的长轴应垂直于波峰焊机的传送带方向，表面组装器件的长轴应平行于波峰焊机的传送带方向。为了避免阴

影效应，同尺寸的元器件的端头在平行于焊料波峰方向排成一直线，不同尺寸的大小元器件应交错放置；小尺寸的元器件要排放在大尺寸的元器件的前方，防止元器件本体遮挡焊接端头和引脚，如图 2-73 所示。

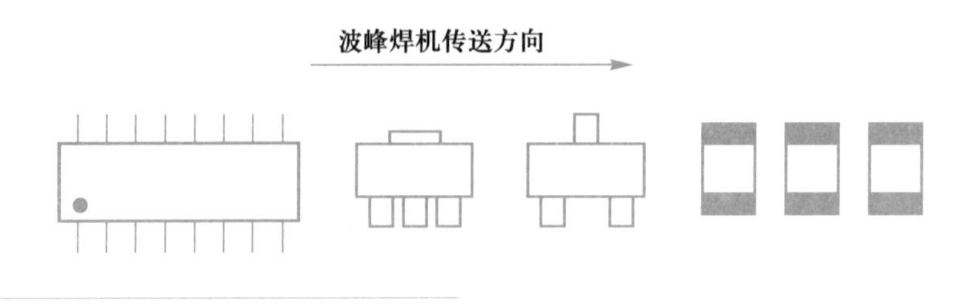

图 2-73
波峰焊工艺的元器件排列方向

（4）元器件的间距设计

为了保证焊接时焊盘间不会发生桥连并在大型元器件的四周留下一定的维修间隙，在分布元器件时，要注意元器件之间的最小间距，波峰焊工艺中元器件间距要略宽于再流焊工艺。一般组装密度的表面组装元器件之间的最小间距要求如下：

① 片式元件之间、SOT 器件之间、SOP 器件与片式元件之间的距离为 1.25 mm。

② SOP 器件之间、SOP 器件与 QFP 器件之间的距离为 2 mm。

③ PLCC 器件与片式元件之间、SOP 器件之间、QFP 器件之间的距离为 2.5 mm。

④ PLCC 器件之间的距离为 4 mm。

4. 元器件焊盘设计

微课
元器件焊盘设计

元器件焊盘设计是 SMB 设计的关键部分，与元器件连接的可靠性以及焊接的工艺都有密切的联系。设计合理的焊盘可以避免焊接过程中出现虚焊、桥连等缺陷，不良的焊盘设计则将导致表面组装生产无法进行，因此必须严格按照设计规范进行焊盘设计。这里介绍几种典型元器件的焊盘设计原则，全面的焊盘设计可参考相关 SMB 设计标准。

（1）矩形片式元件焊盘设计

矩形片式元件焊盘设计如图 2-74 所示，设计原则如下：

① 焊盘宽度：

$$A=W-K$$

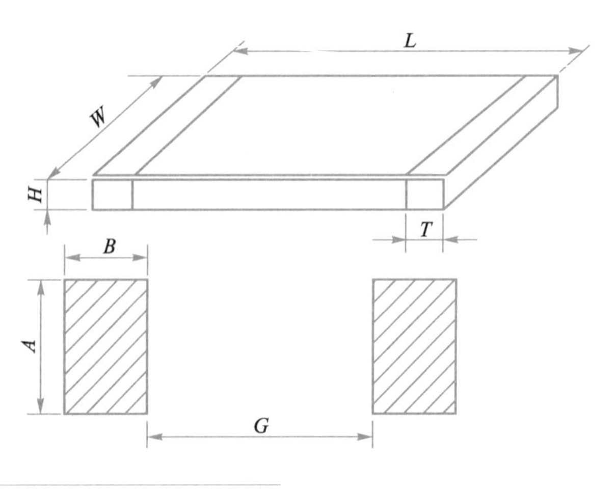

图 2-74
矩形片式元件焊盘设计

② 焊盘长度：　　　　电阻器 $B=H+T+K$

电容器 $B = H+T-K$

③ 焊盘间距：　　　　$G=L-2T-K$

式中：L 为元件长度；W 为元件宽度；T 为元件焊端厚度；H 为元件高度；K 为常数，一般取 0.25 mm。

矩形片式元件焊盘设计参数如表 2-25 所示。

表 2-25　矩形片式元件焊盘设计参数

封装型号		焊盘宽度 A/mm	焊盘长度 B/mm	焊盘间距 G/mm
英制系列	公制系列			
1825	4564	6.350	1.778	3.048
1812	4532	3.048	1.778	3.048
1210	3225	2.540	1.778	2.032
1206	3216	1.524	1.778	1.778
0805	2012	1.270	1.524	0.762
0603	1608	0.635	0.762	0.635
0402	1005	0.508	0.635	0.508
0201	0603	0.304 8	0.254	0.304 8

（2）圆柱形 MELF 元件焊盘设计

圆柱形 MELF 元件的焊盘图形设计与焊接工艺有密切的联系。当采用波峰焊时，其焊盘图形可参照矩形片式元件的焊盘设计原则来设计；当采用再流焊时，要在两个对称的矩形焊盘内侧设计两个凹槽，以利于元器件的定位。圆柱形 MELF 元件焊盘设计如图 2-75 所示，设计原则如下：

① 焊盘宽度：　　　　$A = D-K$

② 焊盘长度：　　　　$B = D+T_{min}+K$

③ 焊盘间距：　　　　$G = L-2T_{max}-K$

④ 凹槽长度：　　　　$C = B-(2B+G-L)/2$

⑤ 凹槽宽度：　　　　$E = 0.2$ mm

式中：L 为元件长度；D 为元件直径；T 为元件焊端厚度，T_{min} 为最小厚度，T_{max} 为最大厚度；K 为常数，一般取 0.254 mm。

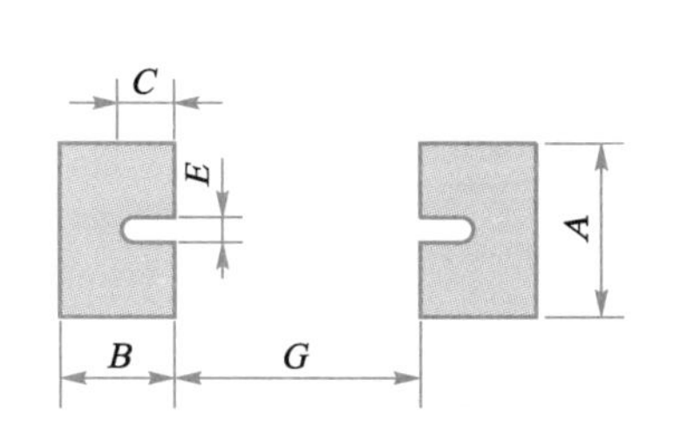

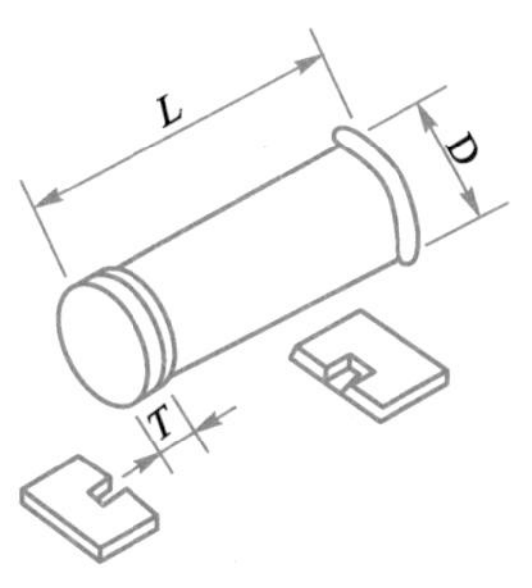

图 2-75
圆柱形 MELF 元件焊盘设计

（3）SOT 焊盘设计

SOT 包括 SOT-23、SOT-89、SOT-143 等，对于 SOT 的焊盘设计一般遵循以下设计原则：

① 焊盘间的中心距等于器件引线间的中心距。

② 焊盘的图形与器件引线的焊接面相似。若采用再流焊，每个焊盘在长度方向上应增加 0.3 mm，在宽度方向上应减少 0.2 mm；若采用波峰焊，则每个焊盘在长度和宽度方向上均应增加 0.3 mm。

SOT 焊盘图形如图 2-76 所示。

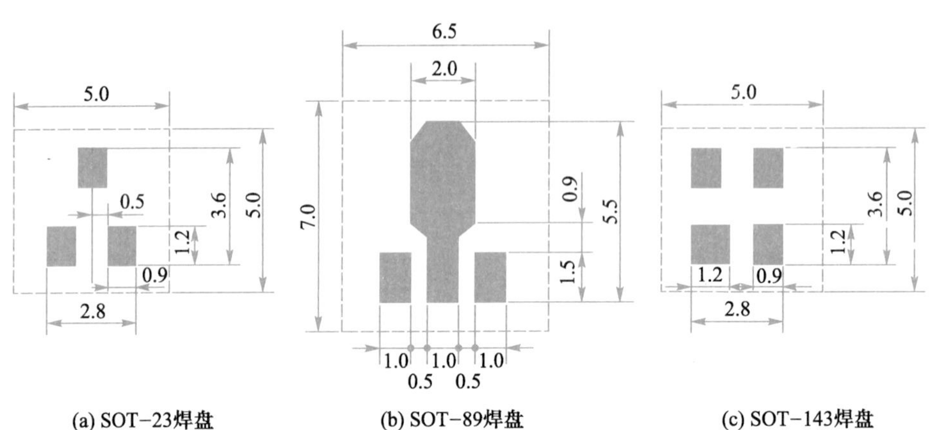

图 2-76
SOT 焊盘图形
（单位：mm）

（4）SOP 焊盘设计

SOP 外形及焊盘设计如图 2-77 所示，设计原则如下：

① 焊盘中心距等于引脚中心距。

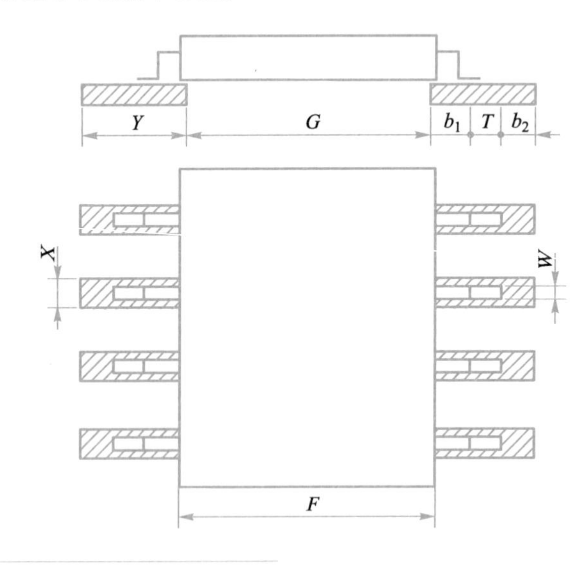

图 2-77
SOP 外形及焊盘设计

② 单个引脚焊盘的长度：

$$Y = T + b_1 + b_2 = 1.5 \sim 2 \text{ mm}$$

式中：$b_1 = b_2 = 0.3 \sim 0.5$ mm。

单个引脚焊盘的宽度：

$$X = (1.0 \sim 1.2)W$$

式中：W 为单个引脚的宽度。

③ 相对两排焊盘内侧距离：

$$G = F - K$$

式中：F 为元器件壳体封装长度；K 为常数，一般取 0.25 mm。

（5）QFP 焊盘设计

QFP 外形及焊盘设计如图 2-78 所示，设计原则如下：

① 焊盘中心距等于引脚中心距。

② 单个引脚焊盘的长度：

$$Y = T + b_1 + b_2 = 1.5 \sim 2 \text{ mm}$$

式中：$b_1 = b_2 = 0.3 \sim 0.5$ mm。

单个引脚焊盘的宽度：

$$X = (1.0 \sim 1.2)W$$

式中：W 为单个引脚的宽度。

③ 相对两排焊盘内侧距离：

$$G = A/B - K$$

式中：A/B 为元器件壳体封装长度；K 为常数，一般取 0.25 mm。

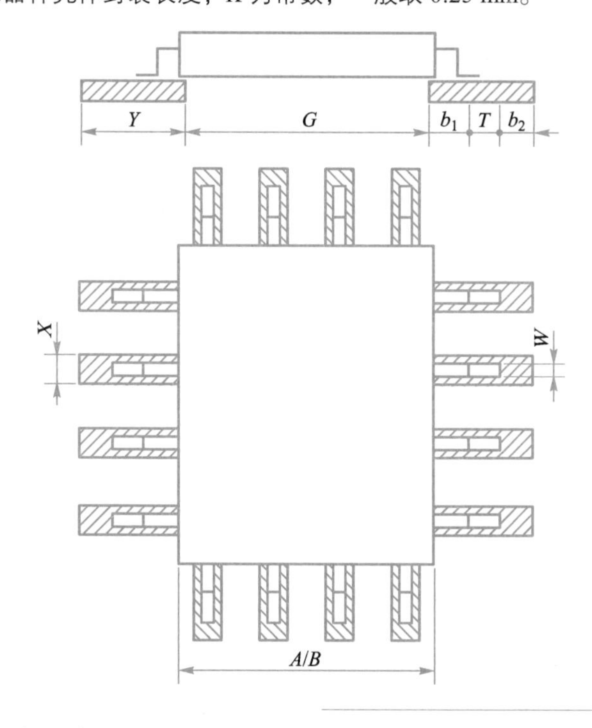

图 2-78
QFP 外形及焊盘设计

（6）BGA 焊盘设计

BGA 焊盘设计如图 2-79 所示，图中，D_c、D_o 是 BGA 基板的焊盘直径，D_b 是焊球直径，D_p 是 SMB 焊盘直径，H 是焊球高度。

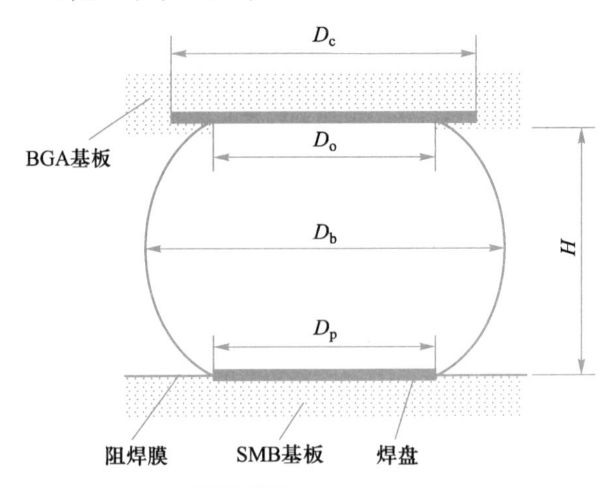

图 2-79
BGA 焊盘设计

BGA 焊盘设计基本要求如下：

① SMB 基板上每个焊球的焊盘中心与 BGA 基板底部相对应的焊球中心相吻合。

② SMB 焊盘图形为实心圆，导通孔不能加工在焊盘上。

③ 通常 SMB 焊盘直径 D_p 小于焊球直径 D_b 的 20%～25%，允许误差范围为 0.08～0.6 mm。焊球直径越小，允许误差范围也越小，如表 2-26 所示。

表 2-26　BGA 焊盘设计尺寸的一般规则

焊球直径 D_b/mm	焊盘缩小比例/%	SMB 焊盘直径 D_p/mm	焊盘允许误差范围/mm
0.75	25	0.55	0.50～0.60
0.60	25	0.45	0.40～0.50
0.50	20	0.40	0.35～0.45
0.45	20	0.35	0.30～0.40
0.40	20	0.30	0.25～0.35
0.30	20	0.25	0.20～0.25
0.25	20	0.20	0.17～0.20
0.20	20	0.15	0.12～0.15
0.15	20	0.10	0.08～0.10

④ 两个焊盘间布线数的计算公式如下：

$$P-D \geqslant (2N+1)X$$

式中：P 为焊球间距；D 为焊盘直径；N 为布线数；X 为线宽。

⑤ 若采用非阻焊定义的焊盘设计，阻焊层直径比焊盘直径大 0.1～0.15 mm。

5. 焊盘与线路连接设计

（1）SMC 焊盘与线路连接设计

SMC 焊盘与线路连接可以有多种方式，原则上连线可在焊盘任意点引出，但一般不得在两焊盘相对的间隙之间进行，最好从焊盘长边的中心引出，并避免呈一定的角度，如图 2-80 所示。

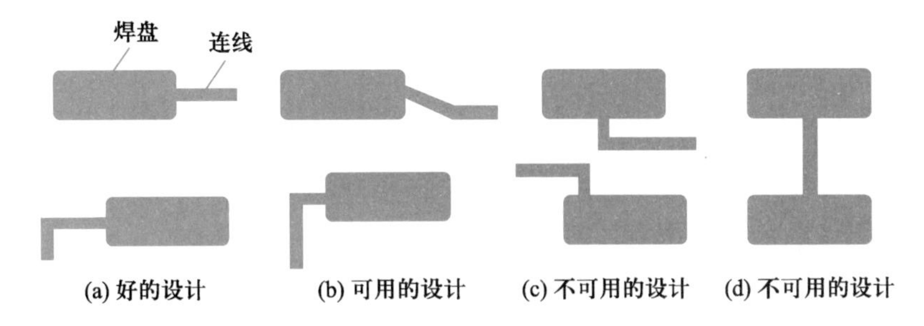

图 2-80
SMC 焊盘与线路连接设计

（2）SMD 焊盘与线路连接设计

为了使每个焊盘的再流焊时间一致，必须控制焊盘和连线间的热耦合，确保每个焊盘保持相同的热量。SMD 的引脚与大面积铜箔连接时，要进行热隔离，一般规定不允许把宽度大于 0.25 mm 的布线和再流焊的焊盘连接。如果电源线或接地线要和焊盘连接，则在连线前要将布线宽度变窄至 0.25 mm，且长度不短于 0.635 mm，如图 2-81 所示。

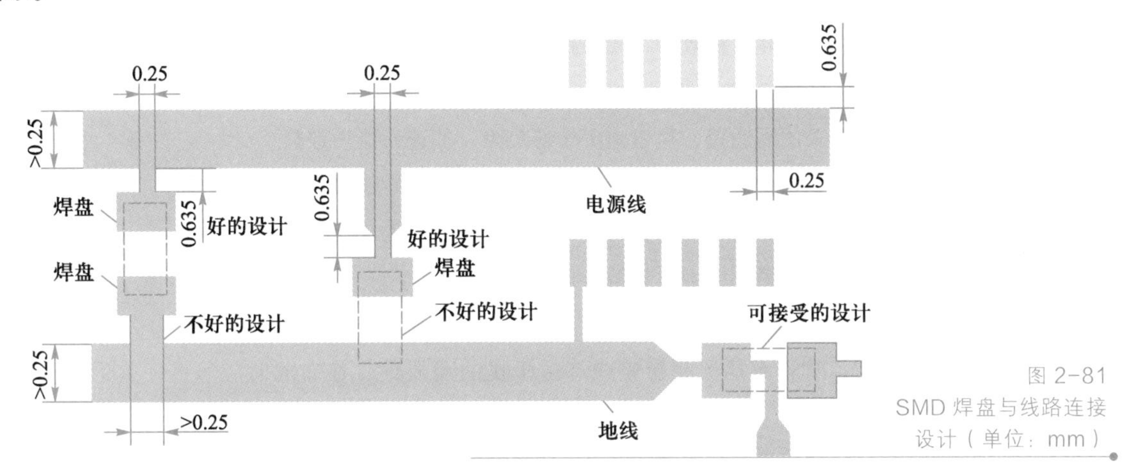

图 2-81
SMD 焊盘与线路连接设计（单位：mm）

（3）导通孔与焊盘的连接设计

SMB 的导通孔主要有两种形式：一种是裸露的镀铜孔，两端覆盖阻焊膜；另一种是锡铅镀层的镀铜孔。一般导通孔与焊盘连接时，用具有阻焊膜的窄连线与焊盘相连；如果导通孔采用阻焊膜，则可以将导通孔放置在与焊盘相邻的地方，通常不将导通孔放在焊盘上，如图 2-82 所示。

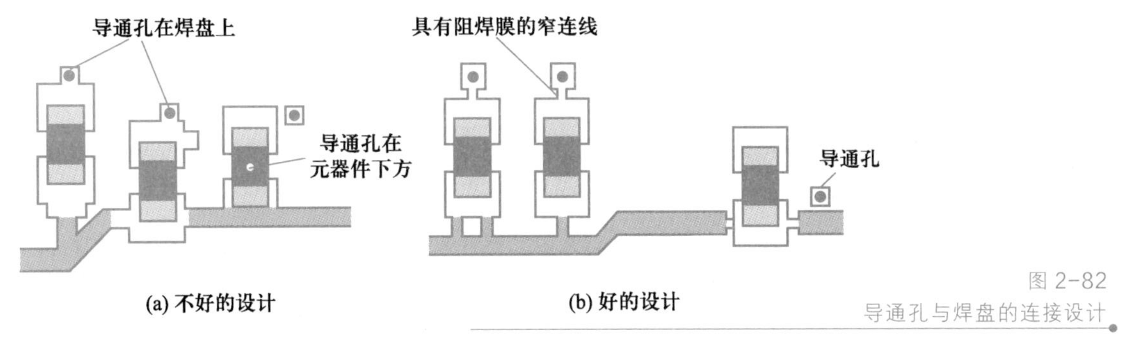

图 2-82
导通孔与焊盘的连接设计

6. SMB 可靠性设计

可靠性是电子产品生产的重要指标，SMB 的可靠性设计很复杂，这里主要介绍散热设计和电磁兼容性设计。

（1）散热设计

散热设计的目的是控制产品内部所有电子元器件的温度，使其在所处的工作环境条件下不超过标准及规范所规定的温度。由于表面组装元器件体积小，单位面积 SMB 上元器件的集成度高，而且通常采用双面板进行组装，因此 SMB 的散热设计尤为重要。SMB 的散热设计主要应考虑以下几个方面：

① 在条件允许的情况下，尽量使 SMB 上功率分布均匀。合理布局元器件排列，发热元器件应尽量安装于上部，温度敏感元器件要远离发热元器件，热敏感元器件不可安放在发热元器件上方，要在水平面内交错放置。

② 设计印制导线时，应首先保证印制导线的载流容量，印制导线的宽度必须适用于电流的传导，不能引起压降和温升。

③ 采用散热层分布，在多层板设计中将散热层作为 SMB 基板的一部分，放置在 SMB 中间，并设置散热孔和盲孔，加速散热。

④ 加大 SMB 上与大功率元器件接地面的铜箔面积。

⑤ 采用短通路，尽量减少传导热阻，加速元器件散热。

⑥ 加大安装面积，加大接触面积，使热传导效果更好。

⑦ 采用导热率高的材料，尽量减少传导热阻。

⑧ 选择阻燃或者耐热型板材。

（2）电磁兼容性设计

① 对于可能互相影响或产生干扰的元器件，在布局时应尽量使其远离或采取屏蔽措施。

② 对于不同频率的信号线，不要使其相互靠近平行布线；对于高频信号线，应在其一侧或两侧布设接地线进行屏蔽。

③ 对于高频、高速电路，应尽量设计成双面板和多层板。在双面板的一面布设信号线，另一面可以设计成接地面；在多层板中，大面积的电源层和大面积的地线层相邻，这样电源和地之间形成电容，可起到滤波作用。用地线做屏蔽，信号线在外层，电源层和地线层在里层。

④ 应将晶体管的基极印制线和高频信号线设计得尽量短，减少信号传输时的电磁干扰或辐射。

⑤ 不同频率的元器件不共用同一条接地线，不同频率的地线和电源线分开布设。

⑥ 数字电路与模拟电路不共用同一条地线，在与 SMB 对外地线连接处可以有一个公共接点。

⑦ 对于工作时电位差比较大的元器件或印制导线，应加大其相互之间的距离。

2.2.3　SMB 的制作

在表面组装生产中，SMB 的制作质量直接影响整个电子产品的质量和成本。SMB 的生产制作过程复杂，涉及计算机辅助设计、机械加工、光化学反应、电化学反应、热化学反应等多个领域，而且生产过程中发生的工艺问题常常具有很大的随机性。

1. SMB 制作的关键工艺

（1）照相底版制作

在 SMB 制作技术中，无论是采用干膜光致抗蚀剂（以下简称为干膜）或液态光致抗蚀剂（以下简称为湿膜）工艺，都离不开照相底版，照相底版确定了 SMB 上要配置的电路图形。从 20 世纪 80 年代开始，SMB 制造技术中便以光绘机或激光光绘机替代传统的绘图、照相工艺，从而提高了 SMB 制作质量，缩短了生产周期。其工艺通常是在计算机/光绘机对银盐基的照相制版软片（SO 或 CR 软片）进行光扫描之后，通过精密曝光机的暗室处理（显影、定影、冲洗等）曝光成像获得照相底版。

（2）图形转移

图形转移就是将照相底版上的电路图形转移到覆铜面上的过程。具体步骤是在处理过的覆铜面上贴涂一层感光性膜层，在紫外光的照射下，将照相底版上的电路图形转移到覆铜面上，形成一种抗蚀的掩膜图形，那些未被抗蚀剂保护的不需要的铜箔，将在随后的化学蚀刻工艺中被蚀刻掉，经过蚀刻工艺后再褪去抗蚀膜层，便可得到所需的裸铜电路图形。

图形转移工序包括内层图形转移和外层图形转移两个工序，其工序流程如图 2-83 所示。

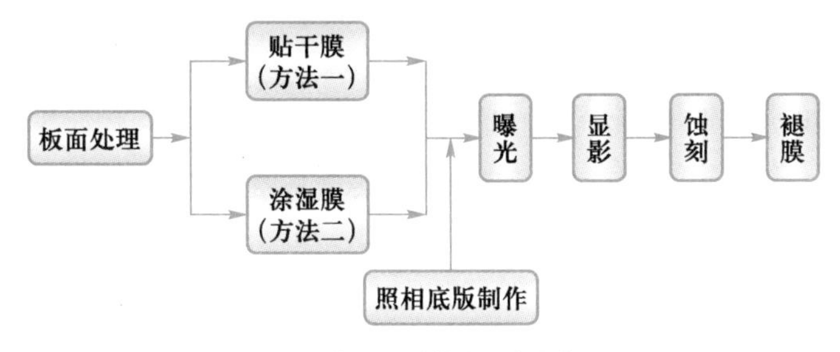

(a) 内层图形转移工序流程

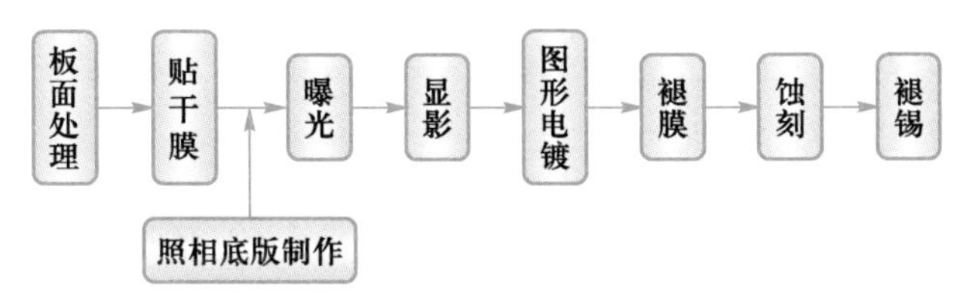

(b) 外层图形转移工序流程

图 2-83
图形转移工序流程

图 2-84 以内层和外层图形转移工序流程为例，说明图形转移过程的原理。

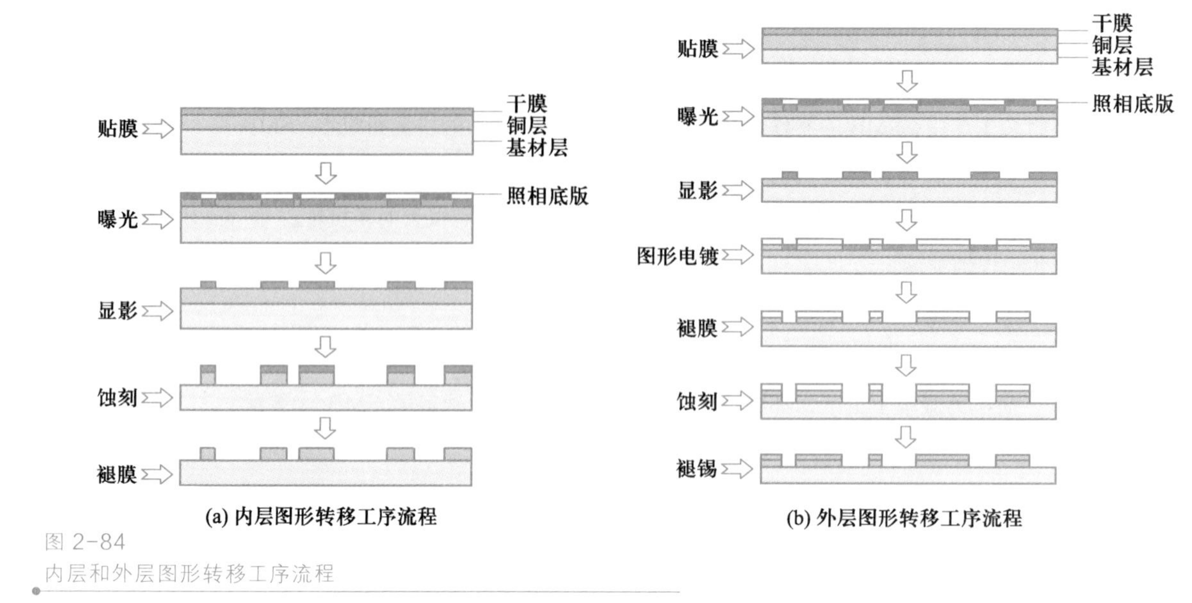

图 2-84
内层和外层图形转移工序流程

（3）蚀刻

蚀刻是利用化学方法去除基材上不用的铜箔，留下组成焊盘、印制导线及符号的图形。针对不同的 SMB，使用不同的蚀刻液。制作单面板时要求蚀刻液能蚀刻铜箔而不损伤和破坏网印油墨。由于网印油墨能溶于碱性溶液，所以一般使用三氯化铁。三氯化铁蚀刻速度快，溶液稳定，价格便宜，操作简单，但是污染严重。在用图形电镀法制作双面板时，则不能使用三氯化铁、酸性氯化铜蚀刻液，因为它们也腐蚀锡铅合金层。这时可以使用的蚀刻液有碱性氯化铜、硫酸过氧化氢、过硫酸铵等，其中使用最多的是碱性氯化铜。

在蚀刻工艺中，影响蚀刻质量的是侧蚀和镀层增厚现象。侧蚀是因蚀刻而产生的导线边缘凹进或挖空现象。侧蚀程度与蚀刻液、设备和工艺条件有关，侧蚀越小越好。而镀层增厚指的是电镀加厚使导线一侧宽度超过生产底版宽度。侧蚀和镀层增厚会使得导线图形产生镀层突沿，镀层突沿量是镀层增厚和侧蚀之和。镀层突沿不仅影响导线图形的精度，而且容易断裂和掉落，导致电路短路。

（4）孔金属化与金属涂覆

① 孔金属化。在双面板和多层板的制作过程中，孔金属化是一道必不可少的工序。当 SMB 不同层上的导线或焊盘需要连通时，可以通过金属化孔实现，即把铜沉积在贯通两面导线或焊盘的孔壁上，使原来非金属的孔壁金属化，这类孔被称为导通孔。孔金属化工艺流程如图 2-85 所示。

图 2-85
孔金属化工艺流程

② 金属涂覆。为了提高 SMB 的导电性、可焊性、耐磨性、装饰性，延长 SMB 的使用寿命，提高电气连接的可靠性，可以在 SMB 图形铜箔上涂覆一层金属。金属镀层的材料有金、银、锡、铅锡合金等，涂覆方法有电镀或化学镀。

（5）表面阻焊及可焊性保护层

① 表面阻焊是指在非焊区涂敷表面光滑的阻焊膜。它是 SMB 永久性的保护膜，能起到防潮、防腐蚀、防霉和防机械损伤的作用，还可以提高焊点的可焊性。

② 可焊性保护层使用有机防氧化保护膜，保护镀层不被氧化和焊盘表面平整，还可提高焊点的可焊性。

2．SMB 的生产流程

不同 SMB 的生产流程虽有不同，但基本都会涉及上述各个关键工艺环节。下面对单面板、双面板和多层板的生产流程进行介绍。

（1）单面板生产流程

单面板生产流程如图 2-86 所示。

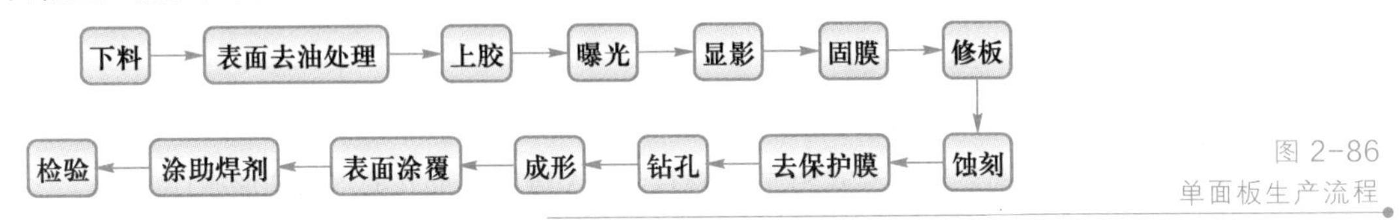

图 2-86
单面板生产流程

（2）双面板生产流程

相较于单面板，双面板主要增加了孔金属化工艺，从而实现两面之间的电气连接，其生产流程如图 2-87 所示。

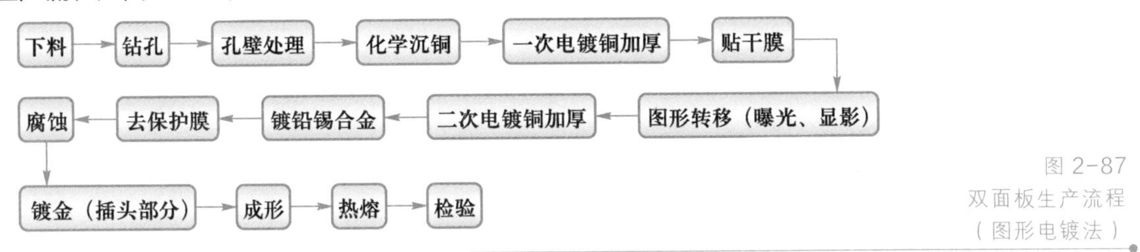

图 2-87
双面板生产流程
（图形电镀法）

（3）多层板生产流程

多层板是由 3 层或 3 层以上相互连接的导电图形层和绝缘材料层压合而成的 SMB，其生产流程主要包括以下几个环节：

① 内层线路制作。利用图形转移原理制作内层线路，包括开料、前处理、压膜、曝光、显影、蚀刻、褪膜、冲孔和自动光学检测等步骤。

② 层压钻孔。将铜箔、半固化片与制作好的内层线路板压合成多层板，并在板面上钻出层与层之间线路连接的导通孔，包括棕化、叠板、压合、后处理和钻孔等步骤。

③ 孔金属化。对孔壁上的非导体部分表面进行金属化，以方便后面的电镀工序，包括去刺、去胶渣、化学镀铜和一次镀铜。

④ 外层线路制作。利用图形转移原理制作外层线路，并将铜层增至要求的厚度，主要包括前处理、压膜、曝光、显影、二次镀铜、镀锡、蚀刻、褪锡和自动光学检测等步骤。

⑤ 阻焊漆和字符的印刷。

⑥ 后处理。具体包括表面处理、外形成型和检验测试等。

习题与思考

1. 表面组装元器件有哪些特点?

2. 简述表面组装元器件的分类。

3. 试写出典型 SMC 封装的英制与公制系列，并以其中一组为例，写出其具体尺寸。

4. 表面组装元器件的引脚有哪些形式？请按照引脚形状对常见的元器件进行分类。

5. 简述表面组装元器件的包装形式以及各种包装适用的元器件。

6. 简述湿度敏感器件的存储及开封使用要求。

7. SMB 有哪些特点?

8. 简述 SMB 的外形设计方法。

9. 简述矩形片式元件、SOT、BGA 等封装形式的焊盘图形设计原则。

10. 简述 SMB 基准标志的分类、形状以及位置分布情况。

第 3 章　表面组装工艺物料

表面组装工艺物料是表面组装生产的必备品，常见的工艺物料主要包括焊锡膏、助焊剂、贴片胶、清洗剂等。本章主要介绍表面组装工艺物料的组成、特性、分类以及使用方法等。

学习目标

知识目标

- 掌握焊锡膏的组成、特性、分类及使用方法。
- 掌握助焊剂的组成、特性、分类及使用方法。
- 掌握贴片胶的组成、分类及使用方法。
- 掌握清洗剂的分类及选用。

技能目标

- 能够正确选择和使用焊锡膏。
- 能够正确选择和使用助焊剂。
- 能够正确选择和使用贴片胶。
- 能够正确选择和使用清洗剂。

素质目标

- 培养科学规范和质量意识。
- 培养热爱劳动和团队合作精神。
- 培养爱岗敬业和精益求精的工匠精神。

PPT 电子课件
表面组装工艺物料

3.1　焊锡膏

焊锡膏（solder paste），又称为锡膏、焊膏，是由合金粉末、糊状焊剂和一些添加剂混合而成的具有一定黏性和良好触变性的浆料或膏状体。它是表面组装生产中不可缺少的焊接材料，广泛应用于再流焊工艺中。常温下，由于焊锡膏具有一定的黏性，因此可将电子元器件粘贴在 PCB 的焊盘上。在倾斜角度不是太大，也没有外力碰撞的情况下，一般元器件不会移动。当焊锡膏加热到一定温度时，焊锡膏中的合金粉末熔融流动，液体焊料润湿元器件的焊端与 PCB 的焊盘。在焊接温度下，随着溶剂和部分添加剂的挥发，冷却后元器件的焊端与 PCB 的焊盘会被焊料连在一起，从而形成电气与机械相连接的焊点。这里的 PCB 指的是表面贴装印制电路板（SMB），习惯上人们还称之为 PCB，如果没有特殊说明，本书后面出现的 PCB 均指 SMB。

微课
焊锡膏

3.1.1　焊锡膏的组成

焊锡膏主要由合金焊料粉末和悬状焊剂组成（有时还需加入触变剂），其中，合金焊料粉末的重量占总重量的 85%～90%，悬状焊剂占 15%～10%，即重量之比约为 9∶1。

1. 合金焊料粉末

常用焊锡膏的合金焊料粉末组成有 Sn-37Pb、Sn-36Pb-2Ag、Sn-3.0Ag-0.5Cu 等，不同合金比例有不同的熔化温度。以锡铅（Sn-Pb）合金焊料为例，图 3-1 表示不同比例的锡铅合金有不同的熔化温度。当锡铅合金以 Sn-37Pb 的比例配比时，温度升至 183 ℃，将出现固态与液态并存的现象，对应于图 3-1 中的 *T* 点，这一点称为共晶点，该点的温度称为共晶温度，也就是焊接温度。Sn-37Pb 的合金也称为共晶合金，是锡铅合金焊料中性能最好的一种。常见焊锡膏的金属合金粉末成分、熔化温度、性质与用途如表 3-1 所示。

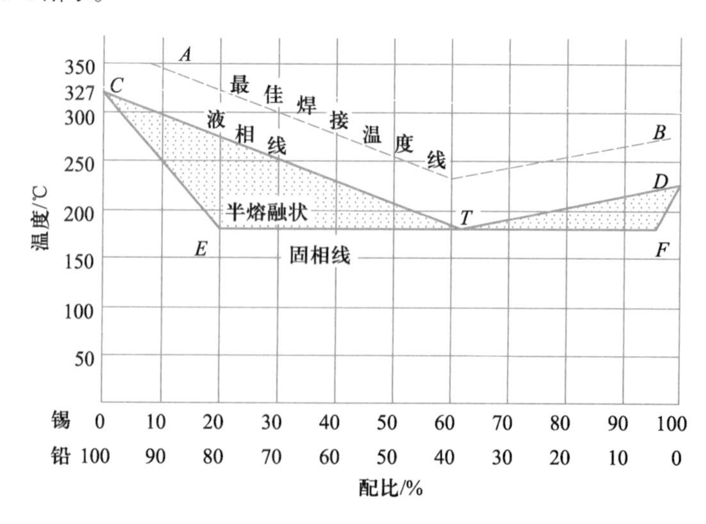

图 3-1
锡铅合金状态图

表 3-1 常见焊锡膏的金属合金粉末成分、熔化温度、性质与用途

金属合金成分	熔化温度/℃		性质与用途
	固相线	液相线	
Sn-37Pb	183	183	共晶中温焊料，适用于普通表面组装元器件，不适用于含 Ag、Ag/Pa 材料电极的元器件
Sn-40Pb	183	188	近共晶中温焊料，易制造，用途同 Sn-37Pb
Sn-36Pb-2Ag	179	179	共晶中温焊料，有利于减少 Ag、Ag/Pa 材料电极的浸析，广泛用于表面组装焊接（不适用于水金板）
Sn-68Pb-2Ag	268	290	近共晶高温焊料，适用于耐高温元器件及需要两次再流焊的表面组装元器件的第一次再流焊
Sn-3.5Ag	221	221	共晶高温焊料，适用于要求焊点强度较高的 SMB 的焊接（不适用于水金板）
Sn-3.0Ag-0.5Cu	216	220	目前最经常使用的近共晶无铅焊料，性能比较稳定，各种焊接参数接近有铅焊料
Sn-58Bi	138	138	共晶低温焊料，适用于热敏元器件及需要两次再流焊的表面组装元器件的第二次再流焊

合金焊料粉末的形状、粒度和表面氧化程度对焊锡膏性能的影响很大。合金焊料粉末按形状可分为球形和无定形两种，如图 3-2 所示。球形合金粉末的表面积小，氧化程度低，制成的焊锡膏具有良好的印刷性能。合金焊料粉末的粒度一般为 25～45 μm，要求锡粉颗粒大小分布均匀。国内经常用分布比例衡量其均匀度，通常要求 35 μm 左右的颗粒分布比例为 60%左右，35 μm 以下及以上部分各占 20%左右；金属氧化层含量小于 0.01%。

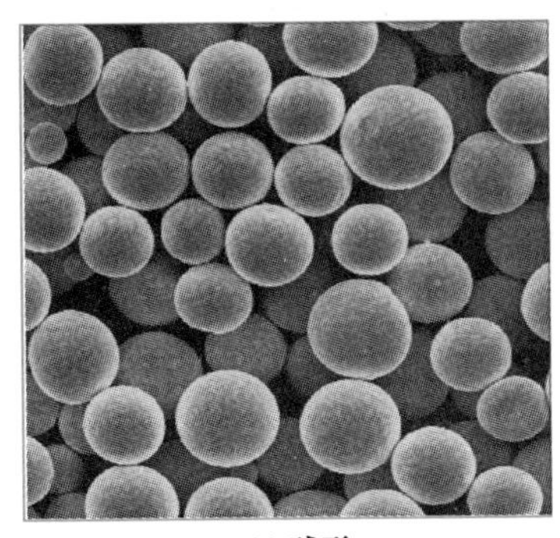
(a) 球形

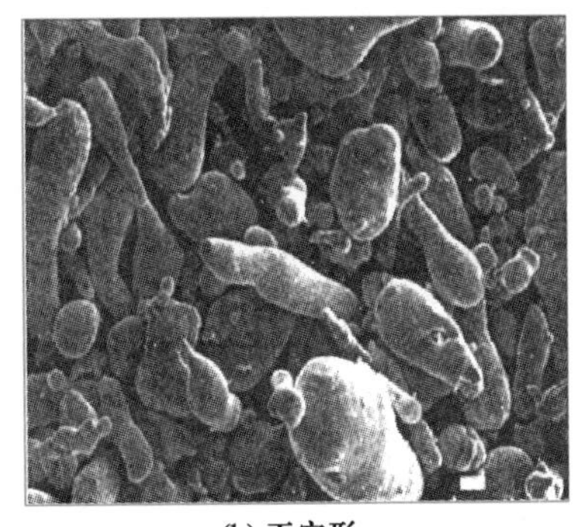
(b) 无定形

图 3-2 合金焊料粉末形状

2. 悬状焊剂

在焊锡膏中，悬状焊剂是合金粉末的载体，其组成与通用的助焊剂基本相同。为了改善焊锡膏的印刷效果和触变性，有时还需要加入触变剂。悬状焊剂通过活性剂的作用，能清除被焊金属表面以及合金粉末本身的氧化膜，使焊料迅速扩散并附着在被焊金属表面，有助于提高焊接质量。因此，悬状焊剂的组成对焊锡膏的扩展性、润湿性、黏度、清洗方式以及储存寿命均有较大影响。

表 3-2 所示为焊锡膏的组成及功能。

表 3-2　焊锡膏的组成及功能

组成		主要材料	功能
合金焊料粉末		Sn-Pb、Sn-Ag-Cu、Sn-Pb-Bi	实现元器件和电路的机械和电气连接
悬状焊剂	成膜剂	松香、合成树脂	净化金属表面，提高焊料浸润性
	黏结剂	松香、松香脂、聚丁烯	提供贴装元器件所需黏性
	活性剂	乳酸、甲酸、有机氢化盐酸盐	净化金属表面，降低表面张力，提高润湿性
	溶剂	甘油、乙二醇、酮类	调节焊锡膏特性
触变剂		脂肪酸酰胺、羟基脂肪酸、硬脂酸盐类	改善焊锡膏的触变性

3.1.2　焊锡膏的特性

与其他焊接材料相比，焊锡膏具有以下几个方面的特性。

1. 黏度

黏度是焊锡膏的主要特性指标，它是影响印刷性能的重要因素。黏度太高，焊锡膏不容易从模板中漏印，影响焊锡膏的填充和脱模；黏度太低，印刷后的焊锡膏图形容易塌边，使相邻焊锡膏图形粘连，容易造成焊点桥连。影响焊锡膏黏度的主要因素如下：

① 合金焊料粉末的含量。焊锡膏中合金焊料粉末含量的增加会引起黏度的升高，反之，则黏度降低，如图 3-3（a）所示。

② 合金焊料粉末的粒度。焊锡膏中合金焊料粉末含量及助焊剂完全相同时，合金焊料粉末的粒度大小会影响焊锡膏黏度。粒度越大，黏度越低；粒度越小，黏度越高，如图 3-3（b）所示。

③ 温度。温度对焊锡膏的黏度影响很大，温度升高，焊锡膏黏度降低；温度降低，焊锡膏黏度升高，如图 3-3（c）所示。

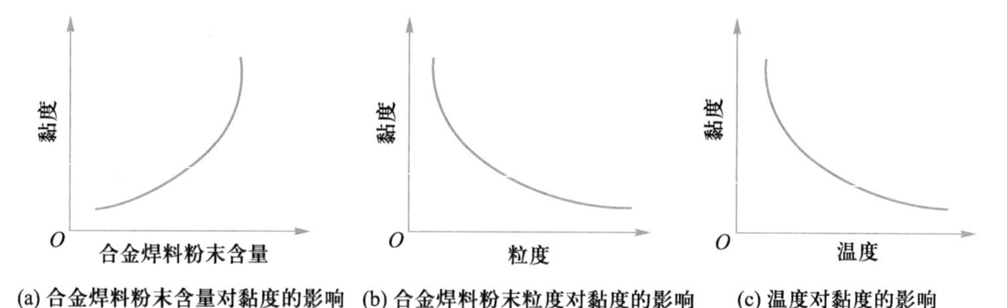

图 3-3　影响焊锡膏黏度的因素

2. 触变性

触变性是指随着所受外力的增加，焊锡膏黏度迅速下降，停止施加外力后焊锡膏迅速恢复黏度的性能。这种性质在印刷焊锡膏时非常有用。焊锡膏在印刷时受到刮刀的推力作用，黏度下降，到达模板开口时，黏度最低，所以能够顺利通过模板开口漏印到 PCB 焊盘上。停止施加外力后，焊锡膏的黏度迅速回升，这样就不会出现印刷图形的塌陷和漫流，从而能够获得很好的印刷效果。

3. 工作寿命和储存期限

在室温下连续印刷时，要求焊锡膏的黏度随时间变化小，焊锡膏不易干燥，印刷性能稳定。工作寿命指的就是焊锡膏保持印刷性能稳定的时间。一般要求焊锡膏在常温下能放置 12～14 小时，至少 4 小时，其性能保持不变。

储存期限是指在规定的储存条件下，焊锡膏从制造到使用，其性能不严重降低、不失效、能正常使用的保存期限，一般规定焊锡膏在 2～10 ℃条件下能保存 1 年，至少 3～6 个月。

3.1.3 焊锡膏的分类

1. 按合金焊料粉末的熔点分类

按合金焊料粉末的熔点，焊锡膏可分为低温焊锡膏（138～173 ℃），中温焊锡膏（173～200 ℃）和高温焊锡膏（217 ℃以上）。最常用的焊锡膏的熔点为 178～183 ℃，习惯上将 Sn-37Pb 焊锡膏称为中温焊锡膏。随着所用金属种类和组成的不同，焊锡膏的熔点可提高至 250 ℃以上，也可降至 150 ℃以下。可根据所需焊接温度的不同，选择不同熔点的焊锡膏。

2. 按助焊剂中松香的活性分类

按助焊剂中松香的活性，可将焊锡膏分为非活性（R）、中等活性（RMA）、活性（RA）三个等级，如表 3-3 所示。

表 3-3 焊锡膏按助焊剂中松香的活性分类

类型	助焊剂和活性剂	用途
非活性（R）	水白松香	航空航天、军事领域电子产品
中等活性（RMA）	松香，非离子性卤化物等	军事和其他高可靠性电路组件
活性（RA）	松香，离子性卤化物	消费类电子产品

3. 按焊锡膏的黏度分类

焊锡膏黏度的变化范围很大，通常为 100～600 Pa·s，最高可达 1 000 Pa·s 以上。使用时可根据印刷工艺不同进行选择，如表 3-4 所示。

表 3-4 焊锡膏按黏度分类

合金粉含量/%	黏度值/（Pa·s）	应用范围
90	350～600	模板印刷
90	200～350	丝印（丝网印刷）
85	100～200	分配器

4. 按助焊剂的成分分类

按助焊剂的成分，焊锡膏可分为有机溶剂清洗、水清洗、半水清洗和免清洗等类别。

① 有机溶剂清洗类。如传统松香焊锡膏（其残留物安全无腐蚀性）、含有卤化物或非卤化物活性剂的焊锡膏。

② 水清洗类。此类焊锡膏活性强，可用于难以钎焊的表面，焊接后的残渣易用水清除。

③ 半水清洗和免清洗类。半水清洗和免清洗的焊锡膏一般不含氯离子，有特殊的配方，焊接过程中要用氮气保护。这类焊锡膏中非金属固体含量极低，焊后残留物少到可以忽略，因而降低了清洗要求。

3.1.4　表面组装对焊锡膏的要求

1. 焊锡膏应具有良好的保存稳定性

焊锡膏制备后，印刷前应能在常温或冷藏条件下至少保存 3 ~ 6 个月，性能保持不变。

2. 印刷时和再流焊加热前焊锡膏应具有的性能

① 印刷时应具有优良的脱模性。

② 印刷时和印刷后焊锡膏应不易坍塌。

③ 焊锡膏应具有合适的黏度。

3. 再流焊加热时焊锡膏应具有的性能

① 应具有良好的润湿性。

② 不形成或形成最少量的焊锡球。

③ 焊料飞溅要少。

4. 再流焊后焊锡膏应具有的性能

① 助焊剂中固体含量越低越好，焊后易清洗。

② 焊接强度高。

3.1.5　焊锡膏的选用

选用焊锡膏时一般要考虑产品的具体要求、元器件、PCB 种类、清洁度、组装密度等方面。

① 根据产品本身的价值和用途，高可靠性的产品需要高质量的焊锡膏。

② 根据 PCB 和元器件存放时间即表面氧化程度选择焊锡膏的活性。

a. 一般采用 RMA 级，必要时采用 RA 级。

b. 高可靠性产品、航空航天和军工产品可选择 R 级。

c. PCB 和元器件存放时间长、表面严重氧化，应采用 RA 级，焊接后清洗。

③ 根据产品的组装工艺、PCB、元器件的具体情况选择焊锡膏合金成分。

a. 一般镀锡铅 PCB 选用 Sn-37Pb 合金焊料。

b. 含有钯金或钯银厚膜端头和引脚可焊性较差的元器件选用 Sn-36Pb-2Ag 合金焊料。

c. 水金板一般不要选择含银的焊锡膏。

d. 无铅工艺一般选用 Sn-3.0Ag-0.5Cu 合金焊料。

④ 根据产品对清洁度的要求决定是否选用免清洗焊锡膏。

a. 对于免清洗工艺，要选用不含卤素或其他弱腐蚀性化合物的焊锡膏。

b. 高可靠性的航空航天和军工产品、高精度仪器仪表，以及涉及生命安全的医用器材要采用水清洗或溶剂清洗的焊锡膏。

⑤ BGA、CSP、QFN 一般都选用免清洗焊锡膏。

⑥ 焊接热敏元器件时，选用含铋（Bi）的低熔点焊锡膏。

⑦ 根据 PCB 的组装密度（有无细间距）选择合金焊料粉末的粒度。

SMD 引脚间距是选择合金焊料粉末粒度的重要影响因素之一，如表 3-5 所示。

表 3-5 SMD 引脚间距和合金焊料粉末粒度之间的关系

引脚间距/mm	0.8 以上	0.65	0.5	0.4	0.3
合金焊料粉末粒度/μm	75 以下	60 以下	50 以下	40 以下	30 以下

⑧ 根据焊锡膏印刷工艺和组装密度选择焊锡膏的黏度。模板印刷和组装密度高的印刷应选择高黏度的焊锡膏。

3.1.6 焊锡膏的使用方法

1. 操作内容

① 焊锡膏入厂之后在瓶身标签口处注明冷藏编号，然后依次放置于冰箱内冷藏，遵循先进先出的原则。

② 根据生产需要控制焊锡膏使用周期，存储时间不超过 3 个月，存储条件要求温度为 2～10 ℃。

③ 拆封后的焊锡膏在 1～2 小时之内用完，开封后焊锡膏的有效期为 10 天，超过 10 天按报废处理。

④ 将焊锡膏从冰箱中取出，贴上使用标签，填写回温开始时间并签名。焊锡膏需要完全回温才可以开盖使用，回温时间为 6～12 小时。如未完全回温便使用，焊锡膏会冷凝空气中的水汽，造成坍塌、爆锡等问题。

⑤ 焊锡膏在使用前应先在罐内进行充分搅拌，可进行机器搅拌或人工搅拌。机器搅拌的时间一般为 3～4 分钟；人工搅拌焊锡膏时，要始终按同一方向搅拌，以免焊锡膏内混有气泡，人工搅拌时间为 2～3 分钟。

⑥ 印刷焊锡膏的环境要求：温度 18～24 ℃，相对湿度 40%～50%，不可有冷风或热风直接对着吹，温度超过 26 ℃会影响焊锡膏的性能。

⑦ 印刷焊锡膏的 PCB 应尽量在 4 小时之内完成再流焊。

2. 注意事项

① 焊锡膏对人体有害，勿溅到手上或眼中。

② 不同线别、不同机种依据生产需求选择不同型号、品牌的焊锡膏。

③ 焊锡膏若过期或变质应停止使用。

④ 不同品牌型号的焊锡膏严禁混合使用。

⑤ 冷藏的焊锡膏不宜与冰箱壁相靠，以免影响整体温度。

3.1.7　几种常见的焊锡膏

1. 松香型焊锡膏

松香是常见的助焊剂，也是焊锡膏中悬状焊剂的主要成分，即使是免清洗焊锡膏，其悬状焊剂中也含有松香。这是因为松香具有优良的助焊性，而且完成焊接后松香的残留物成膜性好，对焊点有保护作用，有时即使不清洗，也不会出现腐蚀现象，而且松香具有增黏作用，焊锡膏印刷时能黏附片式元件，不易产生移位。另外，松香易与其他成分混合起到调节黏度的作用，使焊锡膏中的金属粉末不易沉淀和分层。目前，焊锡膏中多使用改进型的松香，以进一步提高焊锡膏的性能。

2. 水溶性焊锡膏

水溶性焊锡膏在组成结构上同松香型焊锡膏类似，其成分包括 Sn-Pb 粉末和糊状助焊剂，只是在糊状助焊剂中以其他的有机物取代了松香，在焊接后可以直接用纯水进行清洗。虽然水溶性焊锡膏已经面世好多年，但是由于糊状助焊剂中未使用松香，焊锡膏的黏结性能受到一定的限制，容易出现黏结力不够的现象，因此水溶性焊锡膏未能得到广泛使用。

3. 免清洗低残留焊锡膏

免清洗低残留焊锡膏是为了适应环保要求而开发的焊锡膏，在焊接后不需要清洗。其实这种焊锡膏在焊接后仍有一定量的残留物，且残留物主要集中在焊点区，有时仍会影响针床检测的效果。要想达到免清洗的目的，通常要求使用免清洗低残留焊锡膏时采用氮气保护再流焊。采用氮气保护焊接可以有效地增强焊锡膏的润湿作用，防止焊接区二次氧化，此外，在氮气保护下，焊锡膏的残留物挥发速度比在常态下快得多，可减少残留物。

免清洗低残留焊锡膏具有以下两个特点：一是活性剂不使用卤素；二是减少松香部分使用量，增加其他有机物含量。但是松香用量的减少也是有限的，这是因为松香用量降低到一定程度会导致悬状焊剂活性的降低，其防止焊接区二次氧化的作用也会降低。在使用免清洗低残留焊锡膏时，要对它的性能做全面的测试，确保焊接后不会对 PCB 组件的电气性能带来负面影响。在高要求电子产品组装过程中，即使采用免清洗低残留焊锡膏，焊接后也应该清洗，以确保产品的可靠性。

3.1.8　焊锡膏的发展动态

目前，普通焊锡膏还在继续使用，但随着环保要求的提出，免清洗焊锡膏的应用越来越广泛。对于清洁度要求高、必须清洗的产品，一般应采用溶剂清洗型或水清洗型焊锡膏。此外，为了防止铅对人体和环境的危害，无铅焊料也得到迅速发展。

1. 无铅焊料发展动态

铅及其化合物是对人体有害的、多亲和性的重金属，会给人类生活和环境带来极大的危害。日本最先研制出无铅焊锡膏并应用到电子产品的实际生产中，同时也规定2003 年年底终止有铅焊接。2000 年，美国正式向工业界推荐使用标准化的无铅焊锡膏。2003 年，欧盟 WEEE 和 RoHS 指令生效，规定从 2006 年 7 月 1 日起在欧洲市场销售的电子产品必须是无铅产品。我国则规定从 2006 年 7 月 1 日起投放市场的国家重点监管目录内的电子信息产品不能含有铅、镉、汞等金属，目前全国广泛使用无铅焊料。

2．无铅焊料的要求

国际上对无铅焊料的成分并没有统一的标准要求，无铅焊料通常是指以锡为主体，添加其他金属，铅的含量少于 0.1%的焊料。对无铅焊料的具体要求如下：

① 合金熔点应与锡铅共晶合金相接近，范围为 180～230 ℃。

② 无毒或毒性很低，所选用材料不会污染环境。

③ 有较小的固液共存温度范围，凝固时间短，有利于形成良好的焊点。

④ 具有良好的物理性能，如导电性、导热性、润湿性好，表面张力小等。

⑤ 具有良好的化学性能，如耐腐蚀、抗氧化性好、不易产生电迁移等。

⑥ 具有良好的冶金性能，与铜、银、钯等形成良好的焊点，焊点的机械性能好，并要求容易拆焊和返修。

⑦ 焊接过程中产生的残渣少。

⑧ 具有可制造性，容易加工成焊球、焊片、焊条、焊丝等。

⑨ 成本合理，资源丰富，便于回收。

3．最有可能替代 Sn-Pb 焊料的合金材料

最有可能替代 Sn-Pb 焊料的无铅合金是 Sn 基合金，其多以 Sn 为主体，通过添加 Ag、Cu、Zn、Bi 等金属元素，通过焊料合金化来改善合金性能，提高可焊性。

目前常用的无铅焊料主要是以 Sn-Ag、Sn-Zn、Sn-Bi 为基体，添加适量的其他金属元素构成二元、三元或多元合金焊料。

① Sn-Ag 系合金焊料。Sn-3.5Ag 共晶合金是最早开发出来的无铅焊料，熔点为 221 ℃。Sn-3.5Ag 无铅焊料具有优良的机械性能、拉伸强度、蠕变特性，耐热老化性能优于 Sn-37Pb 合晶焊料，延展性比 Sn-37Pb 合晶焊料稍差。其主要缺点是熔点偏高，润湿性差，成本高。

② Sn-Zn 系合金焊料。Sn-8.8Zn 为共晶合金，熔点为 198.5 ℃。Sn-8.8Zn 无铅焊料的优点是熔点较低，机械性能好，拉伸强度优于 Sn-37Pb 合晶焊料，具有良好的蠕变特性，变形速度慢，储量丰富，成本低。其主要缺点是 Zn 极易被氧化，导致润湿性和稳定性差，并具有腐蚀性。

③ Sn-Cu 系合金焊料。Sn-0.75Cu 为共晶合金，熔点为 227 ℃，主要用于波峰焊。Sn-0.75Cu 无铅焊料的优点是润湿性、残渣形成和可靠性好，成本低；缺点是过量的 Cu 会在焊料内生成粗化结晶产物，造成熔融焊料的黏度升高，影响焊料的润湿性和焊点的机械强度。

④ Sn-Bi 系合金焊料。Sn-57Bi 为共晶合金，熔点为 139 ℃。Sn-57Bi 无铅焊料

是以 Sn-Ag（Cu）系合金为基体，添加适量的 Bi 组成的合金焊料。其优点是熔点低，与 Sn-37Pb 合晶焊料相近；蠕变特性好，合金的拉升强度较大。其缺点是延展性差，质地硬而脆，可加工性差。

⑤ Sn-Ag-Cu 系合金焊料。Sn-Ag-Cu 合金相当于在 Sn-Ag 合金里添加 Cu，能够在维持 Sn-Ag 合金良好性能的同时稍微降低熔点。Sn-Ag-Cu 三元合金是目前无铅焊料中应用最多的合金，其中 Sn-（3～4）Ag-（0.5～0.7）Cu 是可接受的范围，熔点在 217 ℃左右（为 216～220 ℃），低含量 Ag 的 Sn-3.0Ag-0.5Cu 是最佳的合金成分。但是，相比于 Sn-37Pb 合金焊料，Sn-Ag-Cu 合金焊料仍存在熔点高、表面张力大、润湿性差、成本高等问题。

4. 无铅焊接带来的问题

① 元器件方面：要求元器件耐高温、无铅化，元器件的焊接端头和引出线也要采用无铅镀层。

② PCB 方面：要求 PCB 基材耐高温，焊接后不变形，焊盘表面镀层无铅化，与组装焊接用的无铅焊料兼容。

③ 悬状焊剂方面：需要开发新型的润湿性更好的悬状焊剂，要求与预热温度和焊接温度相匹配，并且满足环保要求。

④ 焊接设备方面：为适应较高的焊接温度要求，再流焊机的预热区需要加长或者更换新的加热元件；波峰焊机的焊料槽、焊料波喷嘴、导轨传输爪的材料需要耐高温、耐腐蚀。

⑤ 工艺方面：无铅焊料的印刷、贴片、焊接、清洗以及检测都是需要研究的课题。

⑥ 废料回收方面：从无铅焊料中回收 Ag、Cu、Bi 也是新的课题。

3.2 助焊剂

微课
助焊剂

熔融焊料与被焊金属表面必须清洁才能保证焊料在被焊金属表面润湿，并形成合金。自然界中除了纯金和铂外，在室温下几乎所有的金属暴露在空气中均会发生氧化，表面形成的氧化层会妨碍焊接有效进行。因此在焊接过程中，可加入一种能净化焊接金属和焊料表面，并帮助焊接的物质，即助焊剂，简称焊剂。

助焊剂是表面组装生产过程中不可缺少的重要工艺材料，在波峰焊中，助焊剂和合金焊料分开使用；在再流焊中，助焊剂是焊锡膏的重要组成部分，对保证焊接质量起着关键的作用。

3.2.1 助焊剂的组成

助焊剂通常由松香、活性剂、成膜剂、添加剂和溶剂组成。

1. 松香

松香是助焊剂的主要成分，它是一种天然树脂，属于透明、脆性的固体物质，颜色由微黄至浅棕色，表面稍有光泽，带松脂香气味，溶于酒精、丙酮、甘油、苯等有机溶剂，不溶于水。松香主要由70%～80%的松香酸组成，松香酸在74 ℃开始软化，在170～175 ℃活化，活化反应随温度升高而剧烈，活化温度恰好在Sn-Pb共晶合金的熔点183 ℃以下，因此能够在焊料合金熔化之前对焊件表面起到去除氧化层的作用。松香具有弱酸性和热熔流动性，并具有良好的绝缘性、耐湿性、无腐蚀性、无毒性和长期稳定性。由于松香随着品种、产地和生产工艺不同，其化学组成和性能也有较大差异，因此松香的选择是保证助焊剂质量的关键。

2. 活性剂

活性剂也称为活化剂，它是为提高助焊能力而加入的活性物质，主要作用是净化焊料和被焊金属表面。活性剂的活性是指它与焊料和被焊金属表面氧化物等起化学反应的能力，也反映了其清洁金属表面和增强润湿性的能力。润湿性强则助焊剂的扩展性高，可焊性好。在助焊剂中，活性剂的添加量较少，其质量分数通常为1%～5%。活性剂通常使用有机胺和胺类化合物、有机酸、有机卤化物。

① 有机胺和胺类化合物。这类物质不含卤素，常用的有乙二胺、二乙胺、单乙醇胺、三乙醇胺以及胺的各种衍生物，如磷酸苯胺等。单纯的胺类物质的活性较弱，经常与有机酸配合使用，这样可以提高助焊剂的活性。

② 有机酸。主要有乳酸、油酸、硬脂酸、苯二酸、柠檬酸、苹果酸等，也有用谷氨酸的。有机酸去除氧化膜主要是通过酸与金属氧化物之间的化学反应来实现的，有机酸具有中等程度去氧化膜能力，焊接后的残留物有一定的腐蚀性，某些情况下需要焊后清洗。

③ 有机卤化物。主要有盐酸苯胺、盐酸羟胺、盐酸谷氨酸和软脂酸溴化物等，这类物质的活性很强，具有腐蚀性，焊接后需要清洗。

3. 成膜剂

成膜剂能在焊接后形成一层紧密的有机膜，保护焊点和基板，具有防腐蚀性和优良的电气绝缘性。常用的成膜剂有松香、酚醛树脂、丙烯酸树脂等。一般成膜剂加入量为10%～20%，加入量过大会影响助焊剂的扩展率，使其助焊作用降低，并在PCB上留下过多的残留物。

4. 添加剂

添加剂是为适应不同产品、不同工艺环境而加入的具有特殊物理和化学性能的物质。常用添加剂如下：

① 调节剂。为调节助焊剂的酸性而加入的材料，如三乙醇胺可调节助焊剂的酸度，在无机助焊剂中加入盐酸可抑制氧化锌生成。

② 消光剂。能使焊点消光，在操作和检验时防止眼睛疲劳和视力衰退。消光剂主要有无机卤化物、无机盐、有机酸及其金属盐类，如氯化锌、氯化锡、滑石、硬脂酸、硬脂酸铜、钙等。

③ 缓蚀剂。加入缓蚀剂能保护PCB和元器件引脚，使其具有防潮、防霉、防腐蚀性能且保持优良的可焊性。用作缓蚀剂的物质大多是以氮化合物为主体的有机物。

④ 光亮剂。能使焊点发光，可选择甘油、三乙醇胺等。

⑤ 阻燃剂。为保证使用安全，提高助焊剂的抗燃性而加入的材料，如 2,3-二溴丙醇等。

5. 溶剂

溶剂主要有乙醇、异丙醇、乙二醇、丙二醇、丙三醇等，均属于有机醇类溶剂。溶剂可使固体或液体成分溶解，使之成为均相溶液，主要起溶解，稀释，调节密度、黏度、流动性、热稳定性以及保护作用。

3.2.2 助焊剂的分类

目前，助焊剂的品种和数量繁多，但还没有统一的分类方法。这里仅进行一些技术性的划分，为正确使用助焊剂提供参考。

1. 按助焊剂状态分类

助焊剂按状态可分为液态、糊状、固态助焊剂。液态助焊剂主要用于浸焊、预焊锡、手工焊、波峰焊等场合；糊状助焊剂主要用于再流焊；固态助焊剂主要用于制作焊锡丝内芯，也可涂刷在 PCB 上，固化后可防止 PCB 氧化。

2. 按助焊剂活性分类

助焊剂按活性大小可分为低活性（R）、中等活性（RMA）、高活性（RA）和特别活性（RSA）助焊剂，各类的使用范围如表 3-6 所示。

表 3-6　助焊剂按活性分类

类　别	标　识	使用范围
低活性	R	较高级别的电子产品，可实现免清洗
中等活性	RMA	民用电子产品
高活性	RA	可焊性差的元器件
特别活性	RSA	可焊性差或有镍铁合金的元器件

3. 按助焊剂中不挥发物含量分类

助焊剂按其中不挥发物含量（固体含量）可分为低固含量、中固含量和高固含量助焊剂，各类的使用范围如表 3-7 所示。

表 3-7　助焊剂按不挥发物含量分类

类　别	不挥发物含量/%	使用范围
低固含量	≤2	精密仪器和较高级别的电子产品
中固含量	2～5	通用电子产品
高固含量	5～10	民用电子产品

4. 按活性剂类别分类

助焊剂按活性剂类别可分为无机系列、有机系列和树脂系列助焊剂。

① 无机系列助焊剂。无机系列助焊剂的化学作用强，助焊性能非常好，但腐蚀作用大，属于酸性助焊剂。因为它溶解于水，故又称为水溶性助焊剂，包括无机酸和无机盐两类。含有无机酸的助焊剂的主要成分是盐酸、氢氟酸等；含有无机盐的助焊剂的主要成分是氯化锌、氯化铵等，它们使用后必须立即进行非常严格的清洗，因为任何残留在被焊件上的卤化物都会引起严重的腐蚀。无机系列助焊剂通常只用于非电子产品的焊接，在电子设备的装联中严禁使用。

② 有机系列助焊剂。有机系列助焊剂的作用介于无机系列助焊剂和树脂系列助焊剂之间，它也属于酸性、水溶性助焊剂。含有有机酸的水溶性助焊剂以乳酸、柠檬酸为基础，由于它的焊接残留物可以在被焊物上保留一段时间而无严重腐蚀，因而可以用在电子设备的装联中，但一般不用在表面组装工艺使用的焊锡膏中。

③ 树脂系列助焊剂。树脂系列助焊剂是由松香或树脂材料添加一定量的活性剂组成的，其助焊性能好，而且树脂可起到成膜的作用，焊后残留物能形成致密的保护层，对焊接表面具有一定的保护性。树脂系列助焊剂特别是松香助焊剂是应用最广泛的助焊剂。

5. 按残留物的溶解性能分类

助焊剂按残留物的溶解性能可分为有机溶剂清洗型、水清洗型和免清洗型助焊剂。

① 有机溶剂清洗型助焊剂。主要包括低活性类、中等活性类和高活性类助焊剂。

② 水清洗型助焊剂。主要包括有机盐、无机盐、有机酸类助焊剂。

③ 免清洗型助焊剂。此类助焊剂只含有少量的固体成分，不挥发含量只有1/20～1/5，卤素含量低于0.01%～0.03%，一般是以合成树脂为基础的助焊剂。

3.2.3 助焊剂的作用

助焊剂在焊接中的作用主要体现在以下几个方面：

① 去除焊接金属表面和焊料本身的氧化物或其他表面污染。助焊剂中的松香酸在活化温度范围内能够与被焊金属表面的氧化膜发生还原反应，生成松香酸铜，它易与未参加反应的松香混合，留在裸露的金属铜表面以便使焊料润湿。助焊剂中的金属盐可与被焊金属氧化物发生置换反应，同样，助焊剂中的有机卤化物能与被焊金属表面发生反应，起到去除氧化物的作用。

② 防止焊接时焊料和焊接表面的再氧化。助焊剂的密度小于焊料密度，因此焊接时助焊剂覆盖在被焊金属和焊料表面，使被焊金属和焊料表面与空气隔离，焊接时能够有效防止金属表面在高温下再次氧化。

③ 降低焊料的表面张力，促进焊料的扩展和流动。助焊剂在去除焊接表面的氧化物时会发生一定的化学反应，反应过程中产生的热量能够降低熔融焊料的表面张力和黏度，同时促进液体焊料在被焊金属表面漫流，增加表面活性，从而提高焊料的润湿性。

④ 有利于热量传递到焊接区。助焊剂可降低熔融焊料的表面张力和黏度，增加液

态焊料的流动性，有利于将热量迅速、有效地传递到焊接区，提高扩散速度。

3.2.4　助焊剂的性能要求

为在焊接过程中充分发挥助焊剂的作用，对助焊剂的性能提出以下要求：

① 具有去除表面氧化物、防止再氧化、降低表面张力等特性，这是助焊剂必须具备的基本性能。

② 熔点比焊料低，在焊料熔化之前，助焊剂要先熔化以充分发挥其作用。

③ 润湿扩散速度要比熔化焊料快，通常要求扩展率在 90%以上。

④ 黏度和密度比焊料小，黏度大会使扩散困难，密度大就不能覆盖焊料表面。

⑤ 焊接时不产生焊锡球飞溅，也不产生毒气和强烈的刺激性臭味。

⑥ 焊后残渣易于去除，并具有不腐蚀、不吸湿和不导电等特性。

⑦ 焊接后不沾手，不易拉尖。

⑧ 在常温下存储稳定。

3.2.5　助焊剂的选用

选用助焊剂时一般应考虑助焊剂是否具有效果好、无腐蚀、高绝缘、耐湿、无毒和长期稳定等特点，但还应根据不同的焊接对象来选用不同的助焊剂。

① 不同的焊接方式需要不同状态的助焊剂。波峰焊选用液态助焊剂，再流焊选用糊状助焊剂。

② 当焊接对象可焊性好时，不必采用活性强的助焊剂；当焊接对象可焊性差时，必须采用活性较强的助焊剂。在表面组装工艺中最常用的是低活性或中等活性的助焊剂。

③ 根据清洗方式不同选用不同类型的助焊剂。选用有机溶剂清洗，需用有机系列或树脂系列助焊剂；选用去离子水清洗，必须用水清洗型助焊剂；选用免洗方式，只能用固体含量在 0.5%～3%的免清洗型助焊剂。

微课
贴片胶

3.3　贴片胶

贴片胶，又称黏结剂、红胶、绑定胶，是表面贴装元器件波峰焊工艺必需的黏结材料。贴片胶的主要作用是在波峰焊前把表面贴装元器件暂时固定在 PCB 相应的焊盘位置上，以免波峰焊引起元器件的偏移或脱落，在焊接完成后，它仍保留在 PCB 上，具有很好的黏结强度与电绝缘性能。

3.3.1　贴片胶的组成

贴片胶通常由基体树脂、固化剂和固化促进剂、增韧剂与填料组成。

① 基体树脂。基体树脂是贴片胶的核心，一般采用环氧树脂和丙烯酸酯类聚合物。

近年来也采用聚氨酯、聚酯、有机硅聚合物以及环氧树脂-丙烯酸酯类共聚物。

② 固化剂和固化促进剂。常用的固化剂和固化促进剂为双氰胺、三氟化硼-胺络合物、咪唑类衍生物、酰胺、三嗪和三元酸酰肼等。

③ 增韧剂。由于单纯的基体树脂固化后较脆，为弥补这一缺陷，需加入增韧剂。常用的增韧剂有邻苯二甲酸二丁酯、邻苯二甲酸二辛酯、液体丁腈橡胶和聚硫橡胶等。

④ 填料。加入填料后可提高贴片胶的电绝缘性能和耐高温性能，还可使贴片胶获得合适的黏度和黏结强度等。常用的填料有硅微粉、碳酸钙、膨润土、白炭黑、硅藻土、钛白粉、铁红和炭黑等。

3.3.2 贴片胶的分类

1. 按化学特性分类

贴片胶按化学性质的不同可分为热固型、热塑型、弹性型和合成型贴片胶。

① 热固型贴片胶是由化学反应固化形成的交链聚合物，固化之后再加热不会软化，不能重新黏结。热固型贴片胶又可分成单组分和双组分两种类型。单组分贴片胶是指树脂和固化剂包装时已经混合，它在高温的条件下才固化，使用方便，质量稳定，但要求存放在冷冻条件下，以免固化。双组分贴片胶的树脂和固化剂分别包装，使用时才混合，保存条件不苛刻。双组分贴片胶能在室温下迅速固化，但要求精确混合树脂和催化剂，以获得合适的黏结特性。

② 热塑型贴片胶不能靠聚合物的交链变硬，而是靠溶剂的汽化或从高温冷却到室温变硬。热塑型贴片胶是单组分系统，它不形成交联聚合物，随着温度的升高，它可以重新软化，形成新的贴片胶，并随着温度的降低重新黏结。

③ 弹性型贴片胶具有较大的延伸率，它由合成或天然聚合物用溶剂配制而成，呈乳状，如硅树脂和天然橡胶等。

④ 合成型贴片胶由热固型、热塑型和弹性型贴片胶按一定比例配制而成。它利用了组分中所有材料（如环氧-尼龙、环氧聚硫化物和乙烯基-酚醛塑料）的优点，因而具有较好的综合性能。

2. 按功能作用分类

贴片胶按功能作用的不同可分成结构型、非结构型和密封型贴片胶。

① 结构型贴片胶具有较高的机械强度，用于把两种材料永久地黏结在一起，且有较强的承载能力，固化状态下有一定的硬度。

② 非结构型贴片胶具有一定的机械强度，用于暂时固定荷重要求不大的物体，如进行波峰焊时把元器件黏结在 PCB 上，固化状态下是硬的。

③ 密封型贴片胶无机械强度，通常是软的，用于缝隙填充、密封或封装等，一般用于两种不受荷重的物体之间的黏结。

3. 按基体材料分类

贴片胶按基体材料的不同可分为环氧树脂和聚丙烯两大类。环氧树脂类贴片胶是表面组装生产中最常用的一种热固型贴片胶，通常由环氧树脂、固化剂、增韧剂和填料混合而成，属于双组分贴片胶。聚丙烯类贴片胶是表面组装生产中常用的另一类贴片胶，它是光固型贴片胶，特点是固化时间短，但强度不及环氧树脂类贴片胶高。聚丙烯类贴片胶通常由聚丙烯类树脂、光固化剂和填料组成，属于单组分贴片胶。

4. 按使用方法分类

贴片胶按使用方法的不同可分为针式转移式、压力注射式、丝网/模板印刷等不同工艺适用的贴片胶。

3.3.3　表面组装对贴片胶的要求

为确保表面组装的可靠性，贴片胶应符合以下要求：

① 常温使用寿命要长。

② 黏度合适。贴片胶的黏度应满足不同涂覆方式、不同涂覆设备、不同涂覆温度的要求。胶滴时不应拉丝；涂覆后应能保证足够的高度；固化前胶滴不应漫流，以免流到焊接部位，影响焊接质量。

③ 快速固化。贴片胶应在尽可能低的温度下，以最快的速度固化，这样可以避免 PCB 翘曲和元器件损坏，也可以避免焊盘氧化。

④ 黏结强度适当。贴片胶在焊接前应能有效地固定片式元器件，检修时应便于更换不合格的元器件，贴片胶的剪切强度通常为 6～10 MPa。

⑤ 其他。贴片胶在固化后和焊接中应无气体析出；应能与后续工艺中的化学制剂相溶而不发生化学反应；应不干扰电路功能；应有颜色，便于检查，供表面组装使用的贴片胶的典型颜色为红色或橙色。

3.3.4　贴片胶的存储及使用方法

1. 存储

环氧树脂类贴片胶应低温（2～8 ℃）存储，聚丙烯类贴片胶需常温避光存放。

2. 使用方法

贴片胶在使用中应注意下列问题：

① 使用前一天应从冷藏柜中取出贴片胶，待贴片胶恢复到室温后方可使用。

② 使用时要注意贴片胶的型号、黏度，注意跟踪首件产品，测试新换贴片胶的各方面性能。

③ 不要将不同型号、不同厂家的贴片胶互相混用，换胶时，一切工具都应清洗干净。

④ 点胶或印刷操作应在恒温下进行（23 ℃ ± 2 ℃）。

⑤ 采用印刷工艺时，不能使用回收的贴片胶。

⑥ 需要分装的贴片胶，待恢复到室温后方可打开包装容器盖，以防止水汽凝结。搅拌后的贴片胶应在 24 小时内使用完，剩余的贴片胶要单独存放。

⑦ 压力注射滴涂时，应进行胶点直径的检查。一般可在 PCB 的工艺边处设 1～2

个测试胶点。

⑧ 点胶或印刷后及时贴片，并在 4 小时内完成固化。

⑨ 操作者应尽量避免贴片胶与皮肤接触，不慎接触应及时用乙醇擦洗干净。

3.4　清洗剂

微课
清洗剂

在表面组装生产中，由于所用元器件体积小、贴装密度高、间距小，当助焊剂残留物或者其他杂质存留在 PCB 表面或空隙时，会因离子污染或电路侵蚀而造成开路，必须及时清洗，使产品性能符合要求。清洗剂主要用于 PCB 组装焊接后的清洗，用于清除再流焊、波峰焊和手工焊后的助焊剂残留物以及组装工艺过程中造成的污染物。

3.4.1　清洗剂的分类

清洗剂按照不同的标准有不同的分类，可分为溶剂清洗剂、半水清洗剂、水清洗剂。

1. 溶剂清洗剂

用溶剂清洗污染物是人们最早采用的方法之一，早期使用的是氯氟烃化合物溶剂，以三氯三氟乙烷（CFC-113）为主要成分，具有脱脂效率高、对助焊剂残渣溶解力强、无毒、不燃不爆、易挥发、对元器件和 PCB 无腐蚀以及性能稳定等优点。但是 CFC 清洗剂对大气臭氧层有破坏作用，为了避免臭氧层被破坏，现在已经研制出 CFC-113 的替代品，主要有以下几种：

① 改性 CFC。通过引入氢原子代替 CFC 中部分氯原子，研制出改良的 HCFC，使 CFC 破坏臭氧层的能力大大降低。这类溶剂主要有 HCFC-141Cb、HCFC-225Ca、HCFC-123 和 HCFC-225Cb 等。

② 卤化碳氢化合物。这类清洗剂是在三氯乙烯溶剂基础上改进的，其能在大气中自行分解，不会在大气中积累，也不会破坏臭氧层，并且是非温室气体。

③ 乙二醇醚类清洗剂。这类清洗剂属于纤类溶剂，有良好的清洗能力。由于其沸点高，需要通过加热来增加清洗能力。这类溶剂的成本高，限制了它的广泛使用。

④ 醇类与酮类清洗剂。这类清洗剂也是优良的溶剂，具有较高的极性和较强的溶解助焊剂残渣能力。

2. 半水清洗剂

半水清洗剂既能溶解松香，又能溶解于水，主要有萜烯类和烃类混合物溶剂。萜烯类溶剂的主要成分是烃和有机酸，它可以生物降解，不会破坏臭氧层，无毒、无腐蚀，对助焊剂残留物有很好的溶解能力。烃类混合物溶剂的主要成分是烃类混合物，并含有极性和非极性成分，对各种污染物有较高的溶解能力。

3. 水清洗剂

水清洗剂的成分是极性的水基无机物质，以皂化水和净水为代表。皂化水以水为溶剂，通过采用皂化剂与焊接残留物发生皂化反应，生成可溶于水的脂肪酸盐，然后再用去离子水清洗干净。水清洗剂是替代 CFC 溶剂清洗剂的有效途径，主要用于低密度组件的清洗。

另外，根据清洗的污染物类型的不同，清洗剂可分为极性和非极性溶剂两大类。极性溶剂包括酒精、水等，可以用来清除极性残留物；非极性溶剂包括氯化物和氟化物两种，如三氯乙烷、CFC-113 等，可以用来清除非极性残留物。

目前，清洗剂正在向无毒无害、不破坏大气臭氧层、不破坏自然环境、高效清洗高密度 PCB 组件[这里所说的 PCB 组件即 SMA（表面组装组件）]的方向发展。

3.4.2　清洗剂的特点

一般说来，良好的清洗剂应当具有以下特点：

① 脱脂效率高，对油脂、松香及其他树脂具有较强的溶解能力。

② 表面张力小，具有较好的润湿性。

③ 对金属材料不腐蚀，对高分子材料不溶解、不溶胀，不会损害元器件和标识。

④ 不燃、不爆、低毒性，不会对人体造成伤害。

⑤ 残留量低，清洗剂本身不污染 PCB。

⑥ 易挥发，在室温下能从 PCB 上除去。

⑦ 稳定性好，在清洗过程中不会发生化学或物理反应，并具有存储稳定性。

3.4.3　清洗剂的选用

由于 PCB 组件在焊接后被污染的程度不同、污染物的种类不同且不同产品对 PCB 组件清洗后洁净度的要求不同，因此需要结合助焊剂的基本情况，针对不同的特点选用不同的清洗剂。

1. 表面张力和润湿性

清洗剂的表面张力越小，在被清洗物表面的润湿能力就越好，对污染物的润湿、铺展和包容能力也就越强。一般在 20 ℃时，溶剂的表面张力在 15.2～32.3 mN/m 范围内时的润湿性较好。

2. 毛细作用

润湿能力佳的清洗剂不一定能保证有效地去除污染物，清洗剂还必须易于渗透、进入和退出一些细狭空间，并能反复循环直至污染物被去除。这就要求清洗剂具有很强的毛细作用，以便渗入那些致密的缝隙中。

3. 侵蚀度

清洗剂的选用应考虑与设备和元器件的兼容性，不能因侵蚀过度而对设备和 PCB 组件（包括各种印刷标识）造成任何损失。

4. 密度

在满足其他要求的前提下，应采用密度高的清洗剂来清洗 PCB 组件，这是因为在清洗过程中，当溶剂蒸气凝聚在 PCB 组件上时，重力有助于凝聚的溶液向下流动，提高清洗效果；对于水平放置的 PCB 组件，溶剂密度越高，溶剂在 PCB 组件上的扩展越均匀，则清洗质量越高。另外，密度大的清洗剂不易挥发，可降低成本，减少对环境的污染。

5. 沸点温度

清洗温度对清洗效率也有一定的影响。在多数情况下，清洗剂温度都控制在其沸点或接近沸点的温度范围。不同的清洗剂混合物有不同的沸点，清洗剂温度的变化主要影响它的物理性能。

6. 溶解能力

在清洗 PCB 组件时，由于元器件与基板之间、元器件与元器件之间以及元器件的 I/O 引脚之间的距离非常微小，导致只有少量清洗剂能接触元器件底下的污染物，因此，必须采用溶解能力强的溶剂，特别是要求在限定时间内完成清洗时，如在联机传送带清洗系统中更要这样考虑。

7. 稳定性

清洗剂的稳定性（使用寿命）取决于其抗化学分解和热分解的性能。所选取的清洗剂应具有良好的稳定性。

8. 环保性

随着社会的不断进步，人们的环保意识不断增强，因此在选用清洗剂时，也应考虑到清洗剂对臭氧层的破坏能力。为此，引入了臭氧破坏潜势（ozone depletion potential，ODP）这个概念，用来表示卤代烃对臭氧层的破坏程度。以 CFC-113 为例，它的臭氧破坏潜势为 0.8，即 $ODP_{CFC-113}=0.8$。

习题与思考

1. 简述焊锡膏的组成及特性。
2. 简述焊锡膏的使用方法。
3. 简述焊锡膏的选用原则。
4. 简述助焊剂的组成及分类。
5. 简述助焊剂的作用。
6. 简述贴片胶的组成及分类。
7. 简述贴片胶的作用。
8. 简述贴片胶的使用方法。
9. 简述清洗剂的分类与特点。
10. 简述如何选用清洗剂。

第 4 章　表面组装生产工艺与设备

表面组装生产工艺是指表面组装生产过程采用的工艺流程、工艺参数以及技术、方法等，具体包括焊锡膏印刷工艺、贴片胶涂敷工艺、贴片工艺、再流焊工艺、波峰焊工艺、检测工艺、返修工艺、清洗工艺等。表面组装生产设备则包括焊锡膏印刷机、点胶机、贴片机、再流焊机、波峰焊机、检测设备、返修设备、清洗设备等，它们都具有全自动、高精度、高速度等特点，是高质量完成表面组装生产的关键。本章将详细介绍表面组装主要的生产工艺与设备。

学习目标

知识目标

- 掌握焊锡膏印刷工艺原理。
- 了解各种焊锡膏印刷治具。
- 掌握焊锡膏印刷机组成及其分类。
- 掌握焊锡膏印刷工艺参数。
- 掌握焊锡膏印刷常见缺陷及原因分析。
- 掌握贴片胶涂敷工艺原理及其流程。
- 了解点胶机的结构及分类。
- 掌握贴片胶涂敷工艺参数。
- 掌握贴片胶涂敷常见缺陷及原因分析。
- 掌握贴片工艺的过程。
- 掌握贴片机结构及其分类。
- 掌握贴片常见缺陷及原因分析。
- 掌握再流焊工艺原理。
- 掌握再流焊温度曲线设置。
- 掌握再流焊机结构及其分类。
- 掌握再流焊常见缺陷及原因分析。
- 掌握波峰焊工艺原理及流程。
- 掌握波峰焊温度曲线设置。
- 掌握波峰焊机系统结构。

- 掌握波峰焊常见缺陷及原因分析。
- 掌握表面组装检测方法。
- 掌握表面组装检测设备的工作原理。
- 了解表面组装返修工艺的目的。
- 掌握各种返修工具的使用方法。
- 掌握各种元器件的返修方法。
- 掌握清洗工艺的原理及分类。
- 掌握各种清洗设备及工艺流程。

技能目标

- 能够正确设计模板的开口尺寸。
- 能够根据生产实际，正确设置印刷工艺参数。
- 能够对常见印刷缺陷进行分析并提出解决办法。
- 能够根据生产实际，正确设置贴片胶涂敷工艺参数。
- 能够对常见贴片胶涂敷缺陷进行分析并提出解决办法。
- 能够根据生产实际，正确选择贴片机。
- 能够对常见贴片缺陷进行分析并提出解决办法。
- 能够测定再流焊温度曲线并进行参数优化。
- 能够根据生产实际，正确设置再流焊参数。
- 能够对常见再流焊缺陷进行分析并提出解决办法。
- 能够根据生产实际，正确设置波峰焊参数。
- 能够对常见波峰焊缺陷进行分析并提出解决办法。
- 能够选择合适的检测设备。
- 能够正确运用检测设备。
- 能够熟练使用各种返修工具。
- 能够对不同的元器件进行返修。
- 能够对 BGA 器件进行返修。
- 能够根据生产要求，设计清洗工艺流程。

素质目标

- 培养科学规范和创新精神。
- 培养热爱劳动和团队合作精神。
- 培养科技兴国和实业报国的家国情怀。

4.1 焊锡膏印刷工艺与设备

PPT 电子课件
表面组装生产
工艺与设备

4.1.1 焊锡膏印刷工艺概述

微课
焊锡膏印刷工艺

焊锡膏印刷工艺（也称锡膏印刷工艺）是表面组装生产中的重要工序之一，是影响整个表面组装生产的关键因素之一。据统计，电子产品生产制造过程中有 60%～70% 的缺陷直接或间接来自于焊锡膏印刷工艺，因此，要提高焊锡膏印刷质量，降低焊锡膏印刷产生缺陷的概率。

焊锡膏印刷是采用一定的工艺将制好的金属模板与 PCB 直接接触，在刮刀作用下，使焊锡膏在模板上均匀流动，经过模板开口时，焊锡膏准确印刷到 PCB 指定的焊盘上。

由于焊锡膏是一种触变流体，具有一定的黏性，当刮刀以一定的速度和角度向前移动时，会对焊锡膏产生一定的压力，推动焊锡膏在模板上向前移动，并产生将焊锡膏注入模板开口的压力。焊锡膏的黏度会随着刮刀与模板交接处产生切变力的增大逐渐下降，从而顺利地注入模板开口，准确印刷在指定的 PCB 焊盘上。

表面组装印刷过程如图 4-1 所示，具体可以分为五个步骤：定位、填充、刮平、释放、擦网。各步骤的具体工作内容如下：

① 定位：PCB 传输到印刷机内，先由两边导轨夹持和底部支撑进行机械定位，然后利用光学识别系统对 PCB 和模板进行识别校正，从而保证模板开口和 PCB 焊盘的准确对位。

② 填充：刮刀带动焊锡膏在模板上匀速移动，当经过模块开口时，在刮刀压力下，焊锡膏注入金属模板的开口，并形成良好的填充。

③ 刮平：多余的焊锡膏在刮刀带动下继续前行，同时将模板开口刮平。

④ 释放：释放是指将印好的焊锡膏由模板开口转移到 PCB 焊盘上的过程，良好的释放可以保证得到良好的焊锡膏外形。

⑤ 擦网：擦网是指清除残留在模板底部和开口内的焊锡膏的过程，可以采用手工和自动两种方式。

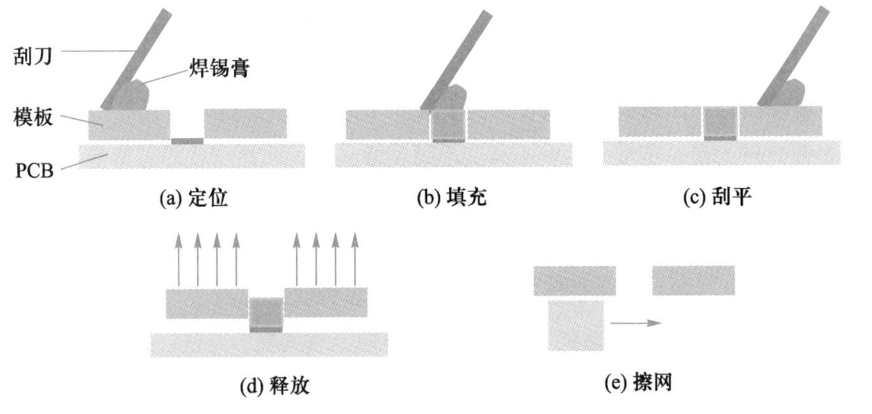

图 4-1
表面组装印刷过程

4.1.2　焊锡膏印刷治具

1. 模板

微课
模板

模板（stencil），又称为网板、漏板、钢网，它是用来定量分配焊锡膏，保证焊锡膏印刷质量的关键治具之一。通常是在一块金属片上，用化学方式或激光刻板机刻出漏孔，用铝合金作为边框，做成尺寸合适的金属模板。

根据材料的不同，模板可以分为乳胶模板、全金属模板、柔性金属模板。乳胶模板类似于丝网板，只是开口部分完全蚀刻，这使得模板的稳定性变差，其价格较高。全金属模板是将金属钢板直接固定在框架上，它不能承受张力，只能用于接触式印刷，也称为刚性模板。这种模板使用寿命长，但价格较高。柔性金属模板是用聚酯将金属模板以 30～223 N/cm^3 的张力张在网框上，以保证模板在使用中具有一定的弹性，这种模板应用最为广泛。

（1）模板的结构

这里以应用最为广泛的柔性金属模板为例，其结构如图 4-2 所示。外框是铸铝框架（或铝方管焊接而成），中心是金属模板，框架与模板之间依靠张紧的丝网相连接，呈现“钢—柔—钢”的结构。这种结构可确保金属模板既平整又有弹性，使用时能紧贴 PCB 表面。通常模板上的图形离金属模板的边框约 50 mm，丝网的宽度为 30～40 mm，以保证模板在使用中有一定的弹性。

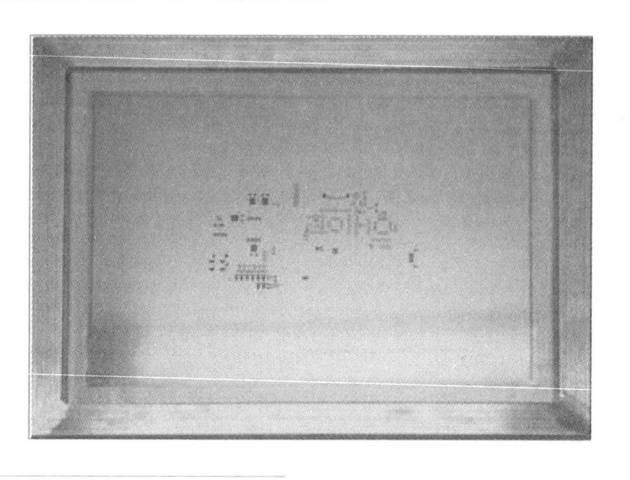

图 4-2
柔性金属模板的结构

金属模板的制作材料有锡磷青铜和不锈钢两种。锡磷青铜模板价格低，材料易得，特别是开口壁光滑，但使用寿命不长。不锈钢模板坚固耐用，使用寿命长，印刷效果好，被广泛应用于焊锡膏印刷工艺中。

（2）模板的制造方法

模板的制造方法包括化学蚀刻法、激光切割法和电铸法。

① 化学蚀刻法。化学蚀刻法是最早用来制造金属模板的方法，由于价格低廉，至今还在使用。其制造过程是：首先制作两张菲林膜，将上面的图形按一定比例缩小，

然后在金属板两面贴好感光膜，通过菲林膜对其正反曝光，再经过双向腐蚀，即可得到带有电路图形的金属板，最后将它胶合在网框上，经整理后制得模板。制作过程中要注意图形的二次设计和菲林膜正反对位的准确性。这种模板制造方法的人为因素影响较大，经常会影响焊锡膏印刷质量。

② 激光切割法。激光切割法是 20 世纪 90 年代出现的方法，它利用微机控制 CO_2 和 YAG 激光器，像光绘一样直接在金属模板上切割出开口。这种方法具有精度高、开口尺寸一致性好、工艺简单、周期短等优点，但当开口尺寸密集时，可能会出现局部高温，影响模板的光洁度。激光切割法适用于对图形精度要求高的场合，是目前不锈钢模板的主要制造方法。

③ 电铸法。随着表面组装元器件的引脚越来越多，间距越来越小，表面组装工艺对模板质量提出了更高的要求，因此出现了电铸法这一制造模板的方法。其具体制造过程是：在一块平整的基板上，通过感光的方法制得开口图像的负像，然后将基板放入电解质溶液中，基板接电源负极，用镍做阳极，经过数小时后，镍在基板非焊盘区沉积，达到一定厚度后与基板剥离，形成模板，整理后将其胶合到外框上。这种方法制造的模板精度高，开口内壁光滑，有利于焊锡膏在印刷时顺利通过，但其制造成本高，仅适合在细间距器件的印刷工艺中使用。

三种模板制造方法的性能比较如表 4-1 所示。

表 4-1　三种模板制造方法的性能比较

项目	模板制造方法		
	化学蚀刻法	激光切割法	电铸法
基材	锡磷青铜或不锈钢	不锈钢高分子聚酯板	镍
板厚范围/mm	≤0.25	≤0.50	≤0.20
厚度误差/μm	3～5	3～5	8～10
位置精度/μm	±25	±10	±25
开口内壁粗糙度/μm	3～4	3～4	1～2
开孔最小直径/mm	0.25	0.1	0.15
优点	① 价格低廉； ② 加工容易	① 尺寸精度高； ② 开口形状好； ③ 开口内壁较光滑	① 尺寸精度高； ② 开口形状好； ③ 开口内壁光滑
缺点	① 开口内壁不光滑； ② 模板尺寸不宜太大	① 价格较高； ② 开口内壁有时会有毛刺，需要化学抛光加工	① 价格高昂； ② 制作周期长
适用对象	引脚间距为 0.65 mm 以上的 QFP 元器件	引脚间距为 0.5 mm 的 QFP、BGA 等元器件	引脚间距为 0.3 mm 的 QFP、BGA 以及 0201 以下的元器件

（3）模板的设计参数

模板的设计参数主要包括宽厚比、面积比、开口形状、开口尺寸以及模板厚度等，这些参数直接关系到焊锡膏印刷的质量。

① 宽厚比、面积比：

a. 宽厚比 = 开口宽度/模板厚度。宽厚比主要适合验证细长形开口模板的漏印性。有铅焊锡膏印刷模板的宽厚比大于 1.5，无铅焊锡膏印刷模板的宽厚比大于 1.6。

b. 面积比 = 开口面积/开口内壁面积。使用无铅焊锡膏印刷时，当宽厚比≥1.6，面积比≥0.66 时，模板具有良好的漏印性；使用无铅焊锡膏印刷时，当宽厚比≥1.7，面积比≥0.7 时，模板才具有良好的漏印性，这是因为无铅焊锡膏的润湿性较差。

② 开口形状。模板开口形状直接影响印刷质量，其开口形状可为长方形、正方形和圆形，其中长方形开口比正方形和圆形开口具有更好的脱模性。从图 4-3 中可以看出，开口喇叭垂直或喇叭口向下的形状更容易脱膜，而喇叭口向上的形状脱膜较差。

(a) 开口喇叭垂直　　(b) 喇叭口向下　　(c) 喇叭口向上

图 4-3
模板开口形状

③ 开口尺寸。为了避免在焊接过程中出现焊锡球或桥接等焊接缺陷，使用有铅焊锡膏印刷时，模板的开口尺寸约为焊盘尺寸的 0.92 倍；使用无铅焊锡膏印刷时，模板的开口尺寸约等于焊盘尺寸，这是因为无铅焊锡膏的密度小于有铅焊锡膏，表面张力大于有铅焊锡膏，另外无铅焊锡膏润湿性差，所以使用无铅焊锡膏时模板开口尺寸要大些。

④ 模板厚度。模板厚度是决定焊锡膏用量的关键参数。模板厚度应根据 PCB 组装密度、元器件大小以及引脚间距确定。通常情况下，使用厚度为 0.1～0.3 mm 的模板；在高密度组装时，可选择 0.1 mm 以下厚度的模板。但随着电子产品小型化，细间距元器件如 BGA、CSP、FC 器件等出现，模板厚度也在不断变化。要求焊锡膏用量差别比较大时，可以对细间距元器件处的模板进行局部减薄处理。模板厚度、开口尺寸与元器件引脚间距之间的关系如表 4-2 所示。

表 4-2　模板厚度、开口尺寸与元器件引脚间距之间的关系　　单位：mm

元器件封装形式	引脚间距	焊盘宽度	焊盘长度	开口宽度	开口长度	厚度
PLCC	1.27	0.65	2.00	0.60	1.95	0.15～0.25
QFP	0.635	0.35	1.50	0.32	1.45	0.15～0.18
	0.50	0.254	1.25	0.22	1.20	0.12～0.15
	0.40	0.25	1.25	0.20	1.20	0.10～0.12
	0.30	0.20	1.00	0.15	0.95	0.07～0.12
0402	—	0.50	0.65	0.45	0.60	0.12～0.15
0201	—	0.25	0.40	0.23	0.35	0.07～0.12
BGA	1.27	0.80		0.75		0.15～0.20
	1.00	0.63		0.56		0.10～0.12
FC	0.25	0.12	0.12	0.12	0.12	0.08～0.10
	0.20	0.10	0.10	0.10	0.10	0.05～0.10
	0.15	0.08	0.08	0.08	0.08	0.03～0.08

2. 刮刀

刮刀是在印刷过程中协助焊锡膏滚动的工具。刮刀按照制作形状可分为菱形刮刀和拖尾刮刀，按照制作材料可分为金属刮刀和聚氨酯刮刀。常见刮刀如图 4-4 所示。

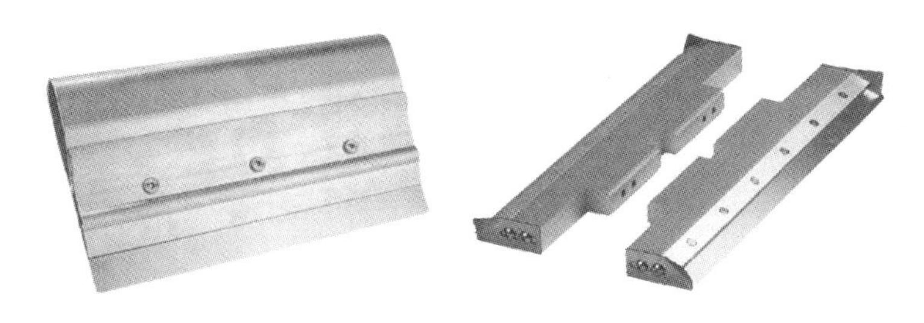

图 4-4
常见刮刀

（1）菱形刮刀

菱形刮刀由一块方形聚氨酯材料及支架组成，方形聚氨酯夹在支架中间，双面成 45° 角。这类刮刀可双向刮动焊锡膏，在每个行程末端刮刀可跳过焊锡膏边缘，所以只需要一把刮刀就可以完成双向印刷。但是采用菱形刮刀印刷焊锡膏时，焊锡膏用量较难控制，并且容易弄脏刮刀头，给清洗带来困难。此外，使用这种刮刀印刷时，应将 PCB 边缘垫平整，以防止刮刀将模板边缘压坏。菱形刮刀现在很少使用。

（2）拖尾刮刀

拖尾刮刀最为常见，它由截面为矩形的聚氨酯或金属构成，由夹板支撑，需要两个刮刀，一个印刷行程方向一个刮刀，无须越过焊锡膏，焊锡膏就在两个刮刀之间运动，因此刮刀接触焊锡膏的部位相对较少。

采用聚氨酯制作刮刀时，有不同的硬度可以选择，丝网印刷模板一般选用邵氏硬度为 75 度的聚氨酯刮刀，金属模板应选用邵氏硬度为 85 度的聚氨酯刮刀。

（3）金属刮刀

用聚氨酯制作的刮刀，当刮刀压力太大或材料硬度不足时，易嵌入金属模板的孔中，并将孔中焊锡膏挤出，从而造成印刷图形的凹陷，使印刷效果不良。金属刮刀由高硬度合金制成，非常耐磨、耐弯折，并在刀刃上涂覆润滑膜。当刀刃在模板上运行时，焊锡膏能被轻松地推进模板开口中，有利于消除焊料凹陷和高低起伏现象。采用金属刮刀进行焊锡膏印刷具有以下优点：从较大、较深的模板开口到超细间距的印刷都具有优异的一致性；刮刀寿命长，无须修正，模板不易损坏；印刷时没有焊料的凹陷和高低起伏现象，可大大减少焊料的桥接和渗透现象。

4.1.3 焊锡膏印刷机的组成及分类

微课
焊锡膏印刷机

用来进行焊锡膏印刷的设备通常称为焊锡膏印刷机，其功能是将焊锡膏准确地印刷到指定的 PCB 焊盘上。

1. 焊锡膏印刷机的分类

焊锡膏印刷机品种繁多，按照自动化程度，主要分为以下三类：

（1）手动印刷机

手动印刷机的各种参数和操作均需要人工调节与控制，主要用于小批量生产和简单产品的生产。

（2）半自动印刷机

半自动印刷机除了 PCB 装夹过程是人工放置以外，其余操作机器可连续完成，但每批第一块 PCB 与模板开口的位置是由人工来对准的。通常 PCB 是通过印刷机台面上的定位销来实现对准的，因此 PCB 表面应设有高精度的定位孔，以供装夹使用。

（3）全自动印刷机

全自动印刷机通常装有光学对中系统，通过对 PCB 和模板上对中标志的识别，可以自动实现模板开口和 PCB 焊盘的对中，在 PCB 自动装载后，能实现全自动运行。全自动印刷机一般的重复精度可达 ± 0.025 mm，但印刷机的多种工艺参数，如刮刀速度、刮刀压力、模板和 PCB 之间的间隙仍需要人工设定。

2. 焊锡膏印刷机的组成

焊锡膏印刷机主要由机架、基板夹持机构（工作台）、刮刀系统、视觉定位系统、模板固定装置和模板清洁装置组成。

（1）机架

机架用于支撑印刷机整个系统和结构，它是印刷机保持长期稳定、满足精度和重复性要求的重要保证。

（2）基板夹持机构（工作台）

基板夹持机构用来夹持 PCB，使之处于适当的印制位置。基板夹持机构包括工作台面、夹持机构、传送导轨、磁性铁针、工作台传输控制机构等，如图 4-5 所示。

图 4-5
基板夹持机构

（3）刮刀系统

刮刀系统是印刷机上最复杂的运动机构，主要包括刮刀、刮刀固定机构、刮刀传输控制机构等，如图 4-6 所示。刮刀系统的功能是使焊锡膏在整个模板上扩展成为均匀的一层。刮刀按压网板，使模板与 PCB 接触，同时刮刀推动模板上的焊锡膏向前滚动，使焊锡膏填充模板开口。

图 4-6
刮刀系统

（4）视觉定位系统

视觉定位系统用于印刷机的标志点识别、工作平台移动与定位、刮刀移动、刮刀运行速度及精度调控、PCB 宽度调节等。为了保证印刷质量的一致性，每一块 PCB 的焊盘图形都要与模板开口相对应，每一块 PCB 印刷前都要使用视觉定位系统定位，如图 4-7 所示。

图 4-7
视觉定位系统

（5）模板固定装置

图 4-8 所示为滑动式模板固定装置。松开锁紧杆，调整模板安装框，可以安装或取出不同尺寸的模板。安装模板时，将模板放入安装框中，向上抬起一点，轻轻向前滑动，然后锁紧。每种印刷设备都有安装模板允许的最大和最小尺寸，超过最大尺寸则不能安装，小于最小尺寸可通过模板适配器来配合安装。

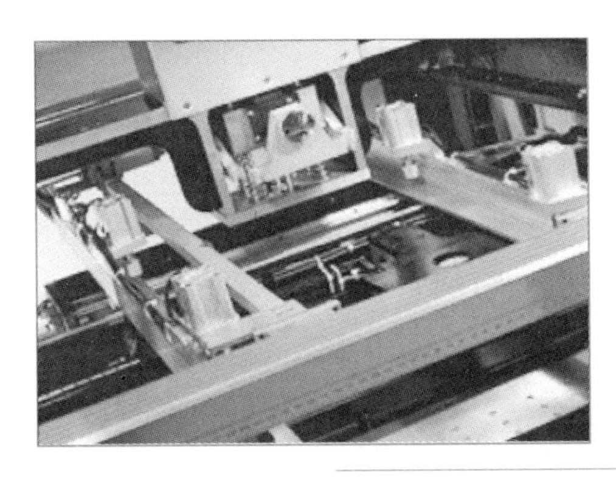

图 4-8
滑动式模板固定装置

（6）模板清洁装置

焊锡膏印刷机的滚筒式卷纸模板清洁装置能有效地清洁模板背面和开口上的焊锡膏微粒和助焊剂，如图 4-9 所示。装在机器前方的卷纸可以更换、维护。内部设有溶剂喷洒装置，清洁溶剂的喷洒量可以通过控制旋钮进行调节。

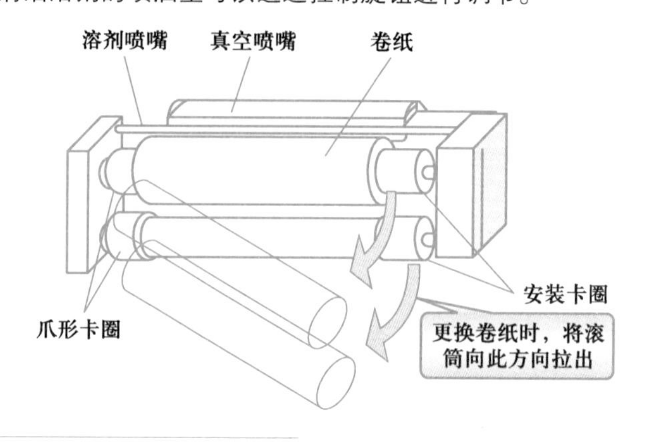

图 4-9
滚筒式卷纸模板清洁装置

4.1.4　焊锡膏印刷的工艺参数

焊锡膏印刷的工艺参数主要有印刷行程、印刷速度、刮刀压力、刮刀角度、刮刀宽度、印刷间隙、分离速度、印刷厚度以及清洗模式等。

1．印刷行程

印刷行程指的是印刷时刮刀在模板上移动的距离，一般需设置前极限和后极限，前极限一般在模板图形前 20 mm 处，后极限一般在模板图形后 20 mm 处。

2．印刷速度

印刷速度一般设置为 15～100 mm/s。速度过快，刮刀经过模板开口时间太短，焊锡膏来不及充分渗入开口处，容易造成焊锡膏图形的漏印或缺焊锡膏等印刷缺陷。速度过慢，焊锡膏黏度大，不易漏印，影响印刷效率。最大的印刷速度应保证焊盘焊锡膏印刷纵横方向均匀、饱满，通常当刮刀速度控制在 20～40 mm/s 时，印刷效果较好。有的印刷机具有使刮刀旋转 45° 角的功能，以保证细间距元器件印刷时各个方向焊锡膏用量均匀。

3．刮刀压力

刮刀压力即通常所说的印刷压力，印刷压力不足会引起焊锡膏刮不干净，导致 PCB 上焊锡膏用量不足；印刷压力过大则会导致模板渗漏，同时引起模板不必要的磨损。理想的刮刀压力应该能恰好把焊锡膏从模板表面刮干净，一般设置为 2～6 kg/cm^2，具体的刮刀压力要根据实际生产产品的要求而定。

4．刮刀角度

刮刀角度影响刮刀对焊锡膏垂直方向力的大小，通过改变刮刀角度可以改变所产生的压力。刮刀角度的最佳设定值应为 45°～60°，此时焊锡膏有良好的滚动性，如图 4-10 所示。

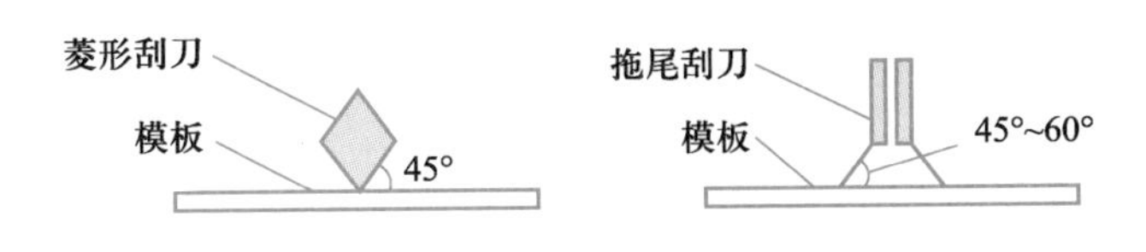

图 4-10
刮刀角度

5．刮刀宽度

刮刀不宜过宽，如果刮刀相对于 PCB 过宽，那么就需要更大的压力和更多的焊锡膏，因而会造成焊锡膏的浪费。刮刀宽度一般以 PCB 宽度加上 50 mm 左右为佳。

6．印刷间隙

印刷间隙是指模板装夹后模板底面与 PCB 表面之间的距离。根据印刷间隙的存在与否，模板印刷方式可分为接触式印刷和非接触式印刷两种。模板与 PCB 之间存在间隙的印刷称为非接触式印刷，一般间隙为 0～1.27 mm。模板与 PCB 之间没有间隙的印刷称为接触式印刷，接触式印刷的模板垂直抬起时可使印刷质量所受影响最小，适合于细间距的焊锡膏印刷。

7．分离速度

刮刀完成一个焊锡膏印刷行程后，模板离开 PCB 的瞬时速度称为分离速度。分离速度也是影响印刷质量的重要因素。分离速度过慢，易在模板底部残留焊锡膏；分离速度过快，不利于焊锡膏的直立，会影响印刷图形的清晰性。早期印刷机采用恒速分离的方法，目前较先进的印刷机其模板离开焊锡膏图形时有一个微小的停留过程，以保证获得最佳的印刷图形。理想情况下，引脚间距与印刷速度、分离速度、刮刀压力的关系如表 4-3 所示。

表 4-3　引脚间距与印刷速度、分离速度、刮刀压力的关系

引脚间距/mm	≤0.3	0.3～0.4	0.4～0.5	0.5～0.65	＞0.65
印刷速度/（mm/s）	20～30	20～30	20～30	30～65	30～65
分离速度/（mm/s）	0.1～0.5	0.1～0.5	0.3～1.0	0.5～1.0	0.8～2.0
刮刀压力/（kg/cm²）	1～10				

8．印刷厚度

焊锡膏印刷厚度由模板厚度决定，与机器设定和焊锡膏的特性也有一定的关系。通常模板厚度有 0.2 mm、0.18 mm、0.15 mm、0.12 mm、0.10 mm、0.08 mm 等，模板厚度与元器件引脚间距密切相关，引脚间距越小，则应选择的模板厚度越薄。此外，印刷厚度的微量调节还要通过调节印刷速度和刮刀压力来实现。

9．清洗模式

在印刷过程中对模板底部进行清洗，可除去其底部的附着物，以防止对 PCB 造成污染，因此清洗模式也是影响印刷质量的重要因素。清洗模式有人工和机器擦拭两种，清洗频率一般为印刷 8～10 块清洗一次，但也要根据模板的开口情况和焊锡膏的连续

印刷性确定。如果有细间距，清洗频率要高一些，以保证印刷质量。

4.1.5　焊锡膏印刷工艺的质量分析

微课
焊锡膏印刷工艺的质量分析

焊锡膏印刷质量对于电子产品组装具有重要影响，因此，必须提高对印刷质量的要求，尽可能降低生产物料、人员、机器对印刷质量的影响，并加强对焊锡膏印刷中各种缺陷的分析。一般来说，焊锡膏印刷的质量要求有：印刷焊锡膏用量要均匀，一致性好；焊锡膏图形清晰，相邻图形之间没有粘连；焊锡膏图形与焊盘图形没有错位，一致性好；一般情况下，焊盘上单位面积的焊锡膏用量为 0.8 mm/mm^2，对细间距的元器件，焊盘上单位面积的焊锡膏用量为 0.5 mm/mm^2 左右；焊锡膏覆盖焊盘的面积应在 75%以上；焊锡膏印刷后无严重塌陷，边缘整齐，错位不大于 0.2 mm，对细间距元器件焊盘，错位不大于 0.1 mm；基板不允许被焊锡膏污染。

影响焊锡膏印刷质量的因素主要为生产物料、生产工具、生产设备以及生产人员，具体包括焊锡膏、PCB、模板、刮刀、印刷机、印刷工艺参数、印刷环境和工作人员八个方面。其中，焊锡膏、模板和印刷工艺参数是三个主要因素。

1. 焊锡膏对焊锡膏印刷质量的影响

（1）焊锡膏的黏度

焊锡膏的黏度是影响焊锡膏印刷质量的重要因素，黏度大，焊锡膏不容易穿过模板开口，印出的图形残缺不全；黏度小，焊锡膏容易出现流淌和塌边，影响印刷的分辨率和图形的平整性。焊锡膏的黏度可用黏度仪进行测量。

（2）焊锡膏的黏性

焊锡膏的黏性也是影响焊锡膏印刷质量的重要因素，黏性大，焊锡膏会挂在模板孔壁上，不能完全漏印到焊盘上；黏性不够，则会导致印刷时焊锡膏在模板上不会滚动，焊锡膏不能完全填满模板开口。

（3）焊锡膏焊料颗粒的形状、直径和均匀性

焊锡膏中焊料颗粒的形状、直径大小和均匀性也影响其印刷性能。一般焊料颗粒直径约为模板开口尺寸的 1/5，即满足三球五球定律（模板厚度必须大于 3 个焊料颗粒的直径，模板开口宽度必须大于 5 个焊料颗粒的直径）。对间距为 0.5 mm 的细间距焊盘来说，其模板开口尺寸应为 0.25 mm，其焊料颗粒的最大直径不应超过 0.05 mm，否则容易造成印刷时的堵塞。引脚间距与焊料颗粒直径的关系如表 4-4 所示。

表 4-4　引脚间距与焊料颗粒直径的关系

引脚间距/mm	0.8 以上	0.65	0.5	0.4	0.3
焊料颗粒直径/μm	75 以上	60 以下	50 以下	40 以下	30 以下

（4）焊锡膏的金属含量

焊锡膏的金属含量决定焊接后焊料的厚度。随着焊锡膏金属含量的增加，焊料厚度也相应增加，但在给定的黏度下，随着金属含量的增加，焊料桥连的倾向也相应增

大。焊锡膏的金属含量与焊料厚度之间的关系如表 4-5 所示。

表 4-5 焊锡膏的金属含量与焊料厚度之间的关系

焊锡膏的金属含量/%	焊料厚度/mm	
	润湿的焊锡膏	再流焊后
90	0.228 6	0.114 3
85	0.228 6	0.088 9
80	0.228 6	0.063 5
75	0.228 6	0.050 8

2. 模板对焊锡膏印刷质量的影响

（1）模板开口形状

模板开口形状影响焊锡膏印刷脱膜质量，一般有长方形、正方形和圆形等，其中长方形开口优于正方形和圆形开口。

（2）模板开口尺寸

模板开口尺寸主要由 PCB 上相应的焊盘尺寸决定，模板开口尺寸一般为相应焊盘尺寸的 0.9～1.0 倍。

（3）模板厚度

一般情况下，对于 0.5 mm 的引脚间距，模板厚度选用 0.12～0.15 mm；对于 0.3～0.4 mm 的引脚间距，模板厚度选用 0.1 mm。

3. 印刷工艺参数对焊锡膏印刷质量的影响

焊锡膏印刷工艺参数对于焊锡膏印刷质量有很大的影响，主要包括印刷行程、印刷速度、刮刀压力、刮刀角度、刮刀宽度、印刷间隙、分离速度、印刷厚度以及清洗模式等，具体可见 4.1.4 节。

针对焊锡膏印刷的质量分析，除了要考虑印刷质量要求和影响因素外，还要对印刷产生的缺陷进行分析，以更好地提高印刷质量。焊锡膏印刷工艺中常常出现桥连、位移、缺焊锡膏、焊锡膏太多、塌陷、凹陷以及拉尖等缺陷，具体形成原因与解决措施如表 4-6 所示。

表 4-6 焊锡膏印刷常见缺陷、形成原因与解决措施

缺陷	形成原因	解决措施
桥连	焊锡膏黏度偏低	选择黏度合适的焊锡膏
	刮刀工作面倾斜	调整刮刀的平行度
	印刷模板与基板之间间隙过大	调整印刷参数，改变印刷间隙
	刮刀压力过大	调整刮刀压力
	刮刀角度不合适	调整刮刀角度
	模板底部有焊锡膏	改变模板清洗模式和频率
	环境温度与湿度过高	降低环境温度（25 ℃以下）和湿度（60%RH 以下）

续表

缺陷	形成原因	解决措施
位移	模板和基板的位置对准不良	调整印刷偏移量
	模板制作不良	更换模板
	印刷机印刷精度不够	调整印刷机参数
	刮刀压力过大	减小刮刀压力
	工作台调节不平衡	调节工作台的平衡度
缺焊锡膏	模板网孔被堵	改变模板清洗模式和频率
	刮刀压力太小	调整印刷参数，增大刮刀压力
	模板开口偏小或位置不对	改变模板开口尺寸和形状
	焊锡膏流动性差	选择合适的焊锡膏
焊锡膏太多	模板开口尺寸过大	调整模板开口尺寸
	模板与 PCB 之间的间隙太大	调整印刷参数
塌陷	焊锡膏金属含量偏低	增加焊锡膏的金属含量
	焊锡膏黏度太低	增加焊锡膏黏度
	印刷的焊锡膏太厚	减小印刷焊锡膏厚度
	模板不干净	改变模板清洗模式和频率
凹陷	刮刀压力过大	调整刮刀压力
	刮刀硬度低，在高压力下变形	选用硬度高的刮刀
	模板开口设计不合理	改变模板开口设计
	焊锡膏润湿性差	选用合适的焊锡膏
拉尖	分离速度不够	调整分离速度
	印刷平面不平行，影响印刷厚度	调整印刷机的水平度
	模板开口面凹凸不平	提高模板开口内壁的精度
	印刷间隙不良	调整印刷间隙
	焊锡膏黏度太大	选择具有合适黏度的焊锡膏
印刷厚度太薄	模板太薄	增加模板厚度或局部增加模板厚度
	焊锡膏流动性差	选择流动性好的焊锡膏
	印刷间隙小	适当增加印刷间隙
	印刷速度太快	适当减慢印刷速度
	刮刀压力太大	减小刮刀压力
PCB 表面沾污	PCB 表面有残留焊锡膏和污垢	清洁 PCB 表面
	模板底部被污染	改变模板清洗模式和频率
	PCB 清洗不干净	改善清洗工艺流程
	人工操作不规范	加强人员管理

4.2 贴片胶涂敷工艺与设备

4.2.1 贴片胶涂敷工艺概述

贴片胶涂敷工艺是指利用点胶设备或印刷设备将贴片胶涂敷到 PCB 指定的位置上，它是表面组装元器件与通孔插装元器件混装时常用的工艺。贴片胶是一种黏结剂，其作用是将元器件牢牢粘在 PCB 上，防止元器件在焊接过程中脱落。贴片胶涂敷工艺的要求如下：

① 采用光固型贴片胶，则元器件下面的贴片胶应至少有一半的量处于被照射状态；采用热固型贴片胶，则贴片胶点可完全被元器件覆盖，如图 4-11 所示。

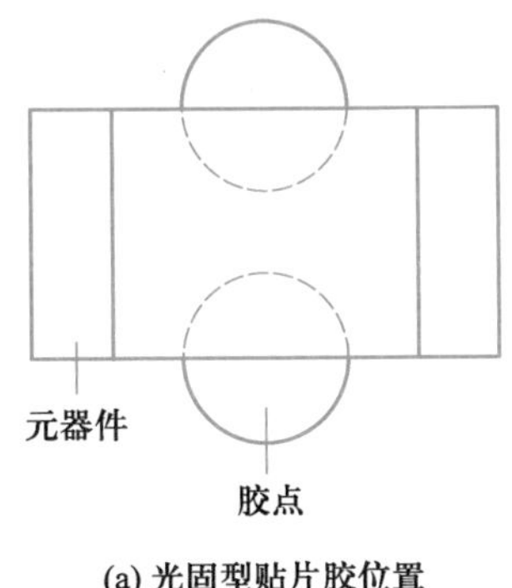

(a) 光固型贴片胶位置

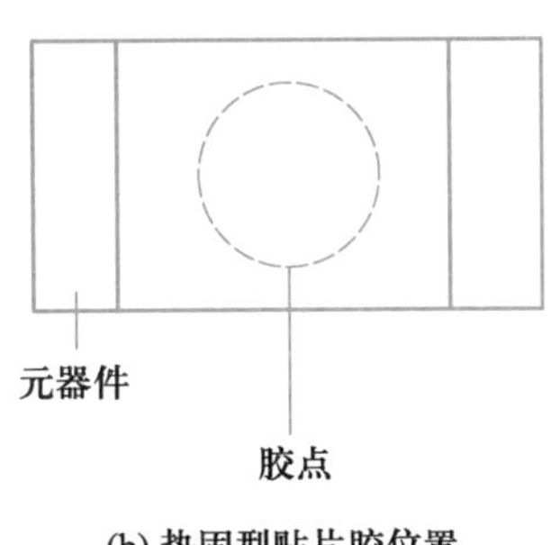

(b) 热固型贴片胶位置

图 4-11 贴片胶点涂位置

② 胶点大小取决于元器件的类型。胶点大小应根据元器件的大小和重量来定，大小和重量大的元器件，胶点应大一些。但胶点的尺寸也不宜过大，以保证足够的黏结强度。

③ 为保证焊接质量，要求贴片胶在贴装前和贴装后都不能污染元器件端头和焊盘。

④ 贴片胶波峰焊工艺对焊盘设计有一定的要求，为了防止贴片胶污染焊盘，表面组装元器件的焊盘间距应比再流焊增大 20%～30%。

4.2.2 贴片胶涂敷方法

贴片胶涂敷是指将贴片胶从储存容器中均匀分配到 PCB 指定位置上。常用的贴片胶涂敷方法有分配器点涂方法、针式转印方法和印刷方法。

1. 分配器点涂方法

分配器点涂是贴片胶涂敷工艺中最常采用的方法。预先将贴片胶灌入分配器中，点涂时，从上面压缩空气或用旋转机械泵加压，迫使贴片胶从储胶器下方的空心针头排出并脱落，滴到 PCB 指定位置上，形成胶点，即可实现贴片胶的涂敷，如图 4-12 所示。

由于分配器点涂方法的基本原理是气压注射，因此该方法也称为注射式点胶或加压注射点胶。分配器点涂方法按照分配泵的不同可分为时间压力、螺旋泵、活塞泵和喷射泵 4 种。其中，时间压力、螺旋泵、活塞泵属于接触式点胶，喷射泵属于非接触式点胶。

采用分配器点涂方法进行贴片胶涂敷时，气压、针头内径、温度和时间是重要的工艺参数，这些参数控制着贴片胶用量、胶点大小及胶点状态，也影响着贴片胶涂敷质量。

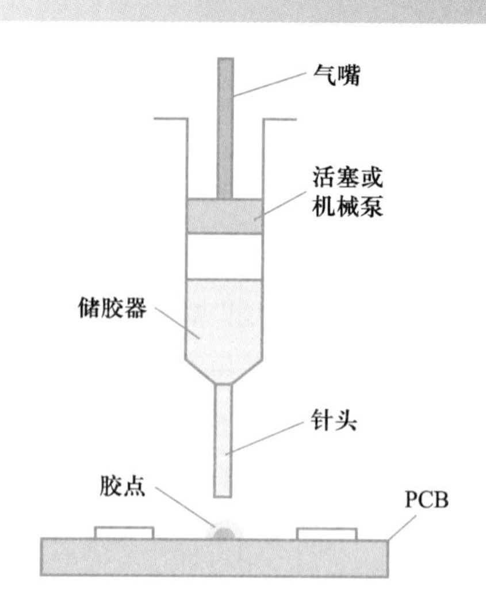

图 4-12
分配器点涂方法示意图

分配器点涂方法的特点是：方法灵活、适应性强、不需要模板，能适应不同场合的贴片胶涂敷；易于控制，可方便改变贴片胶用量以适应不同元器件的要求；由于贴片胶处于密封状态，其黏结性能和涂敷工艺都比较稳定。

2. 针式转印方法

针式转印方法又叫针印法。将用于胶液转移的针头定位在贴片胶开口容器上方，而后将针头部浸入贴片胶中，当把针头从贴片胶中提起时，由于表面张力的作用，贴片胶会沾附在针头上，将沾有贴片胶的针头在 PCB 上方对准焊盘图形定位，再将针向下移动直至贴片胶接触焊盘，针头与焊盘保持一定距离，当提起针头时，贴片胶就会因毛细作用和表面张力作用转移到 PCB 焊盘上。

在实际应用中，针式转印机一般采用在金属板上安装若干个针头的针管矩阵组件，同时进行多点涂敷，如图 4-13 所示。因此，对于每一特定的 PCB，都要求有一个与之相适应的点胶针管阵列，以便在 PCB 的指定位置上一次性实现转印所需贴片胶的涂敷，涂敷质量取决于贴片胶的黏度、针头直径等多个因素。

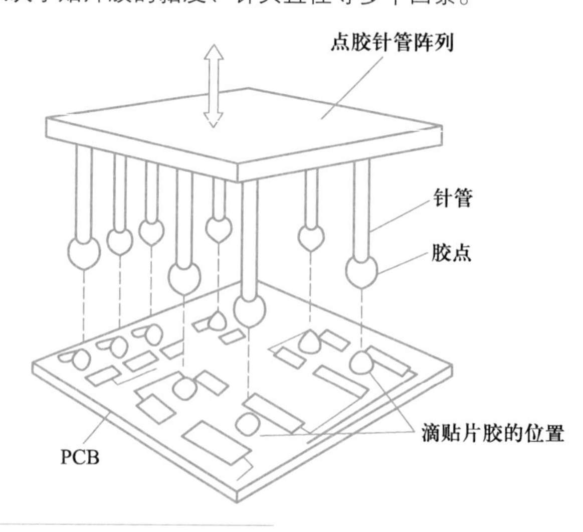

图 4-13
针式转印方法示意图

针式转印方法的优点是能一次完成许多元器件的贴片胶涂敷，设备投资成本低，适用于同一品种的大批量生产。其缺点是施胶量不易控制；由于胶槽是敞开系统，容易混入杂物，影响涂敷质量；当产品不同时，需要重新制作矩阵模具，影响工作效率。目前这种方法使用不多。

3．印刷方法

贴片胶印刷方法的原理、过程和设备与焊锡膏印刷相同，它是通过镂空图形的漏印模板，将贴片胶印到 PCB 的指定区域，如图 4-14 所示。印刷效果由贴片胶黏度与模板厚度控制。在印刷中，温度是影响贴片胶黏度的主要因素，温度升高，会导致贴片胶黏度下降，因此一般要求室温维持在 23 ℃ ± 2 ℃。印刷贴片胶可选用丝网、金属模板和塑料模板。早期使用丝网较多，目前基本被金属模板替代；金属模板一般采用铜模板和钢模板；塑料模板可印刷不同高度的贴片胶，清洗方便。印刷方式分为接触式印刷和非接触式印刷两种。

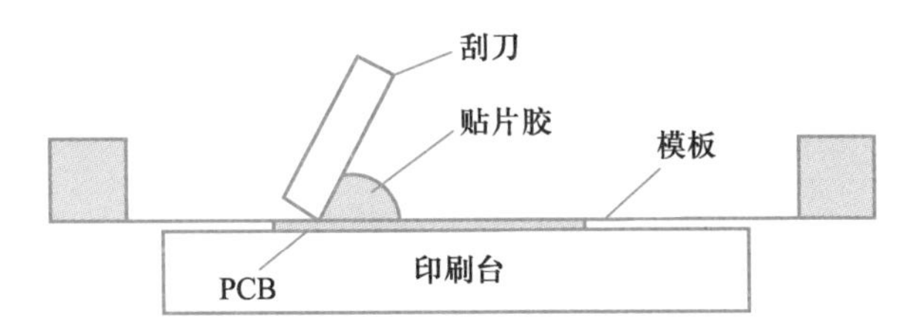

图 4-14
印刷方法示意图

印刷方法的优点是一次印刷即可完成所有胶点的分配，适合大批量生产；更换产品品种方便，生产效率高；涂敷精度比针式转印方法高，印刷机的利用率高，不需添加点胶装置，可节约成本。其缺点是贴片胶暴露在空气中，对生产环境要求较高；胶点高度不理想，只适合于平面印刷。

综上所述，3 种贴片胶涂敷方法工艺性能比较如表 4-7 所示。

表 4-7　3 种贴片胶涂敷方法工艺性能比较

工艺性能	贴片胶涂敷方法		
	分配器点涂方法	针式转印方法	印刷方法
速度	慢	快	快
工艺难度	复杂	简单	中等
贴片胶用量控制	良好	较差	良好
生产效率	低	高	高
对胶点外形的控制	良好	中等	较差
对胶点流动性的控制	良好	良好	较差
生产环境要求	不高	高	高
混装印制板加工	适用	适用	不适用

4.2.3　贴片胶涂敷工艺流程

贴片胶涂敷工艺主要用于混装工艺的电路板装配生产，其工艺流程可分为先插装后贴装工艺和先贴装后插装工艺两种，如图 4-15 所示。其中，图 4-15（a）所示为先插装后贴装工艺，即先插装通孔插装元器件，后贴装表面组装元器件；图 4-15（b）所示为先贴装后插装工艺，即先贴装表面组装元器件，后插装通孔插装元器件。这两种工艺流程中，先贴装后插装工艺更适合大批量生产的自动化生产线。

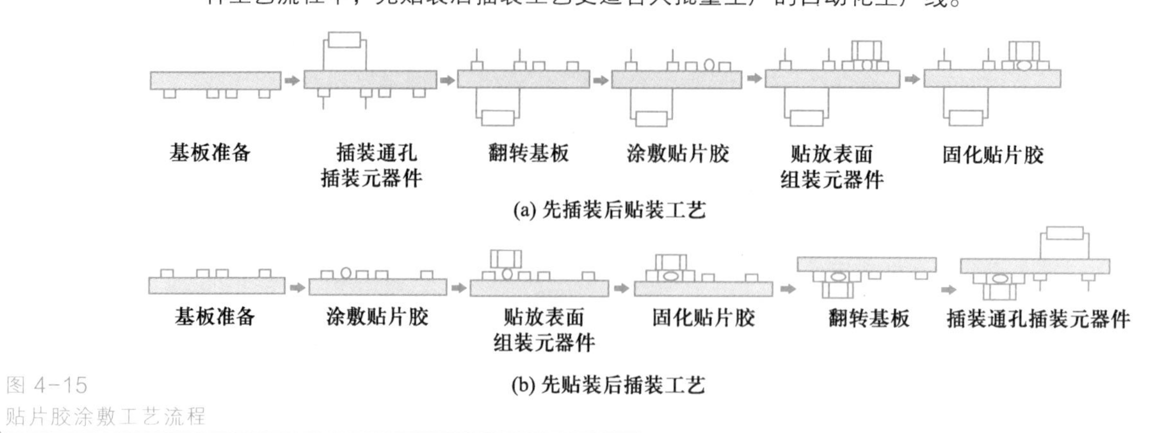

图 4-15
贴片胶涂敷工艺流程

4.2.4　贴片胶涂敷设备

采用分配器点涂方法进行贴片胶涂敷的设备通常称为点胶机或滴液机，其工作原理是将贴片胶装入胶瓶（又称为注射器）中，通过压缩空气使贴片胶从针头中滴出，点涂在 PCB 指定的位置上。

1. 点胶机的分类

按照自动化程度，点胶机可分为手动、半自动、全自动和非标点胶机。其中，手动点胶机主要分为针筒型和胶阀型，主要用于试验和小批量生产。半自动点胶机分为桌上型和落地式，这种点胶机由一个脚踏开关和一个点胶控制器构成，往往需要手动控制点胶控制器的开关，主要用于在产品的特殊部位点胶。全自动点胶机可分为在线式和无接触式点胶机，全自动点胶机可以通过编写程序，实现各类型的复杂、精准的点胶，有时还具备点胶和贴片两种功能，主要用于大批量生产。非标点胶机即满足某些产品工艺的某些特殊要求，单独定制的点胶机，这种点胶机往往开发成本较高。另外，按照胶水类型，点胶机还可分为单液型、双液型和多组分点胶机。

2. 点胶机的组成

点胶机一般由点胶系统、机械系统以及微机控制系统等部分组成。

（1）点胶系统

点胶系统主要包括胶枪、气压源及其管路以及定时控制器等。活塞式胶枪借助气压的推动和定时控制器的精准控制，将贴片胶从针头中挤出，同时负压对贴片胶产生回吸作用，使得胶枪不会有残滴现象。气压源产生点胶所需的空气压力。根据点涂方法的不同，可以将点胶机中的点胶泵分为活塞式点胶泵、螺旋点胶泵和喷射点胶泵。

① 活塞式点胶泵。首先将贴片胶压进与活塞室相连的进给管中，当活塞处于上冲程时，活塞室中填满贴片胶，当活塞向下推进时，贴片胶从针头压出。滴出的胶量由活塞下冲的距离决定，既可以手动调节，也可以通过软件控制。胶点的一致性好，但

清洗复杂。

② 螺旋点胶泵。螺旋点胶泵使用以固定时间、特定速度旋转的螺杆代替活塞，螺杆的旋转在贴片胶上形成剪切力，使贴片胶沿螺纹流下，从滴胶针头流出。螺旋点胶泵灵活性强，稳定性好，适合滴涂各种贴片胶，但对贴片胶黏度的变化比较敏感。

③ 喷射点胶泵。喷射点胶属于非接触式点胶技术。喷射点胶泵使用了球座结构，贴片胶填充由于球从座中缩回而留下的空缺，当球返回球座时，在此过程中加速运动产生的力量断开贴片胶流，使贴片胶从滴胶针头喷射出，滴到 PCB 上形成胶点。喷射点胶泵点涂速度快，对 PCB 高度的变化不敏感，但清洗复杂。

（2）机械系统

机械系统是一个三自由度的传动机构平台，点胶头可以借助机械的移动定位到空间中任意一个(X, Y, Z)坐标处。目前有很多专业点胶机中都采用三轴直角坐标机械手配点胶控制器，并配置检测或影像系统。根据机械手精度的不同，可以选择伺服电动机加丝杠控制或者步进电动机加同步带控制。电动机控制器控制三轴实现直线、圆弧等点胶路径，并根据路径位置控制出胶或断胶。

（3）微机控制系统

为了精确控制点胶精度，点胶机还采用微机控制，按程序自动进行点胶操作。点胶头的运动轨迹、运动速度、加速度、高精度定位及胶枪的胶量控制等都是由点胶控制软件协调机械系统，并根据编程器输入的相应参数来实现的。

4.2.5　贴片胶涂敷的工艺参数

贴片胶涂敷的工艺参数主要包括贴片胶性能参数和涂敷工艺参数两个方面，这里主要介绍采用分配器点涂方法涂敷贴片胶的工艺参数，具体包括黏度、温度、点胶压力、针头内径、胶点直径、胶点高度、止动高度、Z 轴回复高度、胶点数量等。

1. 黏度

贴片胶的黏度影响点涂的均匀性和一致性，黏度的选用范围通常为 100～150 Pa·s。

2. 温度

温度是影响贴片胶黏度的重要因素，温度升高，贴片胶黏度会降低，一般要求点胶的环境温度控制为 23 ℃ ± 3 ℃。

3. 点胶压力

点胶压力影响点胶的出胶量，压力过大，会使点胶量增多；压力过小，则会出现点胶断续的现象。点胶压力通常设为 3.0～3.5 bar。

4. 针头内径、胶点直径、胶点高度之间的关系

由于表面组装元器件的大小不一样，其与 PCB 之间所需要的黏结强度也就不一样，即元器件与 PCB 之间涂敷的胶量不一样，因此在点胶时需要使用不同内径的针头。图 4-16 所示为针头内径、胶点直径、胶点高度三者之间的关系，其中，I_D 表示针头内径，N_D 表示针头离 PCB 的高度，W 表示胶点直径，H 表示胶点高度。

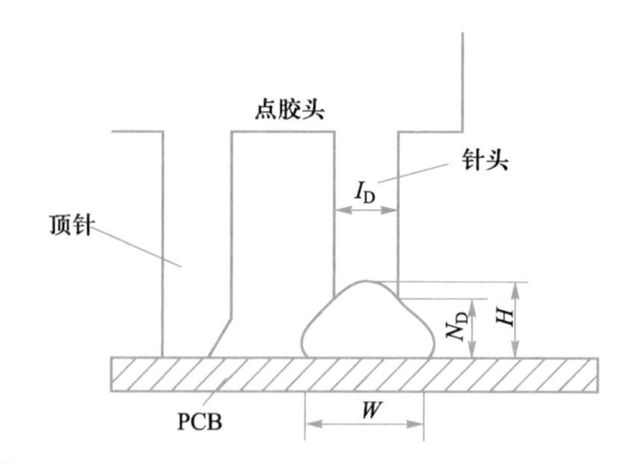

图 4-16
针头内径、胶点直径、胶点高度三者之间的关系

元器件的焊盘间距决定胶点的最大直径，胶点的最小直径要满足元器件所需的最小黏结力要求，只要实际胶点直径处于上述尺寸范围之内即可。胶点不能太大，不可以把贴片胶挤压到元器件的焊端和 PCB 的焊盘上，以免影响焊接。

胶点高度是元器件贴装后胶点能充分接触到元器件底部的高度。通常胶点直径与胶点高度之比为 2.7～4.6，而胶点直径与针头内径之比为 2∶1 时，点胶时不易出现拉丝拖尾现象。

5. 胶点高度

胶点高度如图 4-17 所示，从图中可以看出，A 是 PCB 上焊盘层的厚度，一般为 0.05 mm；B 是元器件端焊头包封金属厚度，一般为 0.1～0.3 mm。因此，要使元器件底面与 PCB 良好地粘合，贴片胶高度应满足 $H>A+B$，这是元器件贴装后胶点能充分接触到元器件底部的高度。考虑到胶点是倒三角形状态，顶端在上，为了使元器件有 80%的面积与 PCB 相结合，实际 H 应为（1～2）($A+B$)。此外，还可以设计辅助焊盘以增加高度或选用底面与引脚平面之间尺寸较小的元器件，以达到良好的黏结强度，如图 4-18 所示。

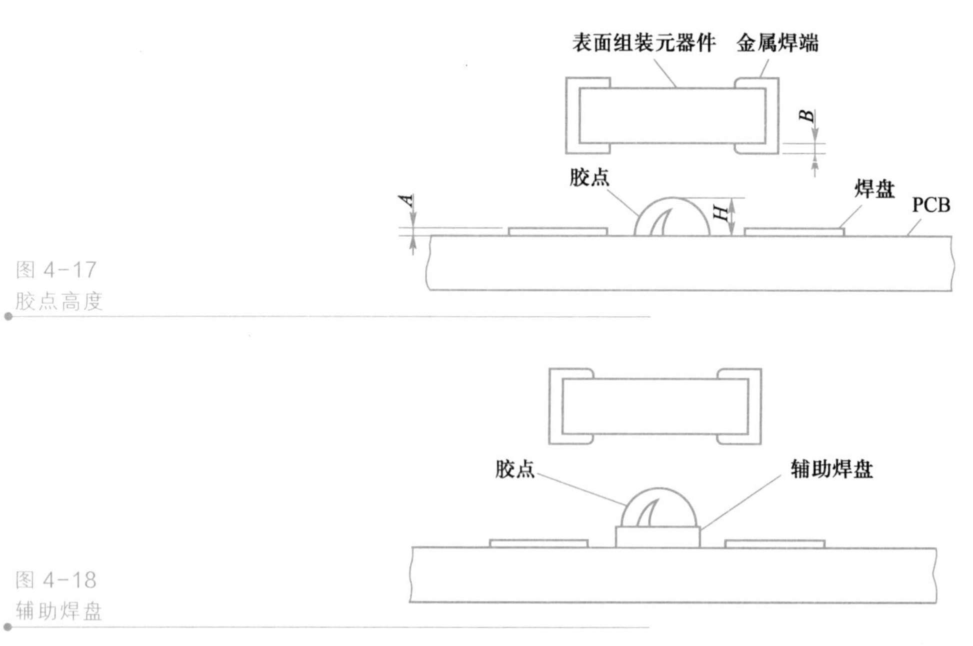

图 4-17
胶点高度

图 4-18
辅助焊盘

6. 压力、时间与止动高度的关系

影响贴片胶涂敷质量的另一个重要因素是点涂时针头与 PCB 之间的距离，即止动高度 N_D。当 N_D 过小、压力与时间设定偏大时，由于针头与 PCB 之间空间太小，贴片胶会受压并向四周漫流，甚至会流到定位顶针附近，容易污染针头和顶针，如图 4-19 所示；反之，当 N_D 过大、压力与时间设定偏小时，胶点直径 W 变小，胶点高度 H 增大，当点胶头移动时，会出现拉丝、拖尾现象，如图 4-20 所示。通常 N_D 小于针头内径 I_D 的 1/2，N_D 确定后，可仔细调节压力和时间，使三者达到最佳设置。

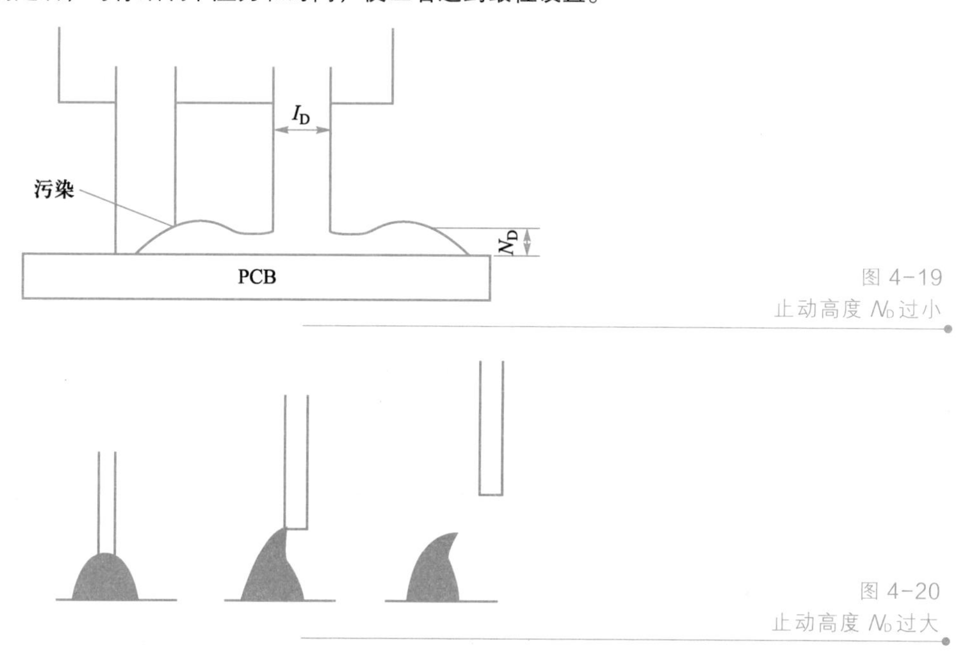

图 4-19
止动高度 N_D 过小

图 4-20
止动高度 N_D 过大

7. *Z* 轴回复高度

Z 轴回复高度指的是点胶头在胶点之间移动时所需回复的高度。合理的 *Z* 轴回复高度应确保点胶后针头有正确的脱离胶点效果，如图 4-21 所示。如果 *Z* 轴回复高度过高，会浪费时间而降低点胶的工作效率。相反，如果 *Z* 轴回复高度不够，则针头移动时会拖动胶点，造成拉丝现象，如图 4-22 所示。

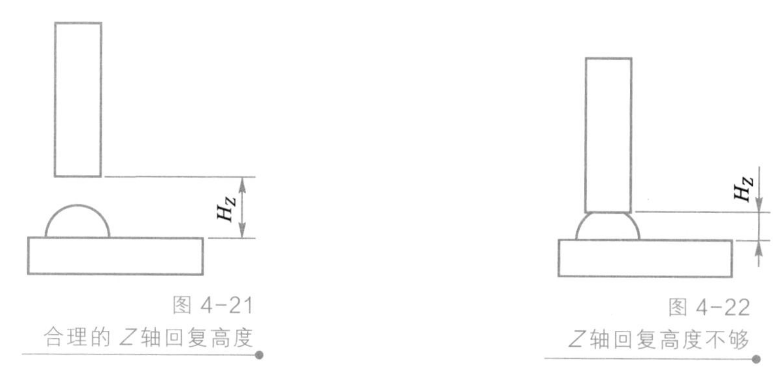

图 4-21
合理的 *Z* 轴回复高度

图 4-22
Z 轴回复高度不够

8. 胶点数量

表面组装元器件时，需根据其大小不同，点涂合适的胶点数量。片式元器件一般

设置 1～2 个胶点，SOT 设置 1～2 个胶点，SOC 设置 3～4 个胶点，PLCC、QFP 器件设置 4～8 个胶点。对于质量较大的表面组装集成电路，应增加胶点数量，以起到抗振作用，并防止器件移动。

分配器点涂工艺参数与元器件尺寸关系如表 4-8 所示。

表 4-8　分配器点涂工艺参数与元器件尺寸关系

工艺参数	元器件尺寸				
	0603	0805	1206	SOT23	SOP16～SOP28
针头内径/mm	0.3	0.4	0.4	0.4	0.6
止动高度/mm	0.1	0.1	0.15	0.15	0.3
胶点数量/个	2	2	2	2	4
胶点直径/mm	0.5	0.7±0.1	0.9±0.1	0.9±0.1	17.7±0.3
点胶压力/bar	3	3	3	3	2.7
点胶时间/ms	50	50	80	80	120
胶管温度/ ℃	24±1	24±1	24±1	24±1	24±1

4.2.6　贴片胶涂敷工艺的质量分析

在贴片胶涂敷工艺中，由于贴片胶特性、点胶机参数设置等诸多因素可能出现的问题，容易造成拉丝/拖尾、位移、针头堵塞、掉件、固化后元器件引脚上浮/位移、空打/胶量偏少等缺陷，从而影响贴片胶涂敷工艺的质量。贴片胶涂敷常见缺陷、形成原因和解决措施如表 4-9 所示。

表 4-9　贴片胶涂敷常见缺陷、形成原因和解决措施

缺陷	形成原因	解决措施
拉丝/拖尾	针头内径太小	改换内径较大的针头
	点胶压力太大	降低点胶压力
	针头离 PCB 的距离太大	调节止动高度
	贴片胶黏度太高	更换合适黏度的贴片胶
	点胶量太多	控制点胶量
	贴片胶过期或质量不好	更换贴片胶
位移	胶量不均匀	检查针头是否堵塞
	贴片胶黏度太高	更换合适黏度的贴片胶
	点胶后 PCB 放置时间过长	点胶后 PCB 放置时间不应过长（小于 4 小时）
	胶水半固化	增加烘干温度和时间

续表

缺陷	形成原因	解决措施
针头堵塞	针头内未完全清洗干净	更换清洁的针头
	贴片胶中混入杂质	更换质量好的贴片胶
	有堵孔的现象	及时检查与清洗点胶针头
	不相溶的胶水相混合	贴片胶品牌不应混用
掉件	固化工艺参数不到位	调整固化曲线
	温度不够	提高固化温度
	元器件尺寸过大	选择合适元器件
	胶水量不够	增加胶水量
	元器件/PCB 有污染	及时观察并清洗
固化后元器件引脚上浮/位移	贴片胶不均匀	调整点胶工艺参数
	点胶量过多	控制点胶量
	贴片元器件偏移	调整点胶工艺参数
空打/胶量偏少	贴片胶中混入气泡	对注射针管中的胶进行脱气泡处理
	针头被堵塞	经常更换清洁的针头
	生产线的气压不够	适当调整机器压力

4.3 贴片工艺与设备

贴片工艺是表面组装生产中的关键工艺之一。一般情况下，进行一次焊锡膏印刷和再流焊就可以完成整个 PCB 的印刷和焊接，而表面组装元器件则需要使用贴片机一片一片地贴装，所以贴片机的性能直接影响生产效率及质量。因此，贴片机是表面组装生产线中的核心设备，它直接决定了电子产品组装生产的自动化程度。

4.3.1 贴片工艺概述

微课
贴片工艺

贴片指的是贴片机按照预定的贴装程序，将表面组装元器件准确地贴装到印有焊锡膏的 PCB 指定焊盘上，它包括元器件的拾取和放置两个动作，因此这个过程又称为“pick and place”。

早期，由于元器件尺寸比较大，人们通常采用镊子等简单工具来实现贴片操作。随着生产规模的不断扩大，微电子技术的快速发展，表面组装元器件不断向微型化、多引脚、细间距方向发展，这对贴片的速度和精确度提出了更高的要求，因此，在现代表面组装生产中，贴片操作主要依靠高性能的贴片机来完成。贴片工艺流程如图 4-23 所示，其中，贴片编程是影响贴装速度和精度的重要环节。

图 4-23 贴片工艺流程

4.3.2　贴片工艺要求

贴装元器件应按照产品的装配图和明细表的要求，准确地贴放到 PCB 指定的目标位置上，这个目标位置一般指的是 PCB 上每个元器件的中心位置，具体工艺要求如下。

1．贴片元器件工艺要求

① 贴装好的元器件应完好无损。

② 贴装元器件的焊端或引脚不小于 1/2 的厚度应浸入焊锡膏。对于一般元器件，贴片时焊锡膏挤出量应小于 0.2 mm；对于细间距元器件，贴片时焊锡膏挤出量应小于 0.1 mm。

③ 元器件的焊端或引脚要和焊盘图形对齐、居中。由于再流焊时熔融的焊料使元器件具有自定位效应，因此元器件贴装位置允许有一定的偏差，允许偏差范围要求如下：

a. 片式元件：在 PCB 焊盘设计正确的条件下，元件的宽度方向上，焊端宽度的 1/2 以上应在焊盘上；元件的长度方向上，元件焊端与焊盘交叠后，焊盘伸出部分要大于焊端高度的 1/3；有旋转偏差时，元件焊端宽度的 1/2 以上必须在焊盘上，特别注意，元件焊端必须接触焊锡膏图形。

b. SOT：允许有旋转偏差，但引脚必须全部处于焊盘上。

c. SOIC：允许有旋转偏差，但必须保证引脚宽度的 3/4 处于焊盘上。

d. QFP：允许有旋转偏差，要保证引脚宽度的 3/4 处于焊盘上；允许引脚的少量部分伸出焊盘，但必须有引脚长度的 3/4 处于焊盘上；引脚的底部也必须在焊盘上。

2．保证准确贴片的三要素

（1）元器件正确

要求各装配位上元器件的类型、型号、标称值和极性等特征标记要符合产品的装配图和明细表的要求，不能贴错位置。

（2）位置准确

元器件的端头或引脚均应和焊盘图形尽量对齐、居中，还要确保元器件焊端接触焊锡膏图形。两个端头无引脚的片式元件、鸥翼形引脚和 J 形引脚器件，以及球形引脚器件的贴装位置要求如下：

① 两个端头无引脚的片式元件。此类元件主要包括片式电阻器、电容器和电感器等。由于此类元件再流焊时自定位效应的作用比较大，因此贴装时要求元件在宽度方向上有 1/2 以上搭接在焊盘上，长度方向上只要两个端头搭接在相应的焊盘上并接触焊锡膏图形即可，如图 4-24（a）所示。但如果其中一个端头没有搭接到焊盘上或没有接触到焊锡膏图形，再流焊时就会产生移位或立碑等缺陷，如图 4-24（b）所示。

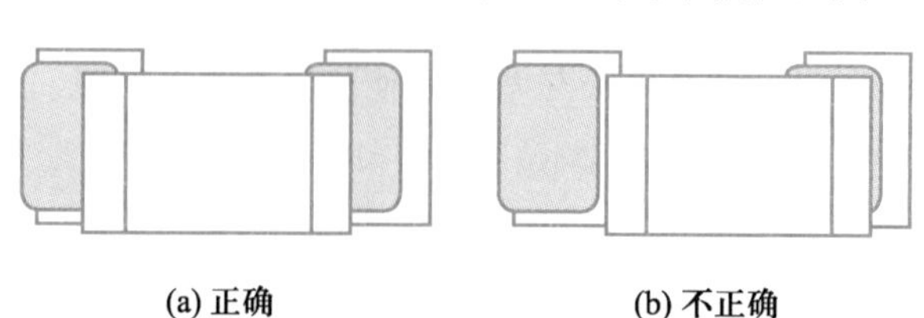

图 4-24
片式元件贴装位置要求

② 鸥翼形引脚和 J 形引脚器件。此类器件主要包括 SOP、SOJ、QFP、PLCC 等器件。此类器件的自定位效应的作用比较小，贴装偏移不能通过再流焊纠正。鸥翼形引脚和 J 形引脚器件的贴装位置要求如图 4-25 所示。具体要求是：引脚宽度方向与焊盘的搭接尺寸 P 大于引脚宽度的 3/4，引脚的跟部位于焊盘上。

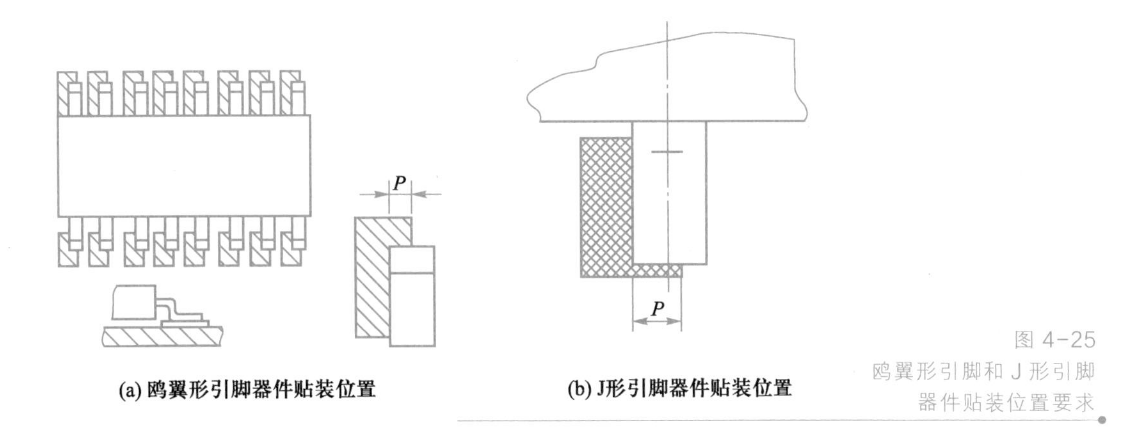

图 4-25 鸥翼形引脚和 J 形引脚器件贴装位置要求

③ 球形引脚器件。此类器件主要包括 BGA、CSP 等器件。由于此类器件的球形引脚的焊盘面积相对于器件本体的面积比较大，因此再流焊时自定位效应的作用比较好，但必须满足器件的焊球要与相应的焊盘一一对齐，并且焊球中心与焊盘中心的最大偏移量 D 要小于焊球直径的 1/2，如图 4-26 所示。

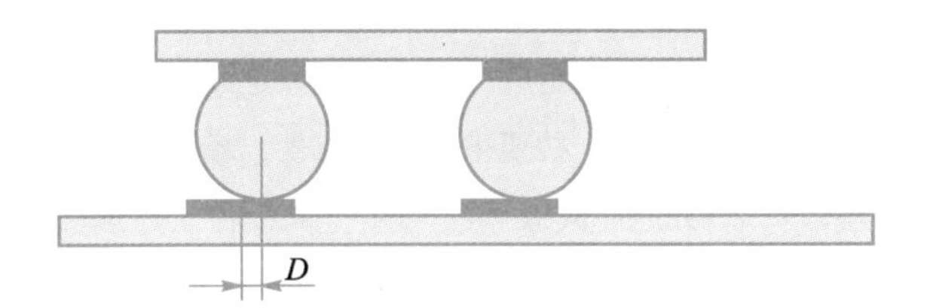

图 4-26 球形引脚器件贴装位置要求

（3）贴片压力合适

贴片压力相当于吸嘴的 Z 轴高度。Z 轴高度高相当于贴片压力小，Z 轴高度低相当于贴片压力大。

如果 Z 轴高度过高（即贴片压力过小），元器件的焊端或引脚就无法压入焊锡膏，而是浮在焊锡膏表面，焊锡膏粘不住元器件，容易造成元器件位移。另外，Z 轴高度过高还会使贴片时元器件从高处自由落下，造成贴片位置偏移，如图 4-27（b）所示。

如果 Z 轴高度过低（即贴片压力过大），贴装时会使焊锡膏挤出量过多，容易造成焊锡膏粘连，再流焊时容易产生桥连，同时也会由于焊锡膏中合金颗粒滑动，造成贴片位置偏移，严重时还会损坏元器件，如图 4-27（c）所示。

因此，贴装时要求吸嘴的高度要合适恰当。正确的 Z 轴高度（即贴片压力合适）要求元器件底面与 PCB 焊盘上表面之间距离 H 约等于焊锡膏中最大合金颗粒的直径，如图 4-27（a）所示。

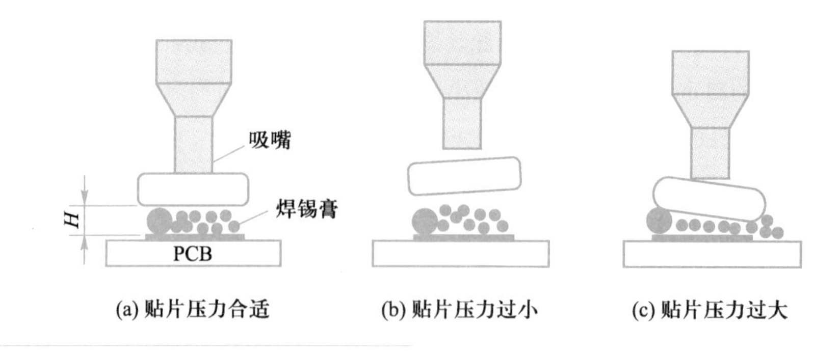

图 4-27
元器件贴片压力示意图

微课
贴片机系统结构

4.3.3　贴片机系统结构

贴片机是由计算机控制，并集光、电气、机械于一体的高精度自动化设备，它通过拾取、位移、对位、放置等操作，将表面组装元器件快速准确地贴放到 PCB 指定的位置上。贴片机主要由底座、贴装头系统、供料器、光学对中系统、定位系统、传感器系统和计算机控制系统等组成。

1．底座

底座是用来安装和支撑贴片机的部件，主要有钢板烧焊式和整体铸造式两种结构。由于贴片机的高速度、高精度要求底座具有重、稳、振动小等特点，因此一般采用质量大、耐振动，有利于保证设备精度的铸铁件机构。

2．贴装头系统

贴装头系统主要由贴装头和吸嘴组成。其中贴装头是贴片机中最复杂、最关键的部件。它由程序控制，自动校正位置，按要求拾取元器件，精确地贴放到指定的焊盘上，从而实现从供料系统取料后移动到 PCB 指定位置上的操作。贴装头中还装有真空控制的贴装工具，通常称为吸嘴，不同形状、不同大小的元器件要采用不同的吸嘴拾取。

（1）贴装头

贴装头的发展反映了贴片机的发展水平。贴装头已由早期的单头、机械对中发展到目前的多头、光学对中，图 4-28 所示为贴装头的种类。

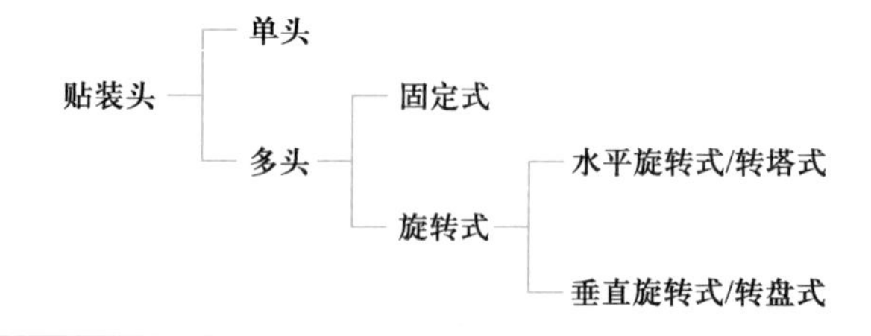

图 4-28
贴装头的种类

① 单头。早期的单头贴片机主要由吸嘴、定位爪、定位台、Z 轴和 θ 角运动系统组成，并固定在 X-Y 传动机构上。当吸嘴吸取一个元器件后，可通过机械对中机构实现元件对中，并给供料器一个信号，使下一个元器件进入拾取位置，但这种方式的贴片速度很慢，通常贴放一只片式元件需 1 秒钟。

② 固定式多头。目前，通用贴片机采用固定式多头结构，它在单头的基础上进行

了改进，即由 1 个贴装头增加到 3～8 个贴装头。它们仍然被固定在 X-Y 传动结构上，但不再使用机械对中，而改为多种形式的光学对中。工作时多个贴装头分别吸取元器件，对中后再依次贴放到 PCB 指定位置上。这类机型的贴片速度可达每小时 3 万个元器件，而且这类贴片机价格较低，可组合联用。

③ 旋转式多头。高速贴片机多采用旋转式多头结构，这种结构极大地提高了贴片速度，可达每小时 4.5～5 万个元器件。旋转式多头可分为水平旋转式/转塔式和垂直旋转式/转盘式两种。

a. 水平旋转式/转塔式。这类结构是高速贴片机最常见的一种结构，多见于松下、三洋和富士等贴片机中，其工作示意图如图 4-29 所示。这些贴片机中常配置 12～30 个贴装头，每个贴装头上有 3～6 个吸嘴，可以吸放多种类型、不同大小的元器件。贴装头固定安装在旋转的转塔上，只能做水平方向旋转。转塔上各位置的功能做了明确分工，贴装头在 1 号位置从供料器上吸取元器件，然后在运动过程中完成检查、识别、校正，直至 7 号位置的贴装工序。由于贴装头是固定旋转的，不能移动，元器件的供给只能依靠供料器在水平方向的运动来实现，贴放位置则由 PCB 工作台 X、Y 方向的高速运动来保证。贴片过程中，元器件的拾取、视觉识别检查、角度对准、定位等操作都同时在元器件拾取和贴装之间完成，转塔不断旋转，贴装头上每个吸嘴的工作任务被轮流执行，最快贴片速度可达到每个元器件用时 0.1～0.3 秒。

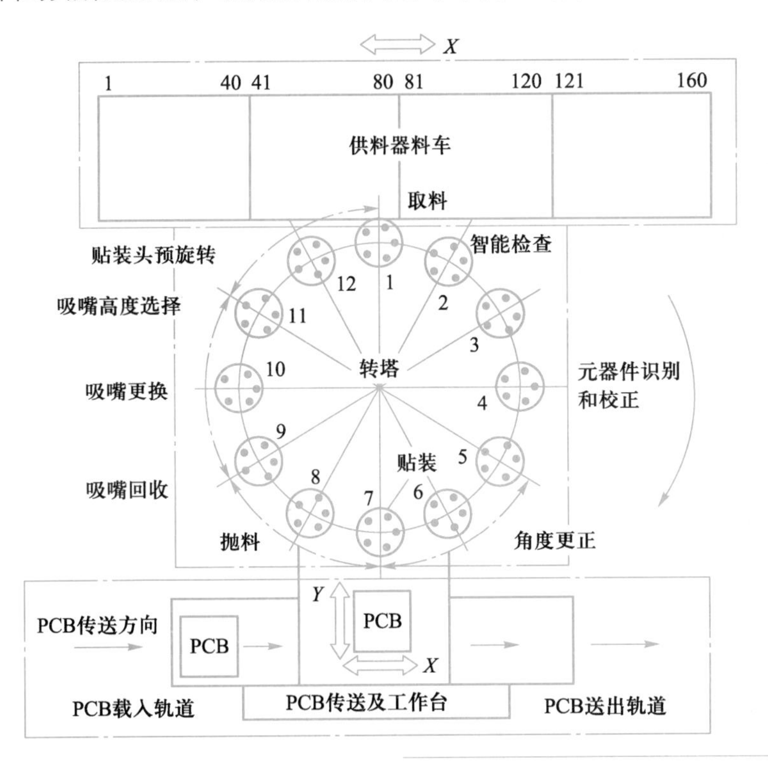

图 4-29 水平旋转式/转塔式贴片机工作示意图

b. 垂直旋转式/转盘式。这类结构多见于西门子贴片机，其工作示意图如图 4-30 所示。该贴片机的贴转头上安装有 12 个吸嘴，工作时每个吸嘴均吸取元器件，在 CCD （charge coupled device，电荷耦合器件）处调整转角误差，校正贴装位置。通常此类贴片机中安装两组或四组贴装头，其中一组或两组进行贴片，另外一组或两组吸取元器件，然后交换功能，以达到高速贴装的目的。

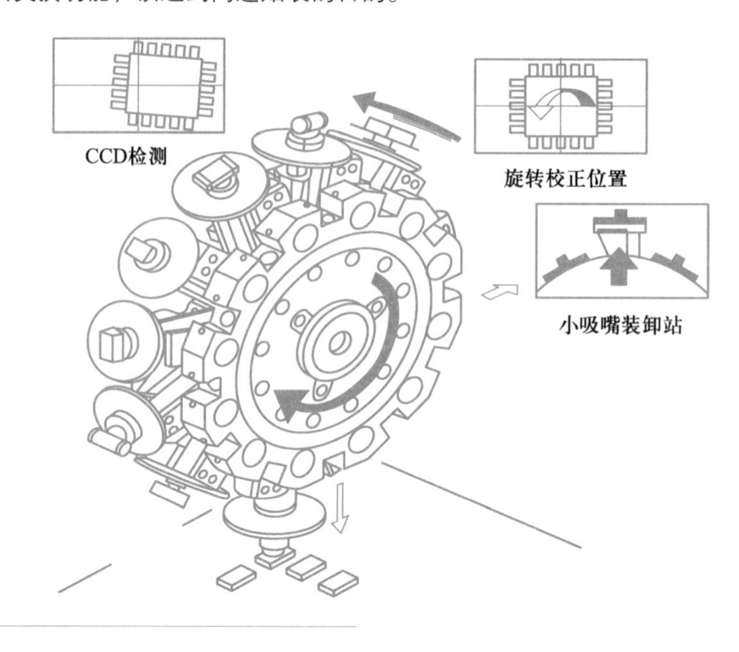

图 4-30
垂直旋转式/转盘式贴片机工作示意图

（2）吸嘴

吸嘴是贴装头上进行拾取和贴放的贴装工具，它是贴装头的心脏，如图 4-31 所示。不同形状、不同大小的元器件需要采用不同的吸嘴拾放。吸嘴是用真空泵控制的贴装工具，当换向阀门打开时，吸嘴的负压把元器件从供料器中吸上来；当换向阀门关闭时，吸嘴把元器件释放到 PCB 上。

图 4-31
吸嘴

吸嘴一般采用两种方法拾取元器件并贴放到 PCB 上。一种方法是根据元器件的高度，即事先输入的元器件厚度，当吸嘴下降到此高度时，真空释放并将元器件贴放到焊盘上，采用这种方法有时会因元器件厚度的误差，出现贴放过早或过迟现象，严重时会引起元器件移位或飞片；另一种方法是吸嘴根据元器件与 PCB 接触瞬间产生的反作用力，在压力传感器的作用下实现贴放的软着陆，又称为 Z 轴的软着陆，采用这种方法在贴片时不易出现移位与飞片现象。

为了适应不同元器件的贴装需要，许多贴片机还配有一个更换吸嘴的装置。吸嘴与吸管之间还有一个弹性补偿的缓冲机构，以实现在拾取过程中对贴片元器件的保护。

由于吸嘴频繁、高速与元器件接触，其磨损是非常严重的，早期吸嘴采用合金材料，后又改为碳纤维耐磨塑料材料，更先进的吸嘴则采用陶瓷材料及金刚石，使吸嘴更耐用。

3. 供料器

供料器也称为送料器、喂料器，是贴片机的主要配件之一，其作用是将片式表面组装元器件按照一定的规律和顺序提供给贴装头，以便贴装头吸嘴准确拾取。供料器按机器品牌及型号区分，一般来说不同品牌的贴片机所使用的供料器是不相同的，但相同品牌不同型号的供料器一般都可以通用。根据表面组装元器件包装形式的不同，供料器可分为带式供料器、管式供料器、托盘供料器和散装供料器等。

（1）带式供料器（tape feeder）

带式供料器用于编带包装的各种元器件。由于编带包装适用于大多数表面组装元器件，一个编带可以容纳元器件的数量比较多，需要的操作量少，而且对每个元器件提供单独保护，所以带式供料器的使用最为广泛。

按照材质不同，带式供料器可以分为纸质编带、塑料编带和黏结式塑料编带供料器。带式供料器的规格是根据编带宽度确定的，编带宽度是根据所装载元器件的尺寸制定的，带式供料器的规格通常有 8 mm、12 mm、16 mm、24 mm、32 mm、44 mm、56 mm、72 mm 等，其中 12 mm 以上的供料器输送间距可根据情况进行调整。

按照驱动方式不同，带式供料器可分为电动式、气动式和机械式。电动带式供料器中，同步棘轮的运行依靠低速直流伺服电动机驱动；气动带式供料器中，同步棘轮依靠微型电磁阀来进行控制；机械带式供料器中，棘轮传动机构依靠贴装头运动过程中向进给手柄加压来驱动同步棘轮前进。目前，贴片机供料器都以电动式供料器为主，少数采用气动式，机械式很少采用。图 4-32 所示为电动带式供料器。

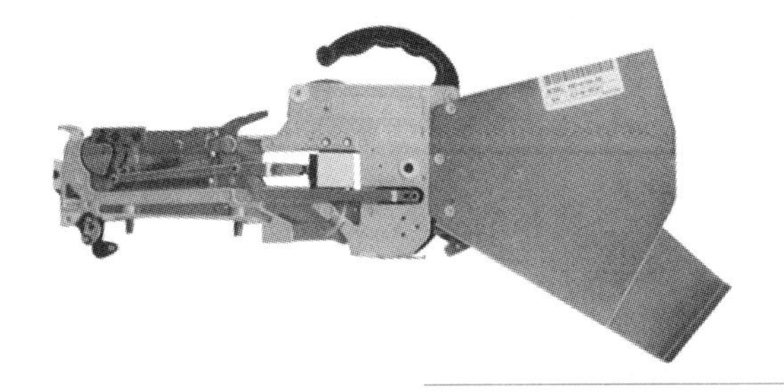

图 4-32
电动带式供料器

（2）管式供料器（stick feeder）

管式供料器又称为杆式供料器、振动供料器，管式供料器主要由振动台、定位板等部件构成，它通过施加电压产生机械振动来驱动管内元器件，使得元器件缓慢移动到管子开口处，从而将管式包装内的元器件按顺序送到贴片机拾取位置上，主要用于 SOP、SOJ、PLCC 以及异形元器件等。由于管式供料器装载元器件较少，需要人工操作较多，所以一般只适用于小批量生产。

管式供料器可分为气动式和电动式，也可分为单通道和多通道。单通道管式供料器的规格有 8 mm、12 mm、16 mm、24 mm、32 mm、44 mm；多通道管式供料器通常有 2～7 个通道，通道的宽度有的是固定的，有的是可以任意调整的。图 4-33 所示为多通道电动管式供料器。

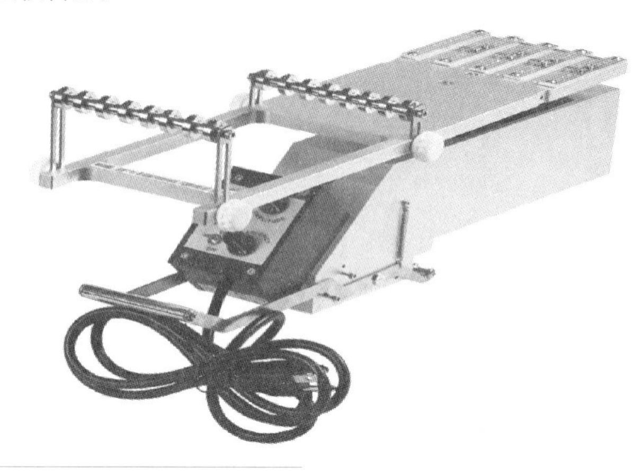

图 4-33
多通道电动管式供料器

（3）托盘供料器（tray feeder）

托盘供料器也称为华夫盘供料器、盘式供料器，主要用于 QFP、PLCC、BGA 等大型集成电路的贴装。这种供料器运输方便，而且不容易损坏细间距元器件的引脚共面性。

托盘供料器按结构形式可分为单层式和多层式。单层式拖盘供料器仅有一个矩形不锈钢托盘，使用时直接把它放在拾取元器件的位置上即可，一般只适用于简单产品或集成电路比较少的产品，如图 4-34（a）所示。多层式托盘供料器采用 20 层、40 层、80 层等数量不等的托盘机，每层能放 2 个托盘，贴片时将程序中指定的某层送到拾取位置上，拾取元器件完成后自动将托盘送回托盘机中，如图 4-34（b）所示。多层式托盘供料器更换器件时，可以实现不停机上料或换料。

(a) 单层式托盘供料器

(b) 多层式托盘供料器

图 4-34
托盘供料器

（4）散装供料器（bulk feeder）

散装供料器带有一套线性的振动轨道，随着轨道的振动，元器件在轨道上排队向前，依次送到贴装头拾取的指定位置。这种供料器适用于矩形和圆柱形的片式元件，但不适合极性元件。由于容易造成贴片错位、元件损坏等问题，因此散装供料器仅适用于小批量生产。目前已开发出双轨道散装供料器，不同的轨道可以输送不同的片式元件，装料能力大大提高。散装供料器如图 4-35 所示。

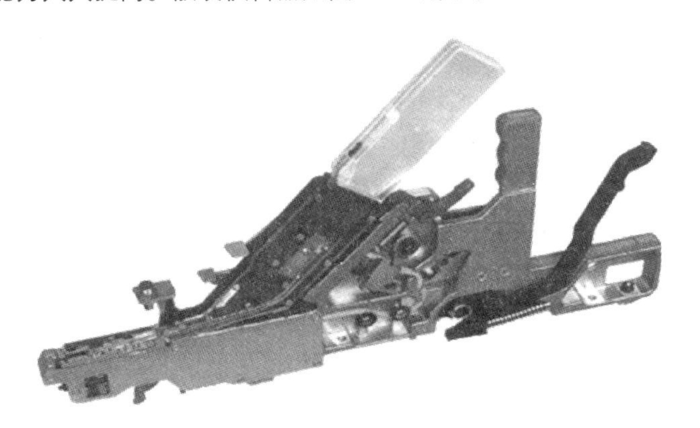

图 4-35
散装供料器

4．光学对中系统

贴片机的光学对中系统是影响元器件贴装精度的主要因素，它主要用于实现 PCB 精确定位和元器件中心精确定位。当 PCB 输送至贴片位置上时，安装在贴片机头部的 CCD 首先通过对 PCB 上定位标志的识别，实现对 PCB 位置的确认；CCD 确认定位标志后，通过总线反馈给计算机，由计算机计算出贴片原点位置误差（$\Delta X, \Delta Y$），并反馈给控制系统，以实现 PCB 识别过程并进行精确定位，使贴装头能把元器件准确地释放到一定的位置上。在确认 PCB 位置后，接着是对元器件的确认，包括确认元器件的外形是否与程序一致、元器件的中心是否居中、元器件引脚是否具有共面性和是否发生形变等。其中，元器件对中的过程是：贴装头拾取元器件后，视觉系统对元器件成像，并转化成数字图像信号，经计算机分析出元器件的几何中心和几何尺寸，并与控制程序中的数据进行比较，计算出吸嘴中心与元器件中心的ΔX、ΔY和$\Delta \theta$，并及时反馈至控制系统进行修正，以保证元器件引脚与 PCB 焊盘重合。

贴片机光学对中系统一般由两个部分组成，如图 4-36 所示。第一个部分是安装在贴装头上并随之做 X-Y 方向移动的基准摄像机，它通过拍摄 PCB 上的定位基准来确定 PCB 在机器系统坐标系中的坐标；第二个部分是元器件检测对中系统，用来获取元器件中心对于吸嘴中心的偏差值和元器件相对于应贴装位置的旋转角度；最后通过两个部分之间的坐标变换获取元器件与贴装位置之间的精确差值，以便调整修正实现对中，完成贴装工序。元器件检测的对中方式可分为机械对中、激光对中、全视觉对中三种。其中，机械对中利用机械对中爪对中，精度低，而且容易把元器件打坏，目前已经很少使用；激光对中依据光学投影原理实现对中，能精确定位元器件的位置和方向，但不能检测元器件的引脚和引脚间距；全视觉对中采用 CCD 技术，成像后转化为计算机处理的数字图像信号，通过比较实现对中，既能检测到元器件的位置和方向，又能检测到元器件的引脚和引脚间距，精确度最高。

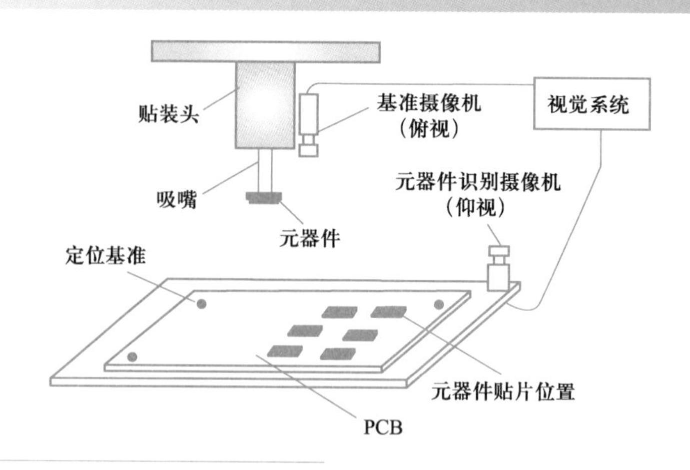

图 4-36
贴片机光学对中系统

5. 定位系统

贴片机定位系统是决定贴片机贴装精度的关键机构，主要包括 X-Y 传动机构、X-Y 定位系统（伺服系统）、Z 轴定位系统和 θ 旋转角度传动定位系统。

（1）X-Y 传动机构

X-Y 传动机构的功能是驱动贴装头在 X 轴和 Y 轴两个方向做往复运动，使贴装头能够快速、准确、平稳地到达指定位置。目前，贴片机的 X-Y 传动机构主要有滚珠丝杠+直线导轨和同步齿形带+直线导轨两大类。

滚珠丝杠+直线导轨的典型结构是贴装头固定在滚珠螺母基座上和对应的直线导轨上方的基座上，电动机工作时，带动螺母在 X 方向上做往复运动，有导向的直线导轨作为支撑机构，保证运动方向平行，同时 X 轴在两条平行滚珠丝杠和直线导轨上做 Y 方向上的移动，从而实现贴装头在 X-Y 方向正交平行移动。

同步齿形带+直线导轨依靠传动电动机驱动小齿轮，使同步带在一定范围内做直线往复运动，并带动轴基座在直线导轨上做往复运动，两个方向的传动部件组合在一起组成 X-Y 传动机构。

（2）X-Y 定位系统（伺服系统）

X-Y 定位系统决定 X-Y 的定位精度，它由交流伺服电动机驱动 X-Y 传动机构，在位移传感器及控制系统的指挥下实现精确定位，因此位移传感器的精度直接影响 X-Y 定位的精度。目前，贴片机上使用的位移传感器有旋转编码器、磁栅尺和光栅尺。其中，光栅尺测量精度最高，多见于高精度贴片机上。但上述三种位移传感器只能对单轴向运动位置的偏差进行检测，而不能检测由于导轨的变形、弯曲等因素导致的正交或旋转误差。

（3）Z 轴定位系统

Z 轴定位是指贴片机的吸嘴在上下运动过程中的定位，其目的是适应不同厚度 PCB 与不同高度元器件贴片的需要。常见的 Z 轴控制系统有旋转编码器的 AC/DC 电动机伺服控制系统和圆筒凸轮控制系统两种。旋转编码器的 AC/DC 电动机伺服控制系统常用于拱架式贴片机中，一般通过齿轮机构实现吸嘴在 Z 方向的控制。圆筒凸轮控制系统常用于转塔式贴片机中，吸嘴在 Z 方向依靠圆筒凸轮控制系统实现吸嘴的上下运动，并在 PCB 工作台自动调节高度的配合下，完成贴片动作。

（4）θ旋转角度传动定位系统

θ旋转角度是通过吸嘴的 Z 轴旋转定位的。早期贴片机吸嘴的旋转控制是采用气缸和挡块来实现的，只能做到 0° 和 90° 控制，现在贴片机已经直接将微型脉冲发动机安装在贴片机内部，以实现 θ 方向高精度的控制。拱架式贴片机贴装头的 θ 旋转精度一般可达到 0.01°，转塔式贴片机贴装头的 θ 旋转精度可达到 0.02°。

6．传感器系统

为了使贴片机各机构协同工作，贴片机安装有多种形式的传感器，它们像贴片机的眼睛一样，时刻监视贴片机的每一个动作，并能有效地协调贴片机的运行状态。贴片机应用的传感器越多，表示贴片机的智能化水平越高。贴片机中的传感器主要包括压力传感器、负压传感器、位置传感器、图像传感器、激光传感器和区域传感器等。

（1）压力传感器

贴片机的压力系统包括各种气缸的工作压力和真空发生器，这些发生器均对空气压力有一定的要求，低于设备规定的压力时，机器就不能正常运转。压力传感器始终监视压力的变化，一旦机器压力异常，将会及时报警。

（2）负压传感器

贴装头上的吸嘴靠负压吸取元器件，它由负压发生器和负压传感器组成。负压不够、供料器没有元器件或元器件卡在料包中不能被吸出时，吸嘴将吸不到元器件，这些情况的出现会影响机器的正常工作。而负压传感器始终监视负压的变化，出现吸不到或吸不住元器件的情况时，它能及时报警，提醒更换供料器或检查吸嘴负压系统是否正常。

（3）位置传感器

PCB 的传输定位，包括 PCB 计数、贴装头和工作台运动的实时检测、辅助机构的运动等，都对位置有严格的要求，这些位置要求通过各种形式的位置传感器来满足。

（4）图像传感器

贴片机工作状态的实时显示主要借助 CCD 图像传感器实现，它能采集各种所需的图像信号，包括 PCB 位置、元器件大小，并经过计算机分析处理，帮助贴装头完成调整与贴片工作。

（5）激光传感器

目前，激光传感器已经被广泛应用到贴片机中，如激光传感器能帮助判别元器件引脚的共面性，其工作原理是激光发出的光束照射到元器件的引脚上，利用激光读取机接收反射回来的光束，如果反射回来的光束与发射光束相同，则元器件引脚的共面性合格，如果光束不相同，则引脚有缺陷，共面性不合格。运用同样的原理，激光传感器还可以识别元器件的高度，缩短生产调试和准备时间。

（6）区域传感器

贴片机在工作时，为了贴装头安全运行，通常在贴装头的运行区域内设有传感器，利用光电电路监控运行空间，以防外来物体损害贴装头。

7. 计算机控制系统

计算机控制系统是指挥贴片机进行准确有序操作的核心，它可以在线或离线编制计算机程序，并能自动进行优化，控制贴片机的自动化工作。贴片机的控制系统通常采用二级控制：子级由专用工控计算机系统构成，完成对机械机构运动的控制；主控计算机采用个人计算机实现编程和人机对话。

微课
贴片机

4.3.4　贴片机的分类

依据不同的分类标准，贴片机有以下几种不同的分类方式：

① 按照自动化程度，贴片机可分为手动式、半自动式和全自动式贴片机。

② 按照贴片速度，贴片机可分为低速（小于 3 000 点/h）、中速（3 000～9 000 点/h）、高速（9 000～40 000 点/h）和超高速（40 000 点/h 以上）贴片机。

③ 按照贴装元器件不同和贴片机通用程度不同，可分为专用型和泛用型贴片机。专用型贴片机又分为元件专用型和 IC 专用型，一般是高速贴片机。泛用型贴片机又称为多功能贴片机，主要贴装高精度、窄间距、大尺寸和不规则元器件，广泛用于中等产量的连续贴装生产线中。

④ 按照贴装元器件的工作方式，贴片机可分为流水式、顺序式、同时式和流水—同时式。

a. 流水式。流水式贴片机是由多个贴装头组合而成的流水线式的贴片机，每个贴装头负责贴装一种或在 PCB 上某一部位的元器件，如图 4-37（a）所示，主要适用于元器件数量较少的大批量生产。

b. 顺序式。顺序式贴片机是由单个贴装头按顺序地贴装各种元器件，如图 4-37（b）所示，主要适用于多品种、小批量到中批量生产。

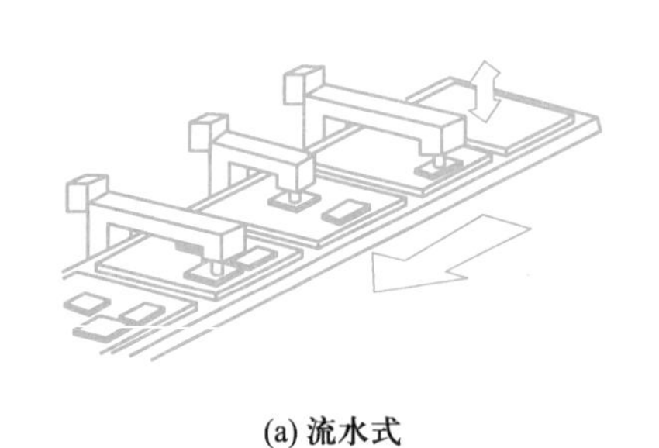

(a) 流水式

(b) 顺序式

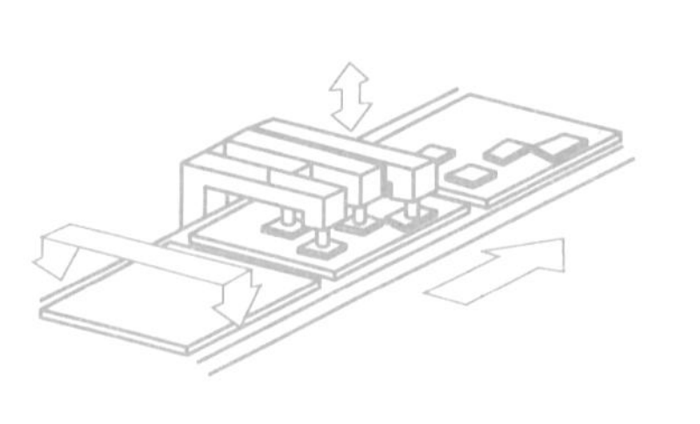

(c) 同时式

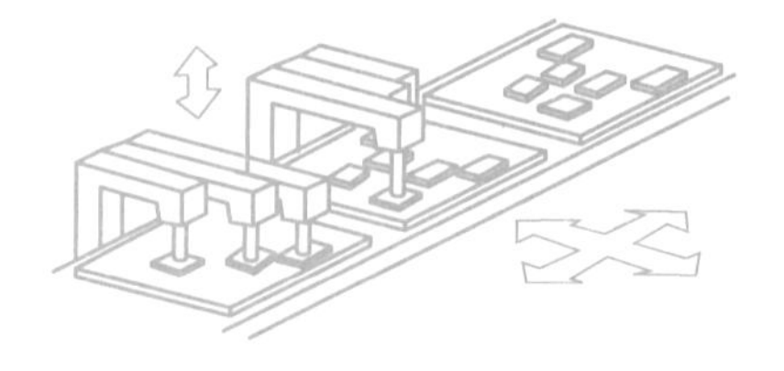

(d) 流水—同时式

图 4-37
不同工作方式的贴片机

c. 同时式。同时式贴片机又称为多贴装头贴片机，它有多个贴装头，分别从供料系统中拾取不同的元器件，同时把它们贴放到 PCB 不同的位置上，如图 4-37（c）所示，主要适用于少品种、大批量生产。

d. 流水—同时式。流水—同时式贴片机是流水式和同时式两种贴片机的组合。它由多台多个贴装头组成流水线，一组一组地贴装元器件，如图 4-37（d）所示。这种贴片机的贴片效率高，产量高，主要适用于大批量生产。

⑤ 按照贴装头系统、PCB 传送机构及供料器的运动方式，贴片机可分为拱架式、转塔式、复合式贴片机及大型平行系统。

a. 拱架式贴片机。拱架式贴片机又称为动臂式贴片机，这种结构是将贴装头安装在拱架式的 X-Y 坐标移动横梁上，如图 4-38 所示。贴片时，PCB 与供料器固定不动，安装有真空吸嘴的贴装头在供料器与 PCB 之间来回移动，将元器件从供料器中取出，经过对元器件位置与方向的调整，将其贴放于 PCB 上。这种类型的贴片机的贴装精度取决于定位轴 X-Y 和 θ 的精度，它具有较高的灵活性和精度，适用于大部分元器件的贴装，一般适用于泛用型贴片机和中速贴片机。

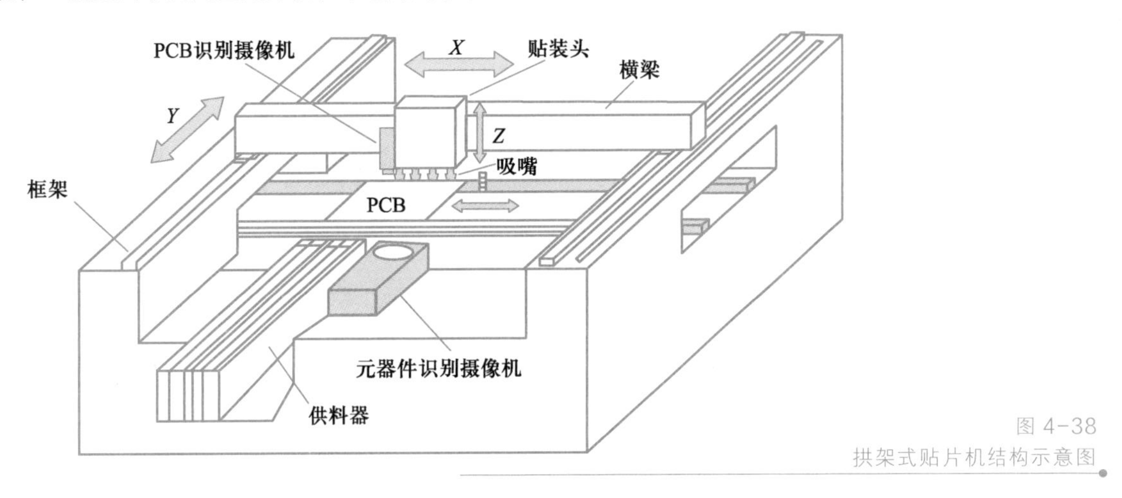

图 4-38
拱架式贴片机结构示意图

b. 转塔式贴片机。转塔式贴片机也称为射片机，它的基本工作原理为：搭载供料器的平台在贴片机左右方向不断移动，将装有待拾取元器件的供料器移动到拾取位置。PCB 沿 X-Y 方向运行，使 PCB 精准地定位于规定的贴片位置，而贴片机核心的转塔在多点处携带着元器件，转动到贴片位置，在运动过程中实施视觉检测，经过对元器件位置与方向的旋转调整，将元器件贴放于 PCB 上，如图 4-39 所示。这种类型的贴片机将贴片动作细微化，选换吸嘴、供料器移动到位、拾取元器件、元器件识别、角度调整、工作台移动、贴放元器件等动作都在同一时间周期内完成，实

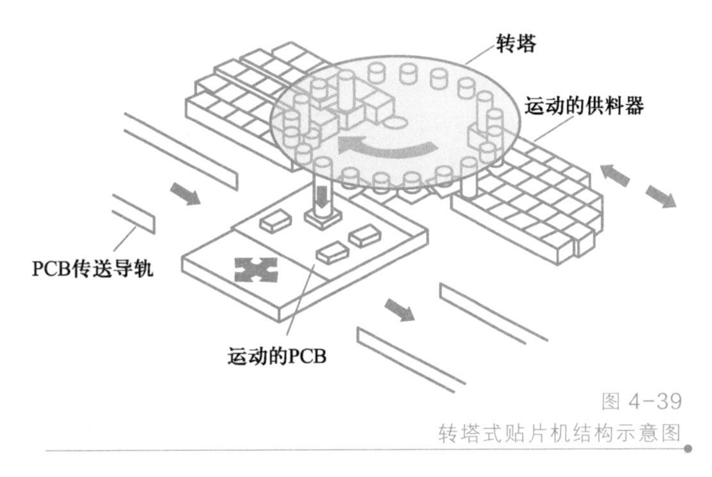

图 4-39
转塔式贴片机结构示意图

现了真正意义上的高速度，这种机型一般适用于高速贴片机。

c. 复合式贴片机。复合式贴片机是从拱架式贴片机发展起来的，它集合了转塔式和拱架式的特点，在移动横梁上安装有转盘，如图 4-40 所示。严格意义上说，复合式贴片机仍属于拱架式结构。由于复合式贴片机可通过增加移动横梁数量来提高贴装速度，因此具有较大的灵活性。

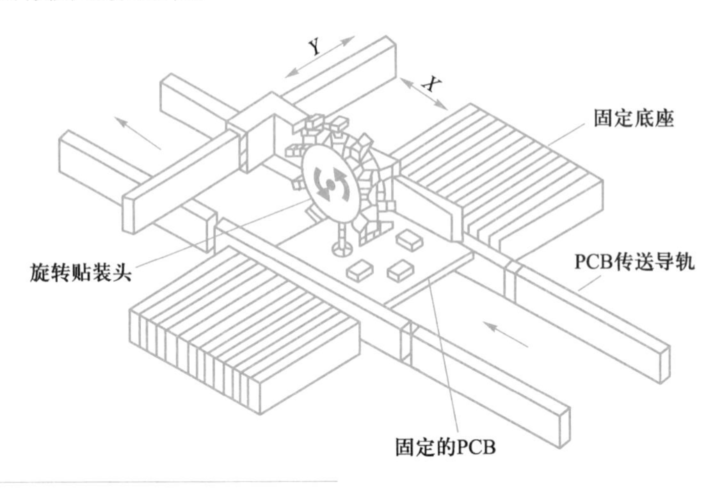

图 4-40
复合式贴片机结构示意图

d. 大型平行系统。大型平行系统也称为模组机，由一系列小型独立的贴装单元（也称为模块）组成，每个贴装单元安装有独立的贴装头、对中系统、定位系统等，每个贴装头可拾取有限的带式供料器，贴装 PCB 的一部分，PCB 以固定的间隔时间在机器内步步推进来完成贴装任务，如图 4-41 所示。单独的各个单元运行速度较慢，但它们连续地或平行地运行会有很高的贴装效率，这种机型主要适用于规模化生产。

图 4-41
大型平行系统

4.3.5　贴片机的技术参数

衡量贴片机的三个重要技术参数是精度、速度和适应性。其中，精度决定贴片机能贴装元器件的种类和适用的领域，速度决定贴片机的生产效率和能力，而适应性决定贴片机能贴装元器件的类型和满足各种不同贴装要求的能力。

1. 精度

贴片机的精度是表征贴片机性能的一项重要指标，它是指贴片机在 X、Y 轴方向沿导轨运行的机械精度和 Z 轴的旋转精度，主要用贴装精度、重复精度和分辨率来表示。

（1）贴装精度

贴装精度也叫定位精度，是指元器件贴装位置相对于 PCB 上标准的目标贴装位置的偏移量，也就是贴装元器件端子偏离标准位置最大值的综合位置误差。影响贴装精度的因素主要有平移误差和旋转误差，如图 4-42 和图 4-43 所示。平移误差是由于 X-Y 定位系统的不精确性造成的，包括位移、定标和轴线正交等误差；而旋转误差是由于 θ 旋转角度传动定位系统的不精确性造成的。

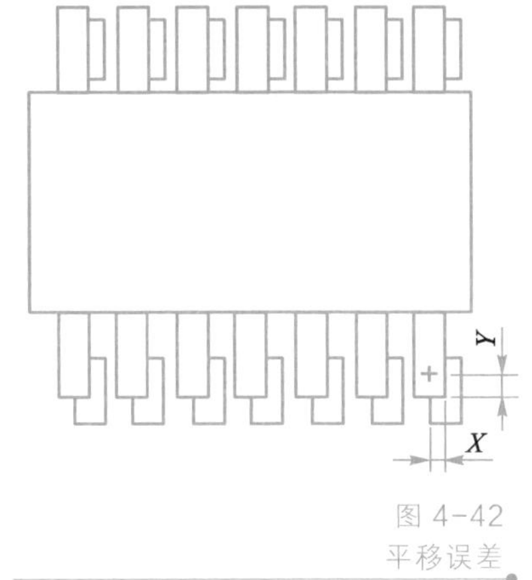

图 4-42
平移误差

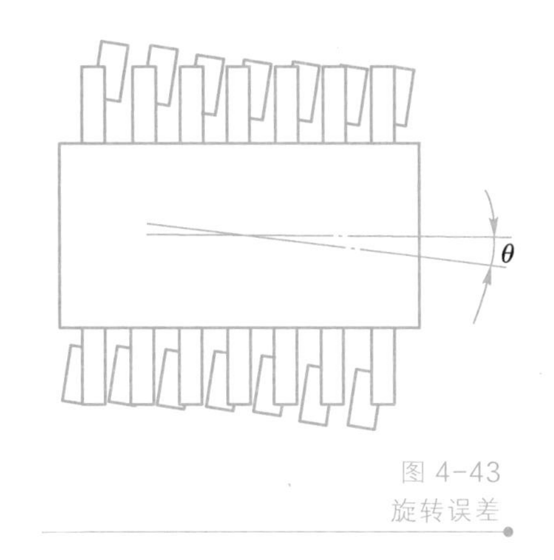

图 4-43
旋转误差

（2）重复精度

重复精度是描述贴片机重复地返回设定贴片位置的能力，更为准确地说，贴片机的 X 导轨、Y 导轨和 Z 轴都有各自的重复精度，它们的综合结果体现了贴片机的重复精度。重复精度与机器使用材料、结构、机械加工精度等因素有关。

（3）分辨率

分辨率是指贴片机机械位移的最小增量，描述了贴片机分辨空间连续点的能力。它取决于定位驱动电动机和驱动机构上旋转或线性编码器的分辨率，是衡量贴片机自身精度的重要指标。

以上三者之间是相互联系的，分辨率、重复精度是贴片机的固有性能，是决定贴片机贴装精度的重要因素，贴装精度还与设备软硬件、操作以及设备维护保养有关。

2. 速度

贴片机的速度决定贴片机和生产线的生产能力，是整个生产线产能的重要限制因素，一般用贴装周期、贴装率和生产量来描述。

（1）贴装周期

贴装周期是衡量贴装速度的最基本参数，指完成一个贴装过程所用的时间，包括拾取元器件、元器件定心、检测、贴放和返回到拾取元器件位置所用的全部时间。

（2）贴装率

贴装率是在贴片机的技术规范中所规定的主要技术参数，它是指在 1 小时内完成的贴装周期数。目前高速贴片机的贴装率可达每小时数万片。

（3）生产量

生产量指的是按贴装率计算出的每班贴装元器件的数量。由于实际生产量受到多种因素影响，因此计算的实际生产量与理论生产量有很大差别，影响生产量的主要因素有生产时停机、PCB 的装载和卸载、更换供料器等。

基于以上这些参数的实际值与理论值的关系，实际贴片速度要远远低于理论贴片速度，通常为理论贴片速度的 65%～70%，这是计算贴片机生产能力时应考虑的问题。

3. 适应性

贴片机的适应性是指贴片机满足不同贴装要求的能力，主要可以从可贴装元器件的类型、供料器的数量、贴装面积以及贴片机的调整等几个方面来描述。

（1）可贴装元器件的类型

可贴装元器件类型广泛的贴片机要比仅能贴装 SMC 或少量 SMD 类型的贴片机适应性好。一般高速贴片机只能贴装较小的元器件；泛用型贴片机可贴装元器件的尺寸范围为 0.6 mm×0.3 mm～60 mm×60 mm，并可以贴装连接器等异形元器件。

（2）供料器的数量

供料器的数量是指贴片机料站位置的数量，通常以能容纳 8 mm 带式供料器的数量来衡量。一般高速贴片机可容纳的供料器数量大于 120，泛用型贴片机可容纳 60～120 个供料器。另外，能容纳全部类型供料器的贴片机要比只能容纳有限种类供料器的贴片机适应性好。

（3）贴装面积

贴装面积是指贴装头的运动范围以及可贴装的 PCB 尺寸，一般可贴装的 PCB 尺寸为 30 mm×50 mm～250 mm×330 mm。

（4）贴片机的调整

贴片机的调整是指当贴片机从贴装一种类型的 PCB 转换成贴装另一种类型的 PCB 时，需要进行贴片机再编程、供料器更换、PCB 传送机构和工作台调整、贴装头调整、吸嘴更换等。在这些工作中，贴片机调整速度快、工作效率高，则表明贴片机适应性好，反之亦然。

4.3.6　贴片工艺的质量分析

影响贴片工艺质量的主要因素有程序编写质量、设备操作方法、工艺参数设置等。贴片工艺中常易出现元器件型号错误、元器件极性错误、元器件偏移、拾片失败、料带浮起、PCB 传输不到位、抛料、随机性不贴片等缺陷，这些缺陷的形成原因和解决措施如表 4-10 所示。

表 4-10 贴片工艺常见缺陷、形成原因和解决措施

缺陷	形成原因	解决措施
元器件型号错误	上错料	重新核对上料
元器件极性错误	贴片数据或 PCB 数据错误	修改贴片数据或 PCB 数据
元器件偏移	PCB 上 Mark 点坐标设置错误	修正 PCB 上的 Mark 点坐标
	支撑销高度不一致，PCB 支撑不平整	调整支撑销高度
	工作台支撑台平面度不良	校正工作台支撑台平面度
	贴片压力过低	调整贴片压力
	焊锡膏印刷位置不准确	调整焊锡膏印刷位置
拾片失败	编带规格与供料规格不匹配	调整供料器
	真空泵未工作或吸嘴气压过低	打开真空泵或调整吸嘴气压
	编带的盖带未正常拉起	调整供料器
	贴片速度选择错误	调整贴片速度
	供料器安装不牢固	调整供料器
	切纸刀不能正常切编带	更换切纸刀
	编带不能随齿轮正常转动或供料器运转不连续	调整供料器
	吸嘴不在低点，下降高度不到位	调整吸片高度
	吸嘴中心与供料器中心不重合	调整供料位置
	吸嘴下降时间与吸片时间不同步	调整吸嘴速度
	元器件厚度不正确	修改元器件厚度
	吸片高度的初始值有误	修改吸片高度
料带浮起	料带散落或在感应区域断落	检查料带
	机器内部有其他异物	检查并排除机器内部的异物
	料带浮起感应器不能工作	检查料带浮起感应器
PCB 传输不到位	传送带有油污	清洁传送带
	PCB 上有异物，影响停板装置正常工作	清除异物
	PCB 板边有异物	清除板边异物
抛料	吸嘴堵塞、破损	更换吸嘴
	供料器的供料位置不正确	调整供料器，使供料位置在拾取中心点上
	元器件厚度的设置不正确	参考来料标准数据值进行设置
	元器件吸取高度的设置不合理	参考来料标准数据值进行设置
	供料器的料带不能正常卷取盖带	调整料带
	吸嘴堵塞或不平，元器件识别有误差	更换清洁吸嘴
	吸嘴压力不足	调整吸嘴压力
	吸嘴的反光面脏污或有划伤，识别不良	更换或清洁吸嘴
	识别摄像机的玻璃盖和镜头有元器件散落或灰尘，影响识别精度	清洁摄像机

续表

缺陷	形成原因	解决措施
随机性不贴片	PCB 翘曲度超出允许范围	烘烤 PCB
	支撑销高度不一致，PCB 支撑不平整	调整支撑销高度
	吸嘴粘有胶液或吸嘴被严重磁化	更换吸嘴
	吹气时序与贴装头下降时序不匹配	调整贴装头下降时序
	贴装高度设置不良	调整贴装高度
	电磁阀切换不良，吹气压力太小	更换电磁阀
	某吸嘴出现故障时，元器件贴装气缸动作不畅，未及时复位	更换气缸

4.4　再流焊工艺与设备

再流焊是随着微型化电子产品的出现而发展起来的焊接技术，主要用于各类表面组装元器件的焊接。再流焊工艺简单，焊接质量高，焊接缺陷少，不良焊点率低，已成为表面组装生产的主流工艺。再流焊设备称为再流焊机或再流焊炉，是再流焊技术的关键设备，也是整个表面组装生产线的关键设备。

微课
再流焊工艺

4.4.1　再流焊工艺概述

再流焊（reflow soldering）又称为回流焊，它是通过加热熔化预先分配到 PCB 焊盘上的膏状软钎焊料，实现表面组装元器件焊端或引脚与 PCB 焊盘之间机械与电气连接的软钎焊工艺。这里的钎焊指的是在金属母材之间，熔入比金属母材熔点低的焊料，依靠毛细作用，并通过润湿和扩散使金属母材与焊料结合为一体的焊接技术。而软钎焊是指焊料熔点低于 450 ℃的钎焊。电子产品生产过程中主要以锡铅为主焊料，熔点都低于 450 ℃，因此电子行业中的焊接一般指的就是软钎焊或锡焊。

与波峰焊工艺相比，再流焊工艺的主要特点是再流动和自定位效应。所谓再流动是指焊锡膏在再流焊机中受热熔化流动，元器件的位置受熔融焊料表面张力作用发生位移，完成焊接过程。而焊锡膏的第一次流动则是印刷时焊锡膏在刮刀和模板作用下在模板上流动，通过模板开口均匀填充在 PCB 焊盘上。所谓自定位效应是指在再流焊过程中，当元器件的全部焊端、引脚及其相应的焊盘同时被润湿时，由于熔融焊料表面张力的作用，能够自动校正偏差。即当元器件贴装位置有少量偏离时，在自定位效应的作用下，能自动把元器件拉回目标位置。基于这两个特点，再流焊工艺对贴装精度的要求比较宽松，容易实现焊接的高速度和高度自动化。此外，再流焊工艺还具有工艺简单、焊接质量好、可靠性高、焊点的一致性好以及元器件受到的热冲击小等特点。

4.4.2　再流焊工艺流程

再流焊基本工艺流程如图 4-44 所示，主要包括焊接准备、参数设置、测试并优化再流焊温度曲线、再流焊接、检验返修、缺陷分析六个阶段。其中，焊接准备阶段主要是准备焊接所需的已经印刷和贴装了元器件的 PCB。参数设置阶段主要设置各温区的温度、传送带速度、传送导轨宽度以及风速和排风量等。再流焊温度曲线是影响再流焊结果最重要的因素，可根据焊接理论、焊锡膏温度曲线和实际焊接效果，设置合理的再流焊温度曲线，并实时测定再流焊温度曲线，通过分析比较，不断优化再流焊温度曲线，以确保每个焊点均符合质量要求。再流焊温度曲线设定完成后，可经过预热、保温、焊接、冷却四个阶段完成再流焊接，并对焊接质量进行检验，对出现的缺陷进行分析，形成报告，以不断改进焊接质量。

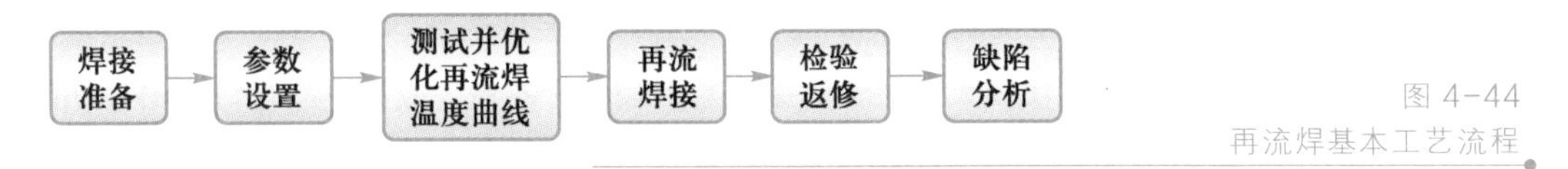

图 4-44
再流焊基本工艺流程

4.4.3 再流焊温度曲线

再流焊温度曲线是指 PCB 通过再流焊机时，PCB 元器件上某一点的温度随时间变化的曲线，其本质是 PCB 在某一位置的热容状态。再流焊温度曲线提供了一种直观的方法，帮助分析某个元器件在整个再流焊过程中的温度变化情况，对于获得最佳焊接效果、提高焊接质量具有非常重要的作用。合理设置各温区的温度，使焊接元器件在传输过程中经历的温度按合理的曲线规律变化，是保证再流焊质量的关键。因此，设置再流焊温度曲线是再流焊工艺的关键技术。

1. 再流焊温度曲线分析

再流焊温度曲线表示的是再流焊机内部的焊接对象在加热过程中时间与温度的参数关系，是决定再流焊效果与质量的关键。再流焊温度曲线一般由焊锡膏厂商提供，对于不同的电路板尺寸、元器件类型等，要获得理想的温度曲线并不容易，需要经过反复调整、优化、测试的过程。对于不同厂家的焊锡膏、不同的再流焊机以及不同产品的电路板组装件，其再流焊温度曲线不是唯一的、固定的，虽然曲线的形状各有差异，但大致如图 4-45 所示，由此可确定持续时间、焊锡膏熔点和峰值温度等。

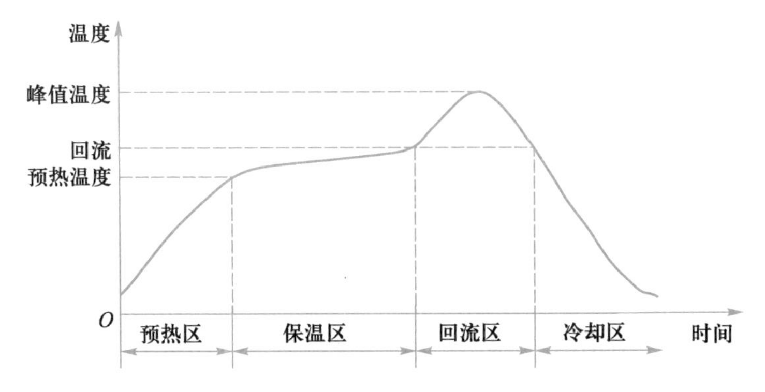

图 4-45
再流焊温度曲线

再流焊温度曲线由预热区、保温区、回流区、冷却区四个区域组成。在再流焊的温度变化过程中，这四个区域的温度要求以及持续时间各不相同，下面做具体分析。

（1）预热区

预热区是将 PCB 的温度尽快从室温提升到预热温度的区域。预热温度通常略低于焊料的熔点温度。升温速率是升温阶段的一个重要参数，但升温速率要控制在适当范围以内，如果升温过快，会产生热冲击，对电路板和元器件造成损坏，也会导致焊料合金粉末随溶剂挥发而飞溅到 PCB 焊盘以外的地方；如果升温过慢，则溶剂挥发不充分，会影响焊接质量。为防止热冲击对元器件的损伤，一般规定升温速率最大不超过 4 ℃/s，通常设为 1～3 ℃/s。

（2）保温区

保温区主要确保 PCB 上各种元器件的温度达到均匀一致。该区域升温缓慢，给予足够的时间使较大元器件的温度赶上较小元器件，减小不同尺寸元器件之间的温差，并保证焊锡膏中的助焊剂充分挥发。到保温阶段结束，助焊剂的活性被激活，焊盘与元器件引脚上的氧化物在助焊剂的作用下被去除，整个 PCB 上的温度达到平衡，所有元器件应具有相同的温度，否则会因为各部分温度不均而形成各种焊接缺陷。保温区的持续时间一般为 80～90 s。

（3）回流区

回流区也称为焊接区，在此区域内，PCB 温度快速上升至峰值温度，焊料被充分熔化，润湿焊盘和元器件引脚，形成合金层。理想的再流焊是基于峰值温度和焊料熔融时间的最佳组合。再流焊温度曲线的峰值温度通常是由焊料的熔点、PCB 和元器件的耐热温度决定的。峰值温度一般比焊料熔点高 15.5～71 ℃，Sn-Pb 合金在液相线之上 30～40 ℃为最佳焊接温度，如 Sn-37Pb 焊锡膏的熔点为 183 ℃，峰值温度一般设定为 210～230 ℃。峰值温度过低或再流焊时间短，会使焊接不充分，润湿不够，金属间合金层太薄，严重时会造成焊锡膏不熔化，容易产生冷接点。峰值温度过高或再流焊时间长，则会造成液态焊料严重氧化，合金层过厚，从而使焊点变脆，影响焊点强度，严重时会使得环氧树脂基板和塑胶部分焦化，损坏 PCB 和元器件。

（4）冷却区

冷却区内焊料温度冷却到固相温度以下，焊点凝固，形成焊点。冷却速率是关键因素，将对焊点强度产生重要影响。冷却速率过小，将导致过量共晶金属化合物产生，焊接点处易发生大的晶粒结构，使焊接点强度变低，生成粗糙的焊点；冷却速率过大，将使元器件和 PCB 之间产生过高的温度梯度，形成热应力，导致焊点与焊盘的分裂和 PCB 变形。冷却速率一般设置为 3～6 ℃/s。

2. 再流焊温度曲线类型

再流焊温度曲线类型与焊料特性、PCB 组件特征、生产工艺要求等方面都有着密切的关系，可以分为升温-保温-峰值温度曲线和线性温度曲线。

（1）升温-保温-峰值温度曲线

升温-保温-峰值温度曲线也称为浸润型温度曲线。该温度曲线的特点是有一个平缓的保温区，其作用是活化助焊剂和减小 PCB 上各元器件之间的温度差。这是由于形状大小不同的元器件吸收热量不同，温度上升速度也不同，若不设保温区很容易形成不同的焊接缺陷。通过保温区，在焊接前停留一段时间，有利于将不同元器件之间的温差降低到最小，使得 PCB 组件温度一致。因此，这种温度曲线适用于元器件大小差别较大的 PCB 组件，但要控制好升温速率。图 4-46 所示为有铅焊料的升温-保温-峰值温度曲线，采用的是 Sn-37Pb 焊锡膏。

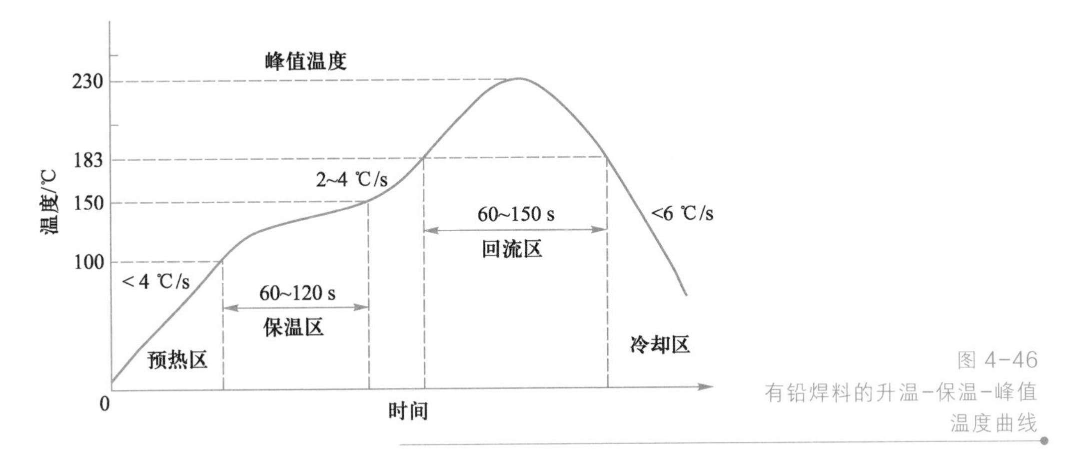

图 4-46
有铅焊料的升温-保温-峰值温度曲线

图 4-47 所示为无铅焊料的升温-保温-峰值温度曲线，采用的是 SnAgCu305 焊锡膏。

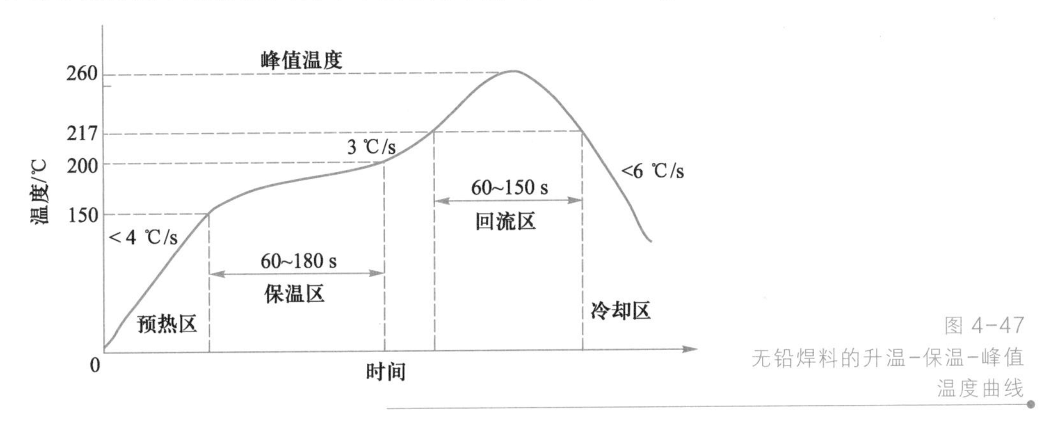

图 4-47
无铅焊料的升温-保温-峰值温度曲线

（2）线性温度曲线

线性温度曲线也称为斜率式温度曲线、三角形温度曲线。该温度曲线的特点是有一个连续的温度斜坡，升温过程中速率相同，逐步升温后进入回流区，其中保温阶段不明显，如图 4-48 所示。线性温度曲线主要应用于吸热量偏差较小或元器件大小差别较小的 PCB 组件。

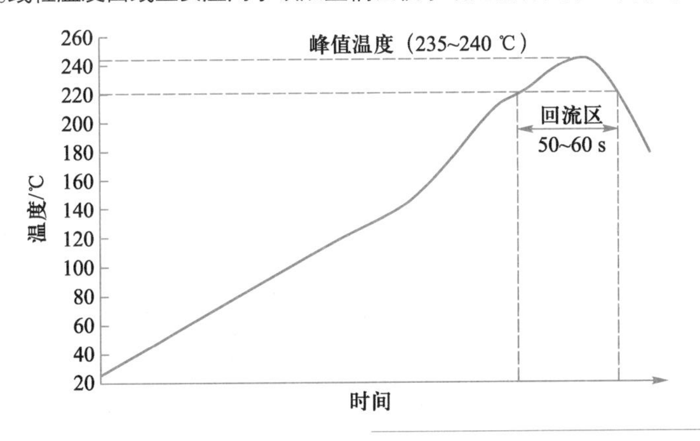

图 4-48
线性温度曲线

3. 再流焊温度曲线设置原则

再流焊温度曲线主要依据焊锡膏、PCB、元器件、再流焊机等方面的特性进行设置，具体原则如下：

① 根据使用的焊锡膏的温度曲线进行设置。不同金属合金含量的焊锡膏有不同的温度曲线，即使合金成分相同，由于助焊剂成分不同，其温度曲线也不一样。因此，应按照焊锡膏供应商提供的温度曲线进行设置。

② 根据 PCB 的材料、厚度、是否为多层板、尺寸大小等进行参数设置。

③ 根据元器件组装密度，元器件的类型和大小，有无 BGA、CSP 等特殊元器件进行设置。既要保证焊点质量，又不应损坏元器件。

④ 根据再流焊机的具体情况，如加热区长度、加热源材料、发热功率、热传导方式以及传热效率等因素进行设置。

⑤ 根据温度传感器的实际位置来确定各温区的设置温度。若温度传感器位于发热体内部，设置温度应比实际温度高近一倍；若温度传感器位于再流焊机内腔的顶部或底部，则设置温度比实际温度高 30 ℃左右即可。

⑥ 根据排风量的大小进行设置。一般再流焊机对排风量都有具体要求，但实际排风量受各种因素影响有时会有所变化，确定一个产品的再流焊温度曲线时，应考虑排风量，并定时测量。

⑦ 考虑环境温度对再流焊机温度的影响。通常，加热区较短、机体宽度较窄的再流焊机，其温度受环境温度影响较大，在再流焊机进出口处要避免对流风。

4. 再流焊温度曲线的测量

测量再流焊温度曲线需要使用温度曲线测量仪。测量方法分为接触式和非接触式，由于接触式测温比较简单、可靠，测量精度高，而非接触式测温利用热辐射原理，不需要接触被测介质，测温范围广，不受温度上限的限制，但受到物体的发射率、测量距离、烟尘和水汽等外界因素的影响，测量误差较大，因此通常采用接触式测温方式，即利用热电偶进行测温。根据再流焊设备配置情况，有的设备自带连接 3～12 根耐热高温导线的热电偶和测量软件，有的则需要另外配置由温度采集器、K 型热电偶、软件组成的温度曲线测量和分析系统。

再流焊温度曲线测量方法和步骤如下：

① 准备一块已经焊接完成的实际产品的 PCB。由于没有焊接的 PCB 无法固定热电偶的测量端，因此需要使用焊接好的实际产品的 PCB 进行测量。一般来说，只要测量温度不超过极限温度，测量过 1～2 次的 PCB 还可以作为正式产品使用，但绝对不允许长期反复使用同一块 PCB 进行测量，最多不超过 2 次，因为经过长期的高温焊接，PCB 的颜色会变深，甚至会变成焦褐色。

② 选择测量点。根据 PCB 组装的复杂程度和采集器的通道数，选择至少 3 个以上能够反映 PCB 上高、中、低温情况的有代表性的温度测量点，其中最高温度测量点一般在 PCB 中间、无元器件处或小型元器件处；最低温度测量点一般在大型元器件（如 PLCC、QFP 器件）处、大面积覆铜处、PCB 边缘或热风对流吹不到的位置。

③ 固定热电偶。固定热电偶是为了获取各个关键位置精确、可靠的温度数据，因此热电偶的固定方法对测量数据的真实性有极大影响。常用的热电偶固定方法有高温焊料焊接、胶黏剂固定、高温胶带固定和机械夹固定。其中，高温焊料焊接和机械夹固定方法的测温准确性较好，但容易损坏元器件、焊点、焊盘或 PCB；胶黏剂（贴片胶）固定方法比较简单、方便，但残留的胶不容易去除，容易污染和损坏电路板，因此很少使用；高温胶带固定方法是最简单、最方便的方法，可以在焊点、焊盘、塑料、陶瓷、PCB 等任何表面使用，是最常用的方法。

④ 设定各温区温度、传送速度等参数。启动再流焊机，待温度稳定后，将连接热电偶和再流焊温度曲线测量仪的 PCB 放入传送带，启动再流焊温度曲线测量程序，测量仪开始记录数据。

⑤ 当 PCB 运行过冷却区后，拉住热电偶将 PCB 拽回，完成一个测试过程。记录下屏幕上显示的完整温度曲线并保存。

⑥ 将记录的再流焊温度曲线与焊锡膏供应商推荐的温度曲线以及设定的温度曲线进行比较分析，尽量使实时温度曲线与理想温度曲线相吻合。

4.4.4 再流焊机系统结构

微课
再流焊机

再流焊机主要由加热系统、传送系统、冷却系统、助焊剂回收系统、抽风系统、氮气保护系统、顶盖升起系统、控制系统等几个部分组成。

1. 加热系统

加热系统是再流焊机的核心部分，全热风加热系统与红外线加热系统是目前应用最为广泛的两种加热系统。

（1）全热风加热系统

全热风加热系统利用加热器和风轮，使炉腔内的空气不断升温并循环，被焊的 PCB 在炉内受到炽热气体的加热，实现焊接。全热风再流焊机的加热系统主要由热风电动机、加热管、热电偶、固态继电器、温控模块等部分组成，如图 4-49 所示。

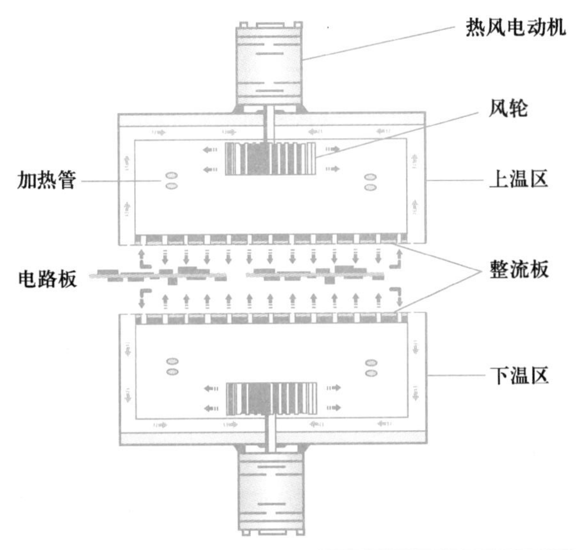

图 4-49
全热风再流焊机的加热系统

每个温区内均装有加热管，热风电动机带动风轮转动，形成的热风通过特殊结构的风道，经过整流板从中间出风口吹出，保证相邻温区之间不易串温，使热气均匀分布在温区内。其特点是加热均匀，温度稳定。

每个温区内均有热电偶，安装在整流板的风口位置，用于检测温区的温度，并把信号传递给控制系统中的温控模块。温控模块接收到信号后，实时进行数据处理，决定其输出端是否输出信号给固态继电器以控制加热元件对温区的加热。例如，当热电偶的检测温度低于设定值时，温控模块将通过固态继电器控制加热元件给温区加热，否则，停止加热。另外，热风电动机的转速也可直接改变单位面积内热风的速度，在全热风再流焊机中，风速的高低在某些 PCB 焊接中也是一个可调节的工艺因素。风速调高会增强再流焊机的热传导能力，使温区内温度升高，但较高的风速也会导致小型元器件的位置偏移和脱落，因此风机速率也是影响温区内温度和焊接质量的重要因素。

（2）红外线加热系统

红外线加热系统的原理是高温物体通常有 80%的能量（高出环境温度部分）以电磁波的形式——红外线向外发射，焊点受到红外线照射后温度升高，从而完成焊接过程。红外再流焊机的加热系统如图 4-50 所示。红外再流焊机内的每个温区均有上、下两个加热器，每个加热器都是红外辐射体，而被焊接的对象，如 PCB、焊锡膏以及其中的助焊剂、元器件本体等，均具有吸收红外线的能力，这些物质受到加热器热辐射后，其分子产生激烈振动，迅速升温到焊锡膏的熔化温度之上，从而完成焊接过程。

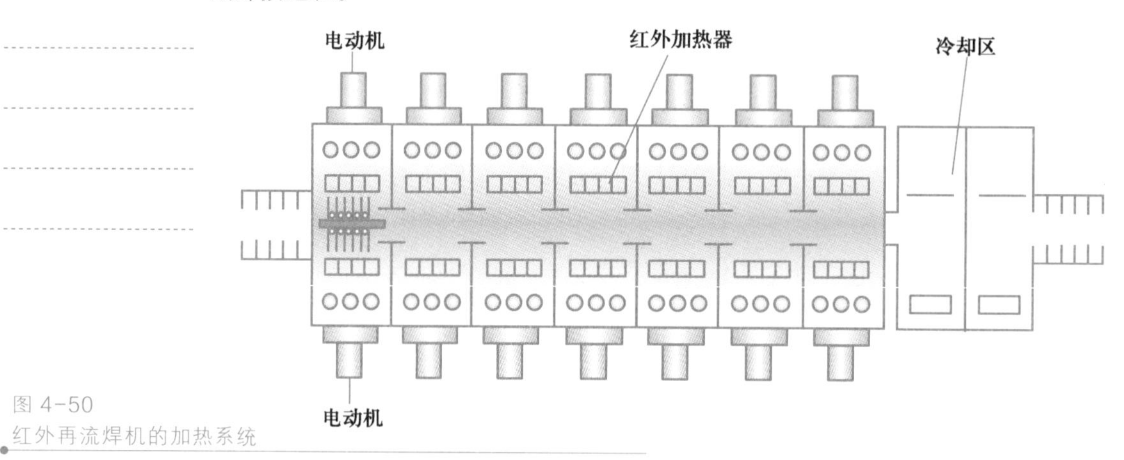

图 4-50
红外再流焊机的加热系统

2. 传送系统

传送系统是将 PCB 从再流焊机入口按一定速度传送到再流焊机出口的传送装置，主要包括导轨、网带、链条、运输电动机、轨道宽度调整机构、运输速度控制机构等部分。传送系统采用的传送方式主要有链传送、网带传送、链传送+网带传送、双导轨运输等。一般的再流焊机采用的是链传送+网带传送的传送方式，即链条和网带同时传送，如图 4-51 所示。

图 4-51
再流焊机传送系统

为保证链条、网带等传送部件速度一致，传送系统中装有同步链条，运输电动机通过同步链条带动运输链条、网带的传动轴的同齿轮转动。传送系统的传送速度和导轨的宽度都可以进行调节。由于传送速度直接影响再流焊温度曲线，因此传送速度的稳定性至关重要，普遍采用“变频器+全闭环”的控制方式。导轨的宽度也就是链条的宽度，根据被焊接的 PCB 宽度来调节。另外，传送系统机械运动的平稳性也很重要，这是因为再流焊焊料在熔化过程中，传送带的振动会带来元器件的移位、虚焊、掉件等缺陷。因此，传送系统一般还配有不间断电源（UPS），它可以在再流焊机电源意外中断时，维持传送系统运行 5～10 分钟，直到把机器内部所有的 PCB 全部送出，以避免发生烧板的事故。

3．冷却系统

PCB 经过再流焊后，必须立刻进行冷却，才能得到良好的焊接质量，因此在再流焊机的加热系统后部都装配有冷却系统，以方便对加热完成的 PCB 进行快速冷却。冷却系统的结构是一个水循环的热交换器，冷却风扇把热气吹到循环水换热器，经过降温后的冷气再吹到 PCB 组件上。热交换器内的热量经循环水带走，循环水经降温后再送回换热器。冷却通常有风冷和水冷两种工作方式。一般情况下选择风冷方式，成本低廉。无铅氮气保护焊接要求较快的冷却速率，因此要选择水冷方式。

由于在冷却系统中助焊剂容易凝结，因此必须定期检查和清除助焊剂过滤器上的助焊剂，否则热循环的效率下降会削弱冷却系统的效率，使得冷却效果变差，导致产品的焊接质量下降。虽然不同厂家再流焊机的冷却系统结构不尽相同，但是基本原理都是一样的。冷却系统一般有单面冷却和双面冷却两种结构，单面冷却是指只在传送带上面装有冷却系统，而双面冷却则是指在传送带上、下两面都配置有冷却系统。

4．助焊剂回收系统

助焊剂回收系统的作用是防止助焊剂挥发物直接排到大气中污染环境。该系统一般设有蒸发器，通过蒸发器将助焊剂挥发物加温到 450 ℃以上，使助焊剂挥发物气化，然后冷水机把水冷却后循环经过蒸发器，助焊剂通过上层风机排出，通过蒸发器时冷却形成的液体流到回收罐中。高效的助焊剂回收系统可以确保再流焊机内部及外部环境不受助焊剂污染。

5. 抽风系统

抽风系统可用于及时排放再流焊产生的助焊剂挥发物和废气，以确保机器内部正常的气体环境和工作环境的空气清洁。

6. 氮气保护系统

氮气保护系统用于充氮气焊接，在预热区、焊接区及冷却区进行全程氮气保护，可以减少高温氧化，增强熔化钎焊料的润湿能力，减少内部空洞，提高焊点质量，主要用于高可靠产品和无铅产品焊接。氮气通过一个电磁阀分给几个流量计，由流量计把氮气分配给各区，氮气通过风机吹到炉膛，以保证气体流动的均匀性。

7. 顶盖升起系统

再流焊机的上炉体可整体开启，以便于内部清洁。拨动上炉体的升降开关，即可由电动机驱动升降杆完成上炉体的升起。在上升过程中，蜂鸣器响起，提醒人们注意安全。

8. 控制系统（计算机）

控制系统是再流焊机的中枢。早期的再流焊机主要以仪表控制方式为主，但随着计算机应用的普及和发展，目前先进的再流焊机已经全部采用了计算机或 PLC 控制方式。控制系统的主要功能如下：

① 对所有温区进行温度控制。

② 对传输系统进行速度检测与控制，实现无级调速。

③ 对温度曲线进行分析、存储和调用。

④ 显示设备的工作状态，具有方便的人机对话功能。

⑤ 可实时输入和修改设定参数，具有信息存储、调用以及通信功能。

4.4.5　再流焊技术分类

再流焊技术的种类有很多，按照加热区域不同，可分为对 PCB 组件整体加热和对 PCB 组件局部加热两大类。整体加热又可分为热板再流焊、红外再流焊、热风再流焊、红外热风再流焊和气相再流焊等技术，局部加热又可分为激光再流焊、聚焦红外再流焊、光束再流焊、热气流再流焊等技术。下面介绍几种常见的再流焊技术。

1. 热板再流焊技术

热板再流焊是利用热传导原理进行加热焊接的方法，其工作原理如图 4-52 所示。

热板再流焊的发热器件为加热板，放置在薄薄的传送带下方，传送带由导热性能良好的聚四氟乙烯材料制成。待焊接的 PCB 放在传送带上，加热板加热产生的热量先传送到 PCB 上，再传至焊锡膏与元器件上，焊锡膏熔化以后，再通过风扇降温，从而完成元器件与 PCB 之间的焊接。这种技术早期用于高纯度氧化铝基板、陶瓷基板等导热性好的电路板单面焊接，随后也用于焊接初级表面组装产品的单面电路板。其优点是结构简单，操作方便；缺点是热效率低，温度不均匀，对 PCB 厚度特别敏感。

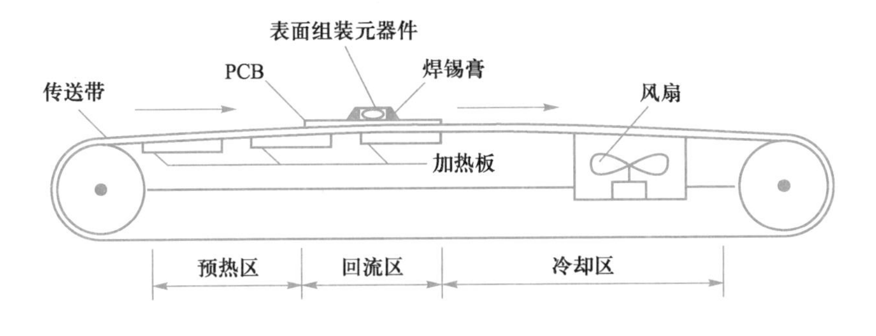

图 4-52
热板再流焊工作原理

2. 红外再流焊技术

红外再流焊是利用陶瓷发热板或石英发热管辐射红外线加热来实现元器件与 PCB 之间焊接的方法。其工作原理是：PCB 基材、焊锡膏中的有机助焊剂和元器件的塑料本体受到红外线辐射后，分子会产生剧烈振动，焊锡膏迅速升温到熔点以上，焊锡膏的活性剂清除焊区的氧化物，使得焊料迅速润湿焊盘和引脚，从而完成焊接。红外再流焊技术是最为广泛使用的表面组装焊接方法之一。

红外再流焊能使焊锡膏中的助焊剂、有机酸和卤化物迅速活化，焊剂的性能和作用得到充分发挥，从而提高焊锡膏的润湿能力。由于红外线加热的辐射波长与 PCB 元器件的吸收波长近似，从而使得 PCB 组件升温快，温差小；温度曲线容易控制，弹性好；加热效率高，成本低。但是，红外线的波长是可见波长的上限，因此红外线也具有光波的性质。当它辐射到物体上时，除了一部分能量被吸收外，还有一部分能量被反射出去，反射的量取决于物体的颜色、光洁度和几何形状。此外，红外线也无法穿透物体，像物体在阳光下产生阴影一样，阴影内的温度会低于其他区域。当焊接 PLCC 和 BGA 等器件时，引脚处的升温速度要明显低于其他部位的焊点，从而产生阴影效应，使得这类元器件的焊接变得困难。由于元器件表面颜色、体积、外表光亮度不一样，对于品种多样化的 PCB，有时会出现温度不均匀的问题。

3. 热风再流焊技术

热风再流焊是通过耐热风机与对流喷口结构来迫使气流循环流动，以保持一定范围内温度分布的均匀性，从而实现对 PCB 组件均匀加热的焊接方法。这种加热方式能够使得被焊接的 PCB 和元器件的温度接近加热区内的气体温度，克服了红外再流焊的温差和阴影效应，同时被加热元器件封闭在组件内，避免了加热单元对元器件和 PCB 的影响。这种技术比较适用于细间距元器件（如 QFP、BGA 器件），以及双面贴装工艺的焊接。

热风再流焊技术的优点是改善了加热的均匀性；温度控制对象是位于 PCB 基板上、下附近的气体，对 PCB 和元器件的损坏小；不存在元器件因外表色差造成的对辐射的反射与吸收差异，元器件之间温差小。但是这种技术热效率较低；强制气流在一定程度上容易造成 PCB 的抖动和元器件的移位；焊接对象容易被氧化，一般需要内部充入氮气，以防止氧化，提高焊接质量。

4. 红外热风再流焊技术

红外热风再流焊是将热风对流和红外线加热结合在一起的加热方式，它以远红外线辐射对流传热为基础，通过强制热风对流进行加热，结合了两者的长处，充分利用红外线辐射穿透力强、热效率高的特点，弥补了强制热风要求气体流速过快而影响焊接质量的缺点，同时有效克服了红外线辐射的阴影效应和颜色敏感性。由于强力热空气循环导致 PCB 组件上方高温区的温度下降，低温区的温度上升，从而提高了炉温的均匀性。该技术的优点是温度均匀性比较容易实现；热传导性能好，适用于大批量生产；由于远红外线能对 PCB、元器件内部同时加热，所以不同元器件间的温差小。基于细间距组装的要求和更高焊接质量的需要，红外热风再流焊技术已成为再流焊技术的主流。

5. 气相再流焊技术

气相再流焊（vapor phase soldering，VPS）也称为饱和蒸气再流焊，是将氟惰性液体加热至沸点，产生饱和蒸气，以此作为传热介质，用汽化潜热来进行加热，从而实现 PCB 组件焊接的方法，其工作原理如图 4-53 所示。

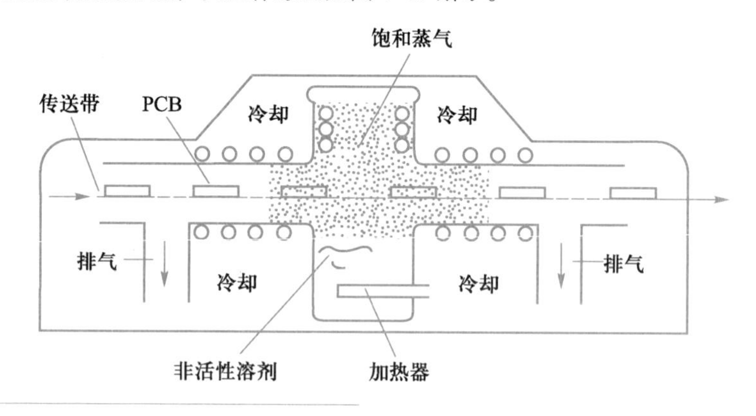

图 4-53
气相再流焊工作原理

典型的气相焊接系统是一个可容纳氟惰性液体的容器，用加热器加热氟惰性液体，使之沸腾蒸发，在其上形成温度等于氟惰性液体沸点的饱和蒸气区，介质的饱和蒸气遇到温度低的待焊 PCB，转变为相同温度下的液体，释放出汽化潜热，使膏状焊料熔融润湿，从而完成电路板上所有焊点的同时焊接。经过冷却区后，焊料凝固形成焊点。由于在饱和蒸气区内氟惰性蒸气置换了其中的大部分空气和湿气，形成了无氧的环境，故而提高了焊接质量。

气相再流焊技术具有以下特点：

① 升温速度快，受热均匀，并能精确控制最高温度，不会发生过热现象。

② 氟惰性蒸气可到达每一个角落，热传导均匀，可完成与元器件形状无关的高质量焊接。

③ 蒸气层提供了无氧气环境，提高了焊接的质量和可靠性。

④ 热转换效率高，传导效果好，能焊接 PLCC、QFP、BGA 等器件。

⑤ 操作不当时，氟惰性液体加热分解会产生有毒气体，污染环境。

6. 激光再流焊技术

激光再流焊利用激光束良好的方向性及功率密度高的特点，通过光学系统使 CO_2 或 YAG 激光束直接照射焊接部位，焊料吸收激光能量并转变为热能，使得焊点温度升高，导致焊料熔化，激光照射停止后，焊接部位迅速冷却，焊料凝固，形成牢固焊点的技术，其工作原理如图 4-54 所示。

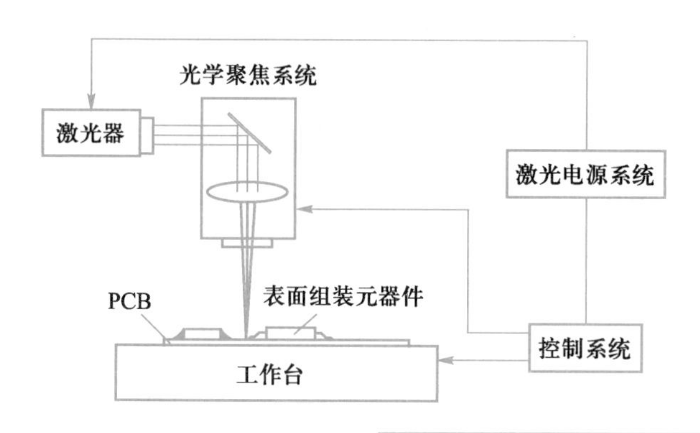

图 4-54
激光再流焊工作原理

激光再流焊是一种典型的局部焊接技术，它把热量集中到焊接部位进行局部加热，对 PCB、元器件本身及周边的元器件影响小；加热高度集中，焊点形成速度快；不产生热应力，热冲击小，减少了对热敏元器件的损伤，也可以进行多点的同时焊接，主要应用于军事、航空航天领域以及要求高可靠性的场合。但其设备投资大，维护成本高，生产速度较低。

以上介绍了几种不同的再流焊技术，这些技术之间的比较如表 4-11 所示。

表 4-11 各种再流焊技术的比较

技术名称	工作原理	优 点	缺 点	应用范围
热板再流焊	热传导	热量能平缓传送，热冲击小，设备结构简单，成本低，能连续生产	热效率不高，受热不均匀，受基板热传导性影响	单面板，低档产品的生产
红外再流焊	红外线辐射加热	加热效率高，温度可调范围宽，焊接缺陷少	存在阴影效应和颜色敏感性，加热不均匀	双面板，中档产品的生产
热风再流焊	加热空气，强制热风对流	加热均匀，温度容易控制	容易产生氧化，强风会使元器件产生位移	中档产品，大批量生产
红外热风再流焊	红外线辐射，强制热风对流	PCB 双面受热，热风循环，加热效果好，温度可调，焊接缺陷率低	材料吸热差异性大，容易使元器件产生位移	中高档产品，大批量生产
气相再流焊	加热惰性液体产生饱和蒸气，用汽化潜热加热	加热均匀，热冲击小，温度控制准确，可在无氧环境下焊接，焊接质量高	生产成本高，操作不当会有有毒气体排出	特殊场合、复杂电子产品的生产
激光再流焊	激光束照射焊接部位实现焊接	局部受热，热应力小，元器件受损小，精确度高	设备昂贵，生产成本高，生产速度较低	军事、航空航天领域和要求高可靠性的场合

4.4.6 再流焊工艺的质量分析

再流焊工艺是一种自动群焊技术，即在很短时间内同时完成多个焊点的焊接，其焊接质量的优劣直接影响产品的质量和可靠性。随着表面组装技术的广泛应用，再流焊的质量也越来越引起人们的重视，为提高焊接质量，不仅要完善工艺管控，提高工艺质量，而且要求加强对焊接结果的分析，提高分析解决问题的能力，确保产品的生产质量。

1. 影响再流焊质量的因素

再流焊质量除了与温度曲线有直接关系以外，其他影响因素还包括生产物料（元器件、PCB、焊锡膏）、生产设备、生产工艺等，具体分析如下：

（1）元器件的影响

当元器件焊端和引脚被氧化或污染时，再流焊会产生润湿不良、虚焊、焊锡球和空洞等焊接缺陷。另外如果元器件引脚共面性不好，也会导致焊接时出现虚焊等缺陷。

（2）PCB 的影响

① PCB 焊盘设计。PCB 焊盘设计要保证焊接后能够形成焊点的位置，同时还要满足印刷、贴片工艺要求。如果焊盘设计间隙过大、过小或焊盘尺寸不对称，或两个元器件的端头在同一个焊盘上，由于焊接时所受表面张力不一致，就会产生立碑、移位等缺陷。

② 焊盘可焊性及表面平整度。如果焊盘被氧化、污染，或者焊盘表面平整度不好，再流焊时会产生润湿不良、虚焊、焊锡球和空洞等缺陷。

（3）焊锡膏的影响

焊锡膏自身的特性如金属合金与助焊剂的比例、粒度及分布，金属合金的氧化度，助焊剂和添加剂的性能，焊锡膏的黏度、触变性、塌落度、黏结性等都会影响再流焊质量。如果焊料金属合金含量高，再流焊时金属粉末随着助焊剂的蒸发而飞溅，如果金属合金的含氧量高，还会加剧飞溅，形成焊锡球、润湿不良等缺陷。如果焊锡膏黏度过低或触变性不好，印刷后焊锡膏图形会塌陷，造成桥连等缺陷；如果焊锡膏黏结力不够，焊锡膏印刷量就会不足，造成漏焊、虚焊等缺陷。此外，焊锡膏的工作寿命和使用方法也会对再流焊质量造成影响，如焊锡膏从冰箱中取出后，没有进行回温而直接使用，就会由于焊锡膏的温度比室温低而产生水汽凝结，焊接时水汽会使金属粉末氧化，飞溅形成焊锡球，还会产生润湿不良等问题。

（4）生产设备的影响

表面组装生产设备如印刷机、贴片机、再流焊机以及相关治具都会对焊接质量造成一定的影响。从印刷机角度讲，印刷机的印刷精度和重复精度不仅会影响印刷质量，也会影响再流焊质量。从贴片机角度讲，贴片机的精度、速度和适应性在影响贴片质量的同时，也会给再流焊质量带来影响。从再流焊机角度讲，温度控制精度、温度传感器的灵敏性、加热区长度、传送带横向温差、传送带运动平稳性、加热效率、是否配备氮气保护系统等都是影响再流焊质量的主要因素。此外，模板等治具的质量、形状以及尺寸也会影响再流焊的质量。

（5）生产工艺的影响

① 印刷工艺的影响。印刷工艺参数主要有印刷速度、刮刀角度、刮刀压力、印刷间隙、印刷行程等。这些参数的大小都会直接影响印刷质量，因此要正确设置这些参

数，控制好印刷质量，进而确保再流焊质量。

② 贴片工艺的影响。贴片工艺质量的要求是元器件正确、位置准确、贴片压力（贴片高度）合适。元器件首先要正确，否则产品无法通过检验；元器件贴装位置发生偏移，再流焊时会导致移位和立碑等缺陷；如果贴片压力不够，元器件焊端或引脚浮在焊锡膏表面，会造成虚焊和移位等问题；如果贴片压力过大，焊锡膏挤出量过多，易产生桥连或焊锡球等缺陷。因此要正确设置这些参数，以保证焊接质量。

③ 再流焊工艺的影响。再流焊温度曲线是保证再流焊质量的关键，实际温度曲线和焊锡膏温度曲线的升温速率和峰值温度应基本一致，如果升温速率过大，会使元器件与 PCB 受热过快，造成元器件损坏和 PCB 变形；峰值温度过低，焊锡膏不能熔化，会使得焊接不充分；峰值温度过高，则会影响焊点的强度，容易损坏元器件和 PCB。因此，设置正确的再流焊温度曲线是生成高质量焊点的首要条件。

从以上的分析可以看出，再流焊质量与生产物料、生产设备、生产工艺都有密切关系，而且这些因素之间也是相互影响的，要提高再流焊质量，必须从系统、全局考虑，从细节着手，优化设计，加强管理，规范操作，做好每一个生产环节。

2. 再流焊缺陷分析及解决措施

在再流焊过程中，由于生产物料、生产设备、生产工艺以及生产环境等方面的影响，会产生焊锡膏熔化不完全、润湿不良、吊桥和移位、桥接或短路、锡珠、气孔、锡丝、元器件裂纹缺损等焊接缺陷，这些缺陷的形成原因和解决措施如表 4-12 所示。

表 4-12 再流焊接常见缺陷、形成原因和解决措施

缺陷	形成原因	解决措施
焊锡膏熔化不完全	再流焊峰值温度低或回流时间短，造成焊锡膏熔化不充分	调整回流焊温度曲线，峰值温度一般要比焊锡膏熔点高 30～40 ℃，回流时间为 30～60 s
	再流焊机横向温度不均匀	适当提高峰值温度或延长回流时间，尽量将 PCB 放置在再流焊机中间部位进行焊接
	PCB 设计不合理	尽量将大尺寸元器件布置在 PCB 的同一面，确实排布不开时，应交错排布
	焊锡膏质量问题：金属合金含氧量高，助焊剂性能差，焊锡膏使用不当，没有回温，使用过期失效的焊锡膏	不使用劣质焊锡膏；在有效期内使用；从冰箱取出焊锡膏，达到室温后才能打开容器盖；回收的焊锡膏不能与新焊锡膏混装等
润湿不良	元器件的焊端与引脚、PCB 的焊盘被氧化或污染，PCB 受潮	元器件先到先用，不要存放在潮湿环境中，不要超过规定的使用日期
	焊锡膏中金属合金含氧量高	使用满足要求的焊锡膏
	焊锡膏受潮，使用过期失效的焊锡膏	使用满足要求的焊锡膏
吊桥和移位	PCB 设计不合理，两个焊盘尺寸大小不对称，焊盘间距过大或过小，使元器件的一个端头不能接触焊盘	合理设计元器件的焊盘，注意焊盘的对称性和间距
	贴片位置发生偏移；元器件厚度设置不正确；贴装头 Z 轴高度过高（贴片压力小），贴片时元器件从高处扔下	提高贴装精度，连续生产过程中发现位置偏移时应及时修正贴装坐标；设置正确的元器件厚度和贴片高度
	元器件的焊端氧化或被污染，端头电极附着力不良；焊接时元器件端头不润湿或端头电极脱落	严格来料检验制度，严格进行首件焊后检验，每次更换元器件后也要检验，发现端头问题及时更换元器件

续表

缺陷	形成原因	解决措施
吊桥和移位	PCB 的焊盘被污染，焊盘大小不一致	严格来料检验制度，规范 PCB 设计
	两个焊盘上的焊锡膏用量不一致	清除模板开口中的焊锡膏，印刷时经常擦洗模板底面；如开口过小，应增大开口尺寸
桥接或短路	焊锡膏用量过多，模板厚度与开口尺寸不恰当，模板与 PCB 不平行或有间隙	减小模板厚度或缩小开口或改变开口形状，调整模板与 PCB 表面之间的距离
	焊锡膏黏度过低，触变性不好	选择黏度适当、触变性好的焊锡膏
	印刷质量不好，焊锡膏图形粘连	提高印刷精度并经常清洗模板
	贴片位置偏移	提高贴装精度
	贴片压力过大，焊锡膏挤出量过多	提高贴装头 Z 轴高度，减小贴片压力
	贴片位置偏移，人工拨正使焊锡膏图形粘连	提高贴装精度，减少人工拨正的频率
	焊盘间距过窄	修改焊盘设计
锡珠	焊锡膏本身质量问题，金属合金含量高	更换焊锡膏
	元器件焊端和引脚、PCB 的焊盘氧化或污染	严格来料检验制度，如 PCB 受潮或污染，贴装前应清洗并烘干
	焊锡膏使用不当	按规定要求使用焊锡膏
	再流焊温度曲线设置不当：升温速率过大，金属粉末随溶剂蒸气飞溅形成锡珠；预热区温度过低，突然进入回流区，也容易产生锡珠	再流焊温度曲线和焊锡膏的升温速率和峰值温度应基本一致
	焊锡膏用量过多，焊锡膏挤出量多；模板厚度或开口大；模板与 PCB 不平行或有间隙	调整模板与 PCB 表面之间的距离，使其接触并平行
	刮刀压力过大，造成焊锡膏图形粘连；模板底面污染，沾污焊盘以外的地方	严格控制印刷工艺，保证印刷质量
气孔	焊锡膏中金属合金的含氧量高，或使用回收的焊锡膏，工艺环境卫生差，混入杂质	控制焊锡膏质量，规范焊锡膏的使用方法
	焊锡膏受潮，吸收了空气中的水汽	焊锡膏达到室温后才能使用，控制环境温度和湿度
	元器件的焊端与引脚、PCB 的焊盘被氧化或污染	更换元器件或 PCB，严格来料检验制度
	升温区的升温速率过大，焊锡膏中的溶剂、气体蒸发不完全，进入回流区产生气泡、针孔	合理设置升温速率和时间
锡丝	由于焊盘间距过小，贴片后两个焊盘上的焊锡膏粘连	规范 PCB 设计，合理设计焊盘间距
	预热温度不足，PCB 和元器件温度比较低，突然进入高温区，溅出的焊料贴在 PCB 表面而形成	调整回流焊温度曲线，提高预热温度
	焊锡膏中助焊剂的润湿性差	可适当提高一些峰值温度或加长回流时间或更换焊锡膏
元器件裂纹缺损	元器件本身质量差	更换元器件，严格来料检验制度
	贴片压力过大	提高贴装头 Z 轴高度，减小贴片压力
	再流焊的预热温度或时间不够，突然进入高温区，由于骤热造成热应力过大	调整回流焊温度曲线，提高预热温度或延长预热时间
	峰值温度过高，焊点突然冷却，由于骤冷造成热应力过大	调整回流焊温度曲线，合理设置峰值温度和冷却速率

4.5 波峰焊工艺与设备

波峰焊主要用于传统通孔插装工艺以及表面组装与通孔插装元器件的混装工艺，适用于波峰焊工艺的表面组装元器件有矩形和圆柱形片式元件、SOT 以及较小的 SOP 器件等。尽管再流焊已经成为表面组装的主流工艺技术，越来越多的通孔插装元器件也采用再流焊工艺，但是波峰焊仍然是当前适用较为广泛的焊接工艺之一。

4.5.1 波峰焊工艺概述

1. 波峰焊的定义

波峰焊是将熔融的液体焊料，借助离心泵的作用，在焊料槽液面形成特定形状的焊料波峰，插装和贴装了元器件的 PCB 以某一特定的角度、速度以及一定的浸入深度通过焊料波峰，从而实现焊点焊接的过程，也称群焊或流动焊。图 4-55 所示为波峰焊工作原理示意图。

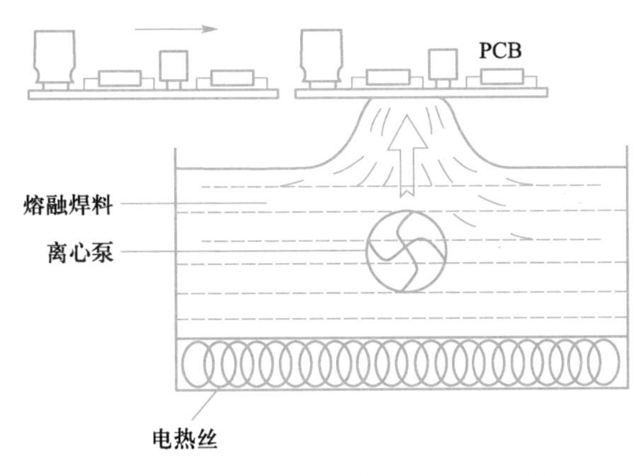

图 4-55
波峰焊工作原理示意图

2. 波峰焊的分类

根据波峰的数量，波峰焊可分为单波峰焊和双波峰焊。

（1）单波峰焊

单波峰焊是借助离心泵使熔融焊料不断垂直向上地朝狭长口涌出，形成 20～40 mm 高的波峰，这样可以使焊料以一定的速度和压力作用于 PCB 上，充分渗透待焊接的元器件引脚与电路板之间，使之完全润湿并完成焊接。单波峰焊适用于纯通孔插装元器件组装板的焊接工艺，当它用于表面组装和通孔插装元器件混装工艺时，就会出现如漏焊、桥连等多种缺陷，产生这些缺陷的主要原因是不同尺寸大小的表面组装元器件之间排布不当的阴影效应以及表面组装元器件与截留焊剂气泡的遮蔽效应。

（2）双波峰焊

双波峰焊是先以较窄且上冲力较大的扰流波，将液态焊料喷附在 PCB 底面所有的焊盘、元器件焊端和引脚上，熔融的焊料在经过助焊剂净化的金属表面上进行浸润和扩散，然后再通过第二个宽而平的层流波，将焊点上的焊料加以修整，以去除扰流波留下的缺陷，如拉尖、桥连等，前后两个焊料波峰相辅相成。目前比较成熟的双波峰形组合有紊乱波—宽平波、空心波—宽平波，以及喷嘴斜置 45° 双波峰等。

3．波峰焊工艺对元器件及 PCB 的要求

波峰焊工艺对元器件及 PCB 的具体要求如下：

（1）对表面组装元器件的要求

表面组装元器件的金属电极应选择三层端头结构，元器件本体和焊端能经受两次以上 260 ℃±5 ℃波峰焊的温度冲击，焊接后元器件本体不损坏、无裂纹、无变色、无变形，片式元器件金属焊端无剥落或脱帽现象，同时还要确保波峰焊后元器件的电性能参数变化符合规格书的要求。

（2）对通孔插装元器件的要求

如采用短插一次焊工艺，插装元器件必须预先成型，要求元器件引脚露出 PCB 表面 0.8～3 mm。

（3）对 PCB 的要求

PCB 应具备经受温度 260 ℃、时间大于 50 秒的耐热性能，铜箔抗剥强度高；阻焊膜在高温下仍有足够的黏附力，焊接后不起皱；一般采用 FR-4 环氧玻璃纤维布印制电路板。PCB 翘曲度应小于 0.8%～1.0%。

（4）对 PCB 设计的要求

采用波峰焊工艺的 PCB 必须按照表面组装元器件的特点进行设计，元器件布局和排布方向应遵循较小元器件在前和尽量避免相互遮挡的原则。

4.5.2　波峰焊工艺流程

波峰焊是利用熔融焊料循环流动的波峰面与装有元器件的 PCB 焊接面相接触，使熔融焊料不断进入 PCB 和元器件的焊接面而进行的一种成组焊接工艺。典型的波峰焊工艺流程如图 4-56 所示。

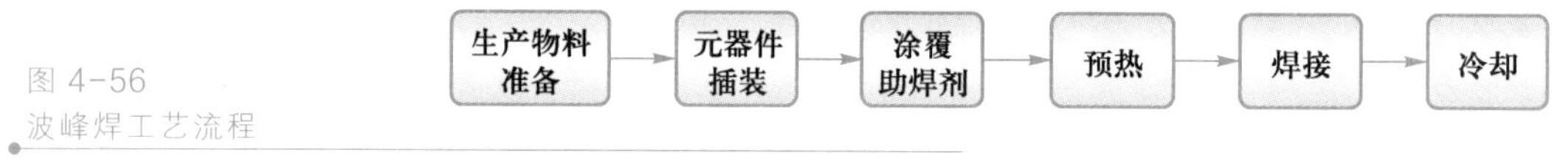

图 4-56
波峰焊工艺流程

1．生产物料准备

波峰焊的生产物料主要包括元器件、PCB、焊料和助焊剂等。

2．元器件插装

由于波峰焊一般是用于通孔插装元器件的焊接，所以在安装元器件时需要对通孔插装元器件进行整形，并利用插件机插装好所有元器件。

3．涂覆助焊剂

在波峰焊生产过程中，助焊剂能除去 PCB 和元器件表面的氧化层，防止加热过程中被焊金属的二次氧化，降低液态焊料的表面张力，促进液态焊料的漫流，以及加速热量的传递，迅速达到热平衡，这对于提高波峰焊质量具有重要作用，因此在焊接前要在 PCB 上涂覆一定量的助焊剂，以确保焊接质量。

4. 预热

在波峰焊过程中，PCB 在涂敷助焊剂之后应立即预热，这是因为助焊剂的预热不仅可以使助焊剂中的大部分溶剂及 PCB 制造过程中夹带的水汽蒸发，而且可以降低焊接期间对元器件及 PCB 的热冲击。如果溶剂依靠焊料槽的温度进行挥发，则会因为在挥发时吸收热量，造成波峰液面焊料冷却而影响焊接质量，甚至会出现冷焊等缺陷。预热也应适当，能使 PCB 上的助焊剂保持适合的黏度即可，如果助焊剂的黏度太低，助焊剂过早地从 PCB 焊接面上排出，会使焊盘润湿性变差，严重时会出现桥连等问题。

5. 焊接

完成 PCB 的焊接过程，主要包括焊点浸润阶段、多余焊锡分类阶段和焊点形成阶段。

6. 冷却

该过程主要控制冷却速率，相对较大的冷却速率会使焊点的机械抗拉强度增加，焊料晶格细化，焊点表面光滑。

4.5.3 波峰焊的工艺参数

波峰焊的工艺参数主要有助焊剂涂敷量、焊接时间、预热温度和时间、焊接温度、波峰高度、传送倾角、传送速度、热风刀等。

1. 助焊剂涂覆量

助焊剂涂覆量要适当，即在 PCB 底面涂覆薄薄的一层助焊剂，要求均匀，对于免清洗工艺要求不能过量。助焊剂涂覆量要根据波峰焊机的助焊剂涂覆系统，以及所采用助焊剂的类型进行设置。

助焊剂涂覆方式主要有涂刷与发泡和定量喷射两种。随着免清洗和无铅工艺的推广应用，目前大多采用定量喷射方式。

采用涂刷与发泡方式时，助焊剂的比重一般控制为 0.8～0.84。在焊接过程中，助焊剂中的溶剂会逐渐挥发，使得助焊剂的比重增大，黏度也随之增大，导致其流动性随之变差，从而影响助焊剂润湿金属表面，引起焊接缺陷。因此，采用涂刷与发泡方式时应定时测量助焊剂的比重，若发现比重增大，应及时用稀释剂将其调整到正常范围。还要注意不断补充焊剂槽中的焊剂量，不能低于最低极限位置。

采用定量喷射方式时，助焊剂是密闭在容器内的，既不会挥发，也不会吸收空气中的水分，更不会被污染，因此助焊剂的成分能保持不变。定量喷射方式的关键要求是喷头能够控制喷雾量，所以应经常清理喷头，保持喷射孔不被堵塞。

2. 焊接时间

焊接时间指 PCB 上某一个焊点从接触波峰面到离开波峰面的时间。因为热量、温度是时间的函数，在一定温度下，焊点和元器件的受热随时间变长而增加。波峰焊的焊接时间可以通过调整传送速度来控制，焊接时间与预热温度、焊料波峰的温度、导轨的倾角和传送速度都有关系。对于有铅焊接，焊接时间一般设置为 2～4 秒；对于无铅焊接，焊接时间一般设置为 4.5～5.5 秒。

3．预热温度和时间

预热必须确保 PCB 和元器件达到最适宜的温度，以激发助焊剂的活性。预热温度是指 PCB 与波峰面接触前所达到的温度。预热时间由传送速度来控制。如果预热温度和时间不够，将导致在焊接过程中，因大量气体放出造成焊锡球，以及当液体溶剂到达波峰时产生焊料飞溅。如果预热温度和时间过度，则会降低助焊剂在进入焊料波峰之前的活性，影响在最佳温度下的焊接。

PCB 预热温度和时间要根据助焊剂的类型、活化温度范围，PCB 大小和厚度，以及板上元器件的大小和多少等因素来确定。预热温度一般设置为 50～130 ℃，多层板及有较多贴装元器件时预热温度取上限。

4．焊接温度

焊接温度通常高于焊料熔点 50～60 ℃，大多数情况下，焊接温度是指焊料槽温度。适当的焊接温度可保证焊料有较好的流动性。在波峰焊机启动后应定期定时检查焊接温度，尤其是焊接缺陷增多时，首先应当检查焊接温度。在实际运行时，焊接的 PCB 焊点温度要低于焊料槽温度，这是由于 PCB 吸热造成的。

5．波峰高度

波峰高度是指波峰焊中 PCB 的吃锡深度。适当的波峰高度可增加焊料波峰对焊料的压力以及焊料的流速，有利于焊料润湿金属表面，流入插装孔和通孔中。波峰高度一般设置为 PCB 厚度的 1/2～2/3，无铅焊接可以提高到 4/5 左右。波峰高度过高会导致熔融焊料流到 PCB 表面，造成桥连。此外，PCB 浸入焊料越深，其阻挡焊料流的作用越明显，加上元器件引脚的作用，会扰乱焊料的流动速度分布，不能保证 PCB 与焊料流相对无运动。波峰高度的设置范围为 6～8 mm。

6．传送倾角

传送倾角是指传送装置相对于水平位置的倾角，通常设置为 3°～7°。适当的传送倾角有利于排除残留的焊点和元器件周围由助焊剂产生的气体，当进行表面组装元器件和通孔插装元器件的混装工艺时，由于通孔比较少，应适当增大传送倾角。通过调节传送倾角还可以调整 PCB 与波峰的接触时间，传送倾角越大，每个焊点接触波峰的时间就越短，焊接时间就短；同理，传送倾角越小，每个焊点接触波峰的时间就越长，焊接时间就长。此外，适当加大传送倾角还有利于更快地剥离液态焊料与 PCB，有利于焊点上多余的液体焊料返回焊料槽中。

7．传送速度

传送速度是指 PCB 浸入和退出焊料波峰的速度，其对润湿质量、焊料层的均匀性和厚度都有很大影响，一般为 0.8～1.92 m/min。传送速度主要根据波峰焊机预热区长度、波峰宽度、PCB 组装情况、传送带倾角等设定。波峰焊机预热区越长、波峰宽度越宽，传送速度越快；产品越简单，传送速度越快；传送带倾角越小，传送速度越快。调整传送速度，对预热温度和时间、焊接温度和时间都会产生很大影响，因此不能轻易大幅度调整，要通过测试实时温度曲线、检测焊接质量来确定。

8. 热风刀

PCB 组件刚离开焊接波峰后，在 PCB 组件下方放置一个窄长的带开口的腔体，腔体开口处能吹出（4～20）×0.068 个标准大气压和 500～525 ℃的气流，犹如刀状，故称为热风刀。热风刀的高温高压气流吹向 PCB 组件上尚处于熔融状态的焊点，过热的风可以吹掉多余的焊锡，也可以填补金属化孔内焊锡的不足，对有桥连的焊点进行修复，同时由于其可使焊点的熔化时间延长，使原来带有气孔的焊点也得到修复，因此热风刀可以大大减少焊接缺陷，提高焊接质量。

热风刀的温度和压力应根据 PCB 组件上的元器件组装密度、元器件类型以及元器件在 PCB 上的方向而设定。

9. 焊料合金组分配比与杂质对焊接质量的影响

焊料成分的变化会影响焊接温度和液体焊料的黏度、流动性、表面张力、浸润性，对焊料槽的管理维护也会引起焊料熔点、黏度、表面张力的变化，造成波峰焊质量不稳定。

（1）焊料合金组分配比对焊接温度的影响

Sn-Pb 焊料与某一金属表面焊接时，Sn 扩散，而 Pb 在 300 ℃以下不扩散，因此焊料槽中 Sn 的比例随着工作时间的延长会越来越少。Sn 的比例减小会提高熔点，随着熔点的提高，最佳焊接温度会越来越高。

（2）Cu 等杂质对焊接质量的影响

浸入液态焊料中的固体金属会溶解，这种现象称为浸析。在波峰焊中，PCB 焊盘、引脚上的 Cu 会不断溶解到焊料中，因此 Cu 等金属杂质随着时间的推移会越来越多。Cu 溶解到焊锡中会产生片状的金属间化合物 Cu_6Sn_5，随着 Cu 的增多，焊料的黏度也会随之增加，并使焊料熔点上升。过量的 Cu 会导致焊接缺陷增多，如桥连、拉尖和虚焊等，因此必须每月检测焊料槽中 Cu 的含量。

随着波峰焊工作时间的增加，焊料中除了 Cu 会增加外，还会混入其他微量杂质，如锌（Zn）、铝（Al）、镉（Cd）、锑（Sb）、铁（Fe）、铋（Bi）、砷（As）、磷（P）等元素，它们会影响焊接质量。

4.5.4　波峰焊温度曲线

典型表面组装元器件波峰焊温度曲线如图 4-57 所示，从图中可以看出，整个焊接过程被分为三个温度区域，即预热区、焊接区、冷却区。实际的波峰焊温度曲线可以通过对设备控制系统的编程进行调整。

在预热区内，PCB 上喷涂的助焊剂中的水分和溶剂被挥发，同时，松香和活性剂开始分解活化，去除焊接面上的氧化层和其他污染物，并防止金属表面在高温下再次氧化。PCB 和元器件被充分预热，可以有效地避免焊接时急剧升温产生的热应力损坏。PCB 的预热温度及时间，要根据 PCB 的大小和厚度、元器件的尺寸和数量而确定。从图中可以看出，预热区的温度为 50～130 ℃，较复杂的 PCB 的预热温度可达到 160 ℃，预热时间一般为 80 秒左右。

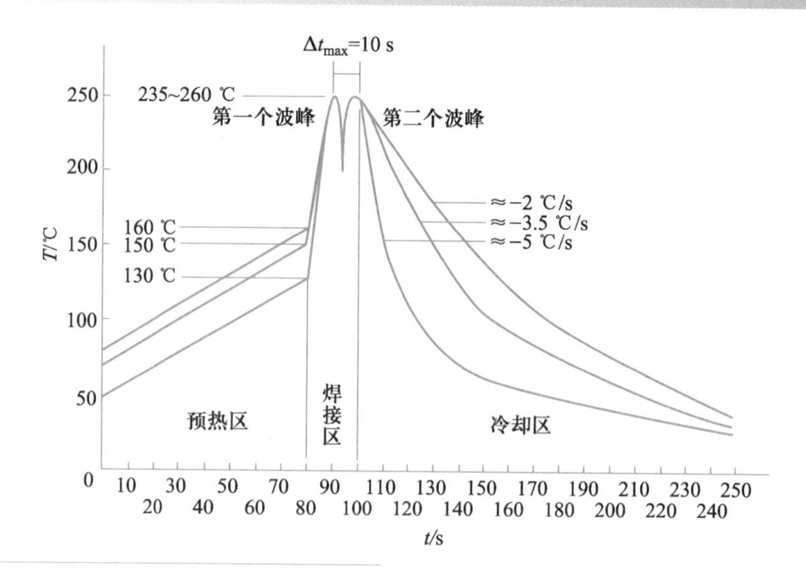

图 4-57
典型表面组装元器件
波峰焊温度曲线

焊接过程在焊接区内完成。焊接过程是指 PCB 进入熔融焊料，焊接金属表面、熔融焊料和空气等要素之间相互作用的复杂过程，必须控制好温度和时间。如果焊接温度偏低，液体焊料的黏性大，不能很好地在金属表面润湿和扩散，就容易产生拉尖、桥连、焊点表面粗糙等缺陷；如果焊接温度过高，则容易损坏元器件，还会由于助焊剂被碳化而失去活性，焊点氧化速度加快，致使焊点失去光泽、不饱满。因此，波峰焊的表面温度一般控制在 250 ℃±5 ℃。从图中可以看出，焊接温度为 235～260 ℃，两个波峰之间的时间最多不超过 10 秒。

在冷却区，PCB 脱离熔融焊料，冷却形成焊点。如果冷却速率过小，将导致过量共晶金属化合物产生，会在焊点处产生晶粒结构，使焊点强度变低。反之，如果冷却速率过大，将使得元器件和 PCB 之间出现太高的温度梯度，产生热膨胀，导致焊点与焊盘的分裂以及 PCB 的变形。从图中可以看出，典型的冷却斜率为-3.5 ℃/s。

4.5.5　波峰焊机系统结构

微课
波峰焊机

波峰焊机一般由焊料波峰发生器、助焊剂涂覆系统、预热系统、传送系统、冷却系统、控制系统等部分组成，其内部结构示意图如图 4-58 所示。

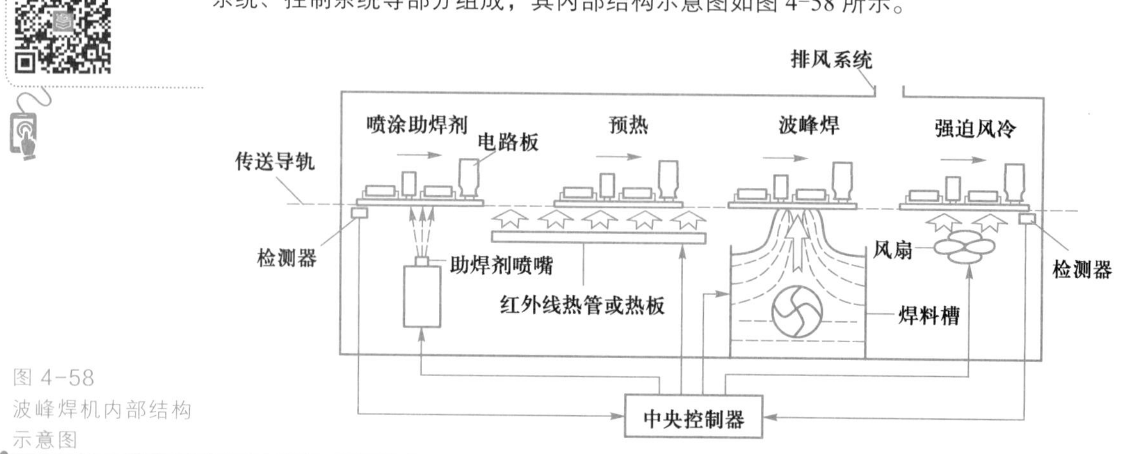

图 4-58
波峰焊机内部结构
示意图

1. 焊料波峰发生器

焊料波峰发生器用于产生波峰焊所需的特定焊料波峰，它是决定波峰焊质量的核心，也是整个系统最具特征的核心部件。它的技术要求是具有优良的焊料波峰动力特征，能够产生平稳、高度可调的波峰，具备一定的抑制高温液态焊料氧化的能力。焊料波峰发生器可分为机器泵式和液态金属电磁泵式。

（1）机械泵式

机械泵式焊料波峰发生器又可以分为离心泵式和轴流泵式。离心泵式由一台电动机带动泵叶，利用旋转泵叶的离心力驱使液态焊料流体流向泵腔，在压力作用的驱动下，流入泵腔的液态焊料经整流结构整流后，呈层流态向喷嘴流出而形成焊料波峰，焊料槽中的焊料绝大多数从泵叶旋转轴中心部的下底面吸入泵腔内。轴流泵式和离心泵式的不同之处就在于对液态焊料的推进形式不一样，轴流泵式利用特种形状的螺旋桨的旋转产生轴向推力，迫使流体沿轴向流动。这两种机械泵式结构的焊料波峰发生器广泛被使用在波峰焊机中。

（2）液态金属电磁泵式

液态金属电磁泵是根据电磁流体力学理论而设计的泵，又分为传导式、感应式和三相交流感应式。传导式在 20 世纪 80 年代盛行，现在很少使用。感应式是利用液态金属中电流和磁场的相互作用，将电磁推力直接作用在液态金属上，液态焊料在电磁力的驱动下向喷口方向流动，形成焊料波峰。三相交流感应式是利用三相交流电的相位差产生前进的合成磁场，液态金属焊料在前进磁场中切割磁感线，感应电流形成前进的电磁力，进而形成焊料波峰。相比其他结构，三相交流感应式焊料波峰发生器具有结构简单、焊料槽平稳、焊接能力和爬孔能力强、波峰高而有力等优点。

2. 助焊剂涂覆系统

助焊剂涂覆系统是保证波峰焊质量的重要环节，其主要作用是在 PCB 上均匀地涂敷助焊剂，去除 PCB 及元器件表面的氧化层以及防止焊接过程中其被再次氧化。助焊剂涂覆系统的技术要求是涂覆层应均匀一致，覆盖性好；涂覆厚度适宜，无多余的助焊剂流淌；涂覆效率高。助焊剂的涂覆方法主要有发泡式、喷流式和喷雾式。

（1）发泡式（泡沫式）

发泡式是将一个有网孔的发泡筒沉入配有发泡剂的液体助焊剂槽中，将洁净的空气吹入筒中使其发泡，用发泡的助焊剂对 PCB 进行喷涂。可以通过调节助焊剂系统高度，改变助焊剂的喷涂高度，也可以通过调节空气量控制泡沫大小。通常，发泡高度为 50～150 mm，气压为 20～40 kPa。

（2）喷流式（滚筒式）

喷流式适用于长引脚的插装元器件和表面组装元器件排列较不规范的场合。与发泡式不同的是，喷流式的滚筒可以旋转，速度控制有固定和可调两种方式。助焊剂喷流厚度受传送速度、喷流压力以及助焊剂浓度的影响。喷流式助焊剂中的固体含量不应少于 20%，如果太低，则会由于第一个波峰的擦洗作用和助焊剂挥发，导致在进入第二个波峰时，助焊剂用量不足，从而出现桥连和拉尖现象。

（3）喷雾式

采用免清洗助焊剂时，必须采用喷雾式助焊剂涂覆系统，这是因为免清洗助焊剂中固体含量低，不挥发物含量只有 1/20～1/5。助焊剂涂覆系统中一般都加入了防氧化系统，以保证 PCB 上涂敷一层均匀细密的助焊剂层。喷雾式助焊剂涂覆系统有两种制雾方式，一是采用超声波击打助焊剂，使其颗粒变小，再喷涂到 PCB 上；二是采用微细喷嘴，在一定空气压力下喷出助焊剂，这种方式喷涂均匀、粒度小、易于控制，是目前应用的主要方式。

3. 预热系统

预热系统是波峰焊机系统结构中的重要部分，主要由热电偶、铸铝发热板、石英灯、箱体、温控系统等组成。它要求温度调节范围宽，一般应在室温至 250 ℃范围内可调；有一定的预热长度，以确保 PCB 有足够的预热时间；对助焊剂涂覆系统正常工作的干扰及造成的热影响应达到最小。预热系统通常采用 PID 自动调节，基于设定温度，在系统控制下，箱体内由发热板进行加热，温度误差不超过设定值±5 ℃，再配以适当的传送速度，使得 PCB 组件得到最佳的预热处理。预热温度的设置取决于被焊产品的设计、比热容、焊剂中溶剂的汽化温度和蒸发潜热等多种因素。

4. 传送系统

传送系统的作用是使 PCB 能以某一较佳的倾角和速度平稳进入和退出焊料波峰，其系统结构可分为爪式夹送系统、机械手夹持系统和框架式夹送系统。其中，爪式夹送系统和机械手夹持系统是将 PCB 置于夹持爪上，夹持爪直接安装在驱动链条上，并在传送导轨上运行；框架式夹送系统是将 PCB 固定在框架上，然后将框架安放在链式夹送器或钢带式夹送器上运行。传送系统要求传动平稳，无震动、抖动；传送速度在 2～3 m/min 范围内连续可调，速度波动量小于 10%；夹送角在 3°～7°范围内可调；夹送爪的化学性能稳定，在助焊剂和高温液态焊料反复作用下不溶蚀、不沾锡、弹性好、夹持力稳定；可以根据 PCB 的宽度调节夹持宽度。

5. 冷却系统

冷却系统的作用是迅速驱散经过焊料波峰区后积累在 PCB 上的余热，常见的结构有风冷式和水冷式。冷却系统要求风压适当，过猛易扰动焊点；气流定向，不导致焊料槽表面的剧烈散热；最好能提供先温风后冷风的逐渐冷却模式，急剧冷却会导致较大的热应力而损害元器件，如陶瓷元器件等，而且容易在焊点内形成空洞。

6. 控制系统

控制系统可利用计算机对波峰焊机各工位、各组件的信息进行综合处理，对系统的工艺进行协调和控制。控制系统要求控制动作准确可靠；能充分体现波峰焊工艺的规范要求；可操作性和可维修性好；人机界面友好，便于操作等。

4.5.6　波峰焊工艺的质量分析

1. 影响波峰焊质量的因素

影响波峰焊质量的因素有很多，主要有生产物料、生产设备和生产工艺等方面。

（1）生产物料影响因素

元器件：焊端和引脚是否被污染或氧化会影响焊料的浸润性。

PCB：焊盘大小、金属化孔与阻焊膜的质量、PCB 的平整度、焊盘设计与排布方向、插装孔的孔径和焊盘设计等会影响焊接质量。

焊锡膏：焊锡膏是形成焊点的材料，直接决定焊点的质量。

助焊剂：助焊剂能净化焊接表面，直接决定焊接过程中焊料的浸润性。

（2）生产设备影响因素

主要包括助焊剂涂覆系统的可控制性、预热系统和控制系统的稳定性、波峰高度的稳定性和可调整性、传送系统的平稳性，以及是否配置热风刀、氮气系统等。

（3）生产工艺影响因素

主要包括助焊剂涂覆量、预热温度和时间、焊接温度、传送倾角、传送速度、波峰高度等参数以及这些参数之间的配合关系，它们都将直接影响波峰焊质量。

2．波峰焊缺陷分析

波峰焊中常见的缺陷包括桥连、沾锡不良、多锡、锡尖、焊点有气孔、冷焊等，具体形成原因和解决措施如表 4-13 所示。

表 4-13　波峰焊常见缺陷、形成原因和解决措施

缺陷	形成原因	解决措施
桥连	① PCB 上焊盘之间间距太小； ② 焊锡中杂质太多，阻碍焊锡脱离； ③ 助焊剂不足，未完全去除引脚的氧化层； ④ 预热温度低，熔融焊料的黏度大，引脚上焊锡来不及脱离； ⑤ 传送速度快，熔融焊料的黏度大，引脚上焊锡来不及脱离	① 焊盘间距一般应大于 0.65 mm； ② 定期去除锡渣并测量焊锡中杂质是否超标； ③ 注意助焊剂涂覆量； ④ 调整预热温度； ⑤ 调整传送速度
沾锡不良	① 引脚和焊盘可焊性差，不易上锡； ② 助焊剂活性低，不能及时去除引脚上的氧化层； ③ 焊料槽液位低，焊料不能完全覆盖焊盘； ④ 预热温度低，助焊剂活性没有激活，氧化层未完全去除； ⑤ 焊料槽温度低，焊锡润湿时间和温度不够； ⑥ 传送速度太快，焊锡来不及填充	① 增加助焊剂的活性和使用量； ② 使用活性稍高的助焊剂； ③ 调整浸锡深度，补充焊锡； ④ 调整预热温度； ⑤ 调整焊料槽温度； ⑥ 调整传送速度
多锡	① 助焊剂密度太高，吃锡过厚； ② 焊料槽温度偏低，焊锡冷却快，无法完全脱离； ③ 传送倾角偏低，使得焊锡分离角度小，分离不彻底； ④ 传送速度太快，焊锡来不及脱离	① 选取合理密度的助焊剂； ② 调整焊料槽温度； ③ 调整传送倾角； ④ 调整传送速度
锡尖	① PCB 上有散热快的结构，使得焊锡冷却快，没有完全脱离； ② 焊料槽温度低，使得焊锡冷却快，没有完全脱离； ③ 传送速度快，焊锡来不及完全脱离	① 按照 PCB 规范进行设计； ② 调整焊料槽温度； ③ 调整传送速度
焊点有气孔	① 预热温度低，助焊剂中溶剂在过锡时才挥发，焊锡在气体未完全排出前已经凝固； ② 传送速度快，助焊剂中溶剂在过锡时才挥发，焊锡在气体未完全排出前已经凝固； ③ 过锡时 PCB 内不易挥发物质受热蒸发，焊锡在气体未完全排出前已经凝固； ④ 过锡时助焊剂内不易挥发物质受热蒸发，焊锡在气体未完全排出前已经凝固	① 调整预热温度； ② 调整传送速度； ③ 预先烘干 PCB； ④ 调整预热温度和时间
冷焊	焊料槽温度偏低，被焊物吸热大于焊接时所提供的热量，以致焊接时焊锡刚一接触被焊物还未来得及形成金属间氧化物就已经凝固	调整焊料槽温度

续表

缺陷	形成原因	解决措施
焊点开裂	① 焊料槽温度偏低，冷却时导致开裂； ② 焊料槽锡渣太多，焊点内焊料不能完全融合在一起	① 调整焊料槽温度； ② 定期检验焊料槽
元器件烫伤	① 预热温度偏高，元器件受热时间过长而烫伤； ② 浸锡太深，元器件受热温度高而烫伤； ③ 焊料槽温度偏高，元器件受热温度高而烫伤	① 调整预热温度； ② 调整浸锡深度； ③ 调整焊料槽温度
PCB 弯曲	① 预热温度高，PCB 受长时间高温而变形； ② 过锡时间长，PCB 受长时间高温而变形； ③ 焊料槽温度高，PCB 受长时间高温而变形； ④ 冷却速率不合理，PCB 过波峰后不冷却或骤冷	① 调整预热温度； ② 调整传送速度； ③ 调整焊料槽温度； ④ 调整冷却速率
PCB 上有残留物	① 助焊剂量大，助焊剂挥发不充分，PCB 表面有助焊剂残留物； ② 焊料槽锡渣多，PCB 上有残留物	① 调整助焊剂涂覆量； ② 定期去除锡渣，检查焊锡中杂质
铜箔翘起脱落	① PCB 质量问题，加工质量不良，容易损坏； ② 焊料槽温度过高，PCB 受长时间高温作用而损坏铜箔； ③ 过锡时间长，PCB 受长时间高温作用而损坏铜箔	① 严格 PCB 来料检验制度； ② 调整焊料槽温度； ③ 调整传送速度

4.6　检测工艺与设备

随着表面组装技术的发展、PCB 组装密度的提高、表面组装元器件的细间距化，表面组装产品的质量控制越来越重要。先进的检测技术和设备不仅能及时发现缺陷故障，确保电子产品的高质量和可靠性，而且还可以提高生产效率，降低生产成本。

4.6.1　检测工艺概述

微课
检测工艺

表面组装检测工艺是表面组装生产制造的重要工序之一，也是提高表面组装产品质量的重要手段。采用先进的检测技术加强对生产过程的监管，有助于将问题、缺陷消除在萌芽状态，降低故障率，提高产品质量。

表面组装检测工艺的内容主要包括来料检测、工序检测（工艺过程检测）和组件检测和抽样检测，如图 4-59 所示。其中，来料检测主要是对生产物料的检测，包括对元器件、PCB 和工艺材料的检测。在组装工艺实施过程中的每一道工序之前和之后都要进行工序检测，包括焊锡膏印刷工序检测、贴片工序检测和焊接工序检测等。在表面组装完成后，需要对 PCB 组件进行最后的检测，以评估其性能是否达到设计要求，主要包括组件检测和抽样检测。因此，可以看出，检测工艺贯穿于整个表面组装生产过程中。

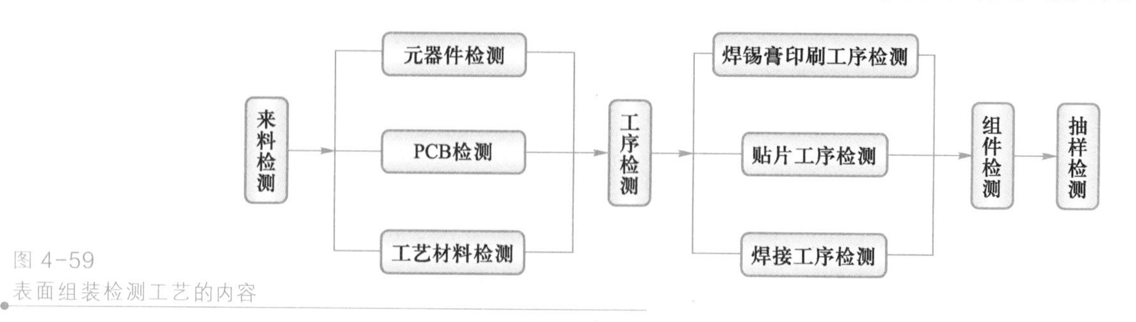

图 4-59
表面组装检测工艺的内容

目前，表面组装检测技术主要分为视觉检测和电气检测两大类。其中，视觉检测又可分为人工目测、自动光学检测（AOI）、自动X射线检测（X-Ray 或 AXI），电气检测则又可分为在线测试（ICT）和功能测试（FT），如图 4-60 所示。

依据不同检测技术的特点，一般来说人工目测主要应用于来料检测，包括元器件检测、PCB 检测和工艺材料检测。自动光学检测和自动 X 射线检测主要用于表面组装工序检测，而在线测试和功能测试主要用于焊接后的组件检测。

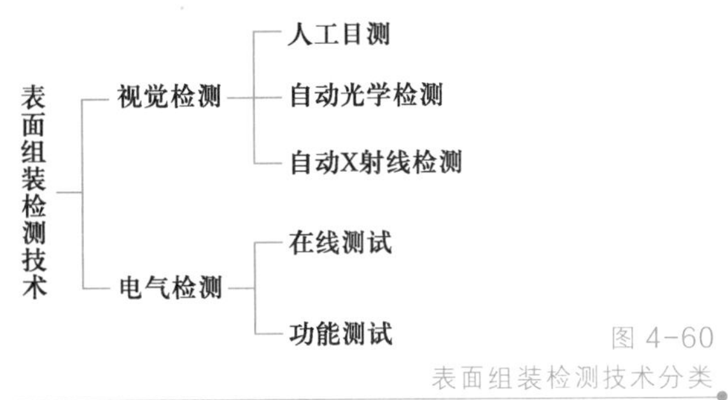

图 4-60
表面组装检测技术分类

4.6.2 来料检测

来料检测是保证表面组装工艺质量的基础，也是保证产品可靠性的重要环节。随着表面组装技术的快速发展、元器件的进一步微型化，以及工艺材料的不断更新，生产物料质量对产品质量的影响不断加大，因此选择科学合适的方法对来料进行检测是表面组装生产的重要内容之一。来料检测主要包括元器件检测、PCB 检测，以及焊锡膏、助焊剂等工艺材料检测。

1. 元器件检测

元器件检测的检测项目主要包括元器件的型号规格、包装、数量、封装、标识、性能、可焊性、引脚共面性等，具体的检测方法和内容如表 4-14 所示。

表 4-14 元器件检测项目、方法和内容

检测项目	检测方法	检测内容
型号规格	人工目测	检查型号规格是否符合规定要求
包装、数量	人工目测	检查包装是否完好，是否是防静电密封包装
		清点数量是否符合要求
封装、标识	人工目测	检查封装是否符合要求，表面有无破损
		检查标识是否正确、清晰
性能	专用仪器检测	检测元器件是否符合性能指标要求、生产要求等
可焊性	浸渍测试 焊球法测试 润湿平衡检测	检测元器件的引脚是否被污染或氧化
引脚共面性	光学平面检测 贴片机共面性检测	检测元器件的引脚是否在同一平面

2. PCB 检测

PCB 检测的检测项目主要包括 PCB 的材质、型号规格、包装、数量、外形尺寸、丝印质量、外观、翘曲和扭曲、可焊性、阻焊膜完整性、内部缺陷等。对于 PCB 尺寸测量、外观缺陷检测和破坏性检测，应根据生产实际确定检测项目，其中应特别注意 PCB 的边缘尺寸是否符合焊锡膏印刷对准精度要求，阻焊膜是否流到焊盘上，阻焊膜与焊盘是否对准，以及焊盘图形尺寸是否符合要求等。表 4-15 所示为 PCB 检测项目、方法和内容。

表 4-15　PCB 检测项目、方法和内容

检测项目	检测方法	检测内容
材质	人工目测	检查材质是否符合规定要求
型号规格	人工目测	检查型号规格是否符合规定要求
包装、数量	人工目测	检查包装是否为防静电密封包装
		清点数量是否符合标准
外形尺寸	人工目测	测量外形尺寸是否符合要求
丝印质量	人工目测	检查丝印内容是否正确，有无漏印、印斜、模糊不清等现象
外观	人工目测	检查焊盘是否有损坏，焊盘孔、安装孔是否有被堵现象
		检查是否有因斑点、小水泡或膨胀而造成叠板内部纤维分离
		检查是否有脏污和外来物影响安装质量
翘曲和扭曲	热应力测试	检测 PCB 是否翘曲、扭曲、变形
可焊性	旋转浸渍测试 波峰焊料浸渍测试 焊球法测试	检测焊盘和电镀通孔是否正常
阻焊膜完整性	热应力测试	检测表面阻焊膜是否有从 PCB 表面剥层、断裂的现象
内部缺陷	显微切片技术	检测多层板内部导体层间对准情况、是否有层压空隙和铜裂纹

3. 工艺材料检测

工艺材料检测主要包括对焊锡膏、助焊剂、贴片胶、清洗剂的检测。其中，焊锡膏的检测项目包括焊锡膏的外观、黏度、金属百分比、焊料球、金属粉末氧化物含量、是否含铅以及焊料合金金属污染量等，助焊剂的检测项目包括助焊剂的活性、浓度、稳定性，贴片胶的检测项目主要为贴片胶的黏度、黏结强度和固化时间，清洗剂的检测项目主要为清洗剂的组成成分，如表 4-16 所示。

表 4-16　工艺材料检测项目和方法

检测类别	检测项目	检测方法
焊锡膏	外观	人工目测
	黏度	旋转式黏度测试
	金属百分比	加热分离称重法
	焊料球	再流焊
	金属粉末氧化物含量	俄歇电子能谱分析法
	是否含铅	荧光 X 射线分析仪
	焊料合金金属污染量	原子吸附定量测试
助焊剂	活性	铜镜测试
	浓度	密度测试
	稳定性	化学测试

续表

检测类别	检测项目	检测方法
贴片胶	黏度	旋转式黏度测试
	黏结强度	黏结强度测试
	固化时间	固化试验
清洗剂	组成成分	气体色谱分析法

4.6.3 自动光学检测

微课
检测设备

自动光学检测（automatic optical inspection，AOI）运用高速、高精度视觉处理技术，能自动检测 PCB 组件的各种错误和缺陷，已经应用于表面组装生产线的各个工序，如印刷前 PCB 检测、焊锡膏印刷质量检测、贴片质量检测、焊接质量检测等。

1. 自动光学检测的工作原理

自动光学检测通过光源对 PCB 进行照射，用光学镜头将 PCB 的反射光采集进计算机，通过计算机软件对包含 PCB 信息的色彩差异或灰度比进行分析处理，从而对 PCB 上的焊锡膏印刷、元器件位置、焊接质量等情况进行检测，如图 4-61 所示。自动光学检测的实质是将采集的图像进行数字化处理，然后与预存的标准图像进行比较，经过分析判断，发现缺陷并进行位置标注。

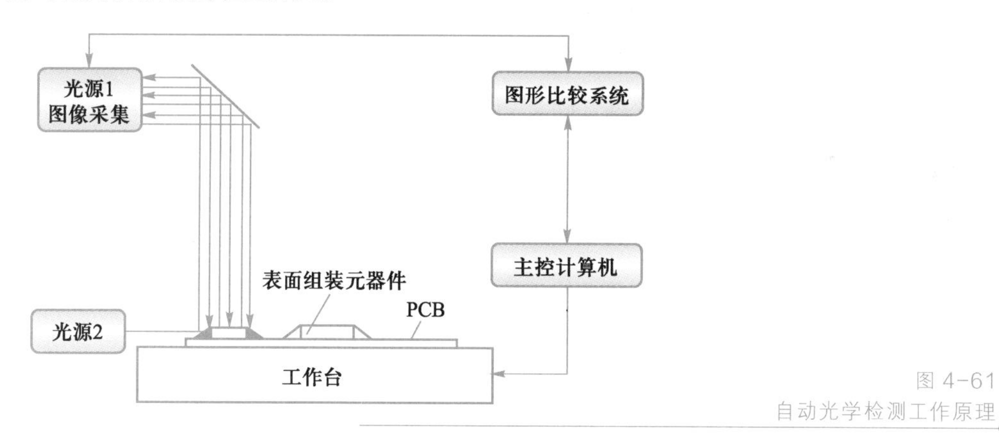

图 4-61
自动光学检测工作原理

自动光学检测主要基于光学原理、权值成像差异数据分析原理、相似性原理、颜色提取方法、图像比对方法和二值化原理来实现。

（1）光学原理

自动光学检测光源由红、绿、蓝三种 LED 灯组成，利用色彩的三原色原理组合成不同的颜色，结合光学原理中的镜面反射、漫反射、斜面反射，将 PCB 上的表面组装元器件、焊点及焊接状况以图像的形式显示出来。

（2）权值成像差异数据分析原理

通过权值成像差异数据分析系统对一幅图像进行栅格化处理，分析各个像素颜色分布的位置坐标、成像栅格之间的过渡关系等成像细节，列出若干个函数式，再通过对相同面积大小的若干幅相似图片进行数据提取，并将分析计算结果按软件设定的权值关系及最初图像像素色彩、坐标进行还原，形成一个虚拟的、权值的数字图像，即权值图像。它包含了图像的轮廓、色彩分布、允许变化的权值关系等，以便后续进行分析和处理。

（3）相似性原理

利用图像的明暗关系形成目标的外形轮廓，比较该外形轮廓与标准轮廓的相似程度，适用于检测元器件的缺失、漏贴等。

（4）颜色提取方法。

任何颜色均可以用红、绿、蓝三基色按照一定的比例混合而成。颜色提取就是在由红、绿、蓝三色形成的立方体中裁取出一个需要的小颜色立方体，对应于需要选取的颜色范围，然后计算所检测的图像中满足该颜色立方体的颜色数占整个图像颜色数的比例，检查是否满足需要的设定范围。在红、绿、蓝三色光照的情况下，该方法适用于检测电阻器、电容器等的焊接质量。

（5）图像对比方法

在测试过程中，使用 CCD 摄像系统采集 PCB 上的图像，对图像进行数字化处理并输入计算机内部，与标准图像进行运算对比，将对比结果超过额定误差阈值的图像显示出来，并显示其在 PCB 上的具体位置。

（6）二值化原理

将目标图像按一定方式转换为灰度图像，然后选取一定的亮度阈值进行图像处理，低于该阈值的直接转换成黑色，高于该阈值的直接转换成白色，这使得图像中的细节有清晰程度的不同，以便于区别。

通过以上原理和方法，自动光学检测能够完成元器件缺失、元器件极性、印刷质量、贴片质量、焊接质量等方面所存在的缺陷检测。

2. 自动光学检测的特点

自动光学检测的优点是检测速度快，编程时间较短，可以放置在生产线中不同位置，便于及时发现生产中出现的缺陷和问题，及时解决产生缺陷的原因，使生产和检测紧密结合，提高生产效率。此外，自动光学检测性能稳定，结果可靠，可提供检测数据分析和反馈，检测效率高，因此是目前在表面组装生产中应用比较广泛的检测技术。但自动光学检测也存在一些问题，如只能做元器件外观检测，不能检测电路错误、无法对 BGA、FC 等封装中的不可见焊点进行检测。

3. 自动光学检测设备

自动光学检测设备又称为自动光学检测仪，根据检测原理的不同，可分为激光式和 CCD 镜片式。其中，激光式属于三维检测，可准确检测焊锡高度、元器件高度等，但编程复杂，检测速度慢；CCD 镜片式则较为简单，而且噪声低、灵敏度高，目前使用较为广泛。按照使用光源的不同，自动光学检测设备可分为彩色镜头和黑白镜头，其中，彩色镜头使用红、绿、蓝三色光源，黑白镜头使用单色光源。从应用的角度，自动光学检测设备可分为台式和在线式两种，一般来说，台式大多是半自动的，在线式是全自动的。

自动光学检测设备一般由CCD摄像系统、精密运动系统、控制系统及系统软件组成。

（1）CCD摄像系统

CCD摄像系统由摄像头、图像采集卡、显示器、程控式LED光源等部分组成，主要实现图像实时采集、读取图像、显示图像等功能。摄像头将获取的视频图像信号传送到图像采集卡上，由图像采集卡完成图像采集，计算机对采集的图像进行处理后，将结果返回给主控程序，通过显示器对图像进行实时观测并完成其他相应的控制过程。

（2）精密运动系统

精密运动系统的功能是将被测PCB组件传送到指定的检测位置，并使摄像头自动运动到相应的位置，主要包括*X*、*Y*工作台运动和*Z*轴方向摄像头运动，大多由交流伺服电动机驱动精密滚珠丝杠来实现闭环控制。

（3）控制系统

控制系统主要完成*X*、*Y*工作台运动，PCB自动定位，以及摄像系统、图像采集、真空电磁阀等部分的自动控制。它由运动控制卡、图像采集卡、I/O接口板、主控计算机等部分组成，其中主控计算机是核心，实现数据的采集、传送、分析、处理功能，以及机械传动和检测功能。

（4）系统软件

系统软件由图像处理、运动控制和算法三部分组成，用户可以通过显示窗口完成各种运动控制和图像识别等。系统软件还支持工艺数据编程、多种方式的模拟操作与仿真，并提供各种电路设计软件的接口，可自动实现文件转换。

4. 自动光学检测设备的应用

自动光学检测设备可以放置在表面组装生产线上的多个位置，但以下三个位置是较为主要的：

① 焊锡膏印刷机或点胶机之后。将自动光学检测设备放置在焊锡膏印刷机或点胶机之后，对焊锡膏印刷工序进行质量检测，可检测焊锡膏用量是否适当、焊锡膏图形的位置是否偏移、焊锡膏之间有无粘连、点胶量是否适当或有无位置偏差等。

② 贴片机之后、再流焊机之前。将自动光学检测设备放置在贴片机之后、再流焊机之前，对贴片工序进行质量检测，可检测元器件贴错、元器件位移、元器件贴反、元器件侧立、元器件丢失、元器件极性错误以及贴片压力过大造成的焊锡膏图形粘连等缺陷。

③ 再流焊机之后。将自动光学检测设备放置在再流焊机之后，对焊接工序进行质量检测，具体检测焊点润湿度，以及焊锡量过多或过少、漏焊、虚焊、桥连、移位、锡珠、立碑等缺陷。

4.6.4 自动X射线检测

自动X射线检测（automatic x-ray inspection，AXI）是利用X射线对不同物质穿透率不同的原理对PCB组件进行检测的技术。X射线透视图可显示焊点厚度、形状以及质量分布，能充分反映出焊点的焊接质量，可以发现虚焊、桥连、空洞、气孔、焊锡不足等缺陷，并可以进行定量分析。X 射线检测属于非破坏性检测，主要用于焊点在元器件底部，用肉眼和自动光学检测都不能检测的 BGA、CSP、FC 等器件焊点的检测，以及焊点内部损伤的检测。

1. 自动 X 射线检测的工作原理

自动 X 射线检测工作原理如图 4-62 所示。组装好的 PCB 沿导轨进入机器内部后，PCB 上方的 X 射线发射管发射 X 射线，其穿过 PCB 后投射在图像增强器上，然后被置于下方的探测器（一般为 CCD 摄像机）接收。由于焊点中含有大量吸收 X 射线的铅，因此与穿过玻璃纤维、铜、硅等其他材料的 X 射线相比，照射在焊点上的 X 射线被大量吸收，呈黑点，产生良好图像，如图 4-63 所示。自动 X 射线检测对焊点的检测相当直观，可以自动并且可靠地检测出焊点的各种缺陷。

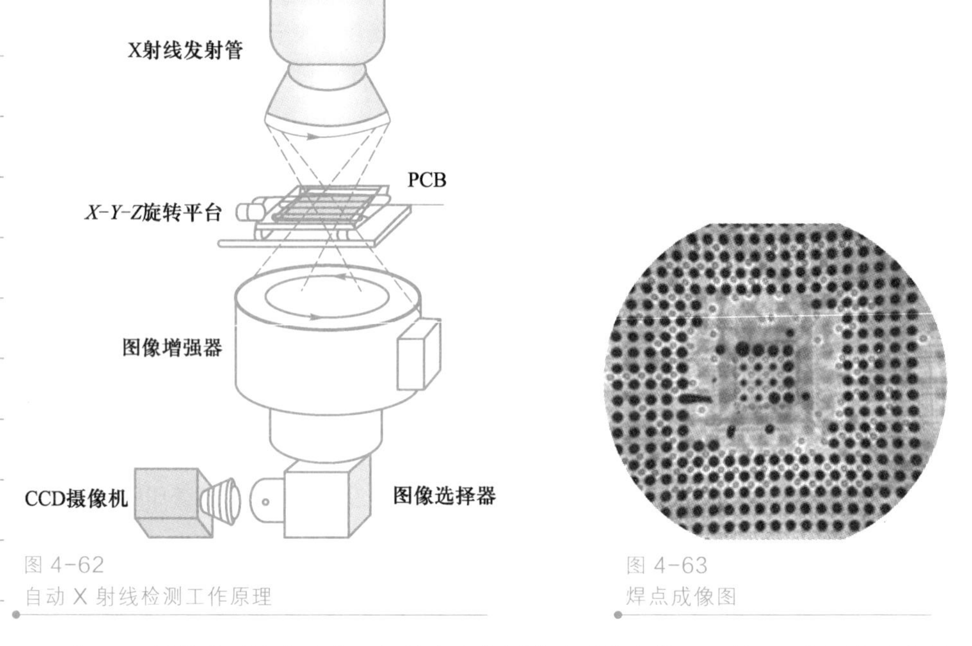

图 4-62
自动 X 射线检测工作原理

图 4-63
焊点成像图

自动 X 射线检测技术为表面组装生产检测带来新的变革，已从 2D 检测方法发展到目前的 3D 检测方法。3D 检测方法采用分层技术，除了可以检测双面贴装的电路板外，还可以对不可见焊点如 BGA 器件进行多层图像的“切片”检测，利用此方法还可以检测通孔焊点，检查通孔中的焊料是否充实，从而极大地提高焊点质量。

2. 自动 X 射线检测的特点

自动 X 射线检测具有以下几个重要特点：

① 对工艺缺陷检测的覆盖率高达 97%。可检查的缺陷包括虚焊、桥连、立碑、焊锡不足、气孔、元器件漏装等。

② 具有较高的检测覆盖度，可以对肉眼和在线检测技术无法检测的地方进行检测，如 PCB 内层走线断裂情况。

③ 检测操作的准备时间大大缩短。

④ 能检测到其他检测技术无法检测到的缺陷，如虚焊、空洞、气孔和成型不良等。

⑤ 对双面板和多层板只需要一次检测（带分层功能）。

⑥ 可以提供对生产工艺过程进行评估的相关信息，如焊锡膏厚度、焊点的焊锡膏用量等。

3．自动 X 射线检测设备

自动 X 射线检测设备也称为自动 X 射线检测仪。根据使用的 X 射线技术，自动 X 射线检测设备可分为投射式和截面式。其中投射式适用于检测单面贴装电路板，检测双面板和多层板比较困难；截面式可以进行分层断面检测，可准确显示焊点内部状况，适用于检测单面、双面电路板。

自动 X 射线检测设备主要由光机系统单元、软件系统单元、控制电路单元组成。其中，光机系统单元由 X 射线管、图像增强器、CCD 成像单元、导轨移动平台等组成，主要实现图像采集、工作台三维空间移动等功能；软件系统单元是整个检测设备的神经中枢，实现图像分析处理、操作控制等功能；控制电路单元则是检测设备的执行单元，根据计算机指令来完成工作台的移动控制、X 射线的强度控制以及信息采集等。

4.6.5 在线测试技术

在线测试（in-circuit test，ICT）是通过对在线元器件电性能以及电气连接的测试来检查生产制造缺陷及元器件不良的一种标准测试技术。它主要检查在线的单个元器件以及各电路网络的开、短路情况，具有操作简单、快捷迅速、故障定位准确等特点。在线测试技术分为针床式和飞针式两种测试技术。

1．针床式在线测试

针床式在线测试属于接触式测试技术，它使用专门的针床与已焊接好的电路板上的元器件焊点接触，并用数百毫伏电压和 10 mA 以内电流进行分立隔离测试，从而精确地测量所装电阻器、电感器、电容器、二极管、晶闸管、场效应管、集成电路等通用和特殊元器件的漏装、错装、参数值偏差、焊点连接问题以及各电路网络的开、短路等故障。

测试时，通常将 PCB 组件放置在专门设计的针床夹具上，如图 4-64 所示，在针床夹具上有许多弹簧测试针，利用它们接触组件引线或焊盘的测试点，借此将在线测试仪内部模块与测试点连接起来，且每个测试针都在测试程序控制下与模拟或数字测量仪表模块相连，使所有仿真和数字器件都可以单独测试，并能迅速检测出器件故障。

针床式在线测试速度快，能检测出绝大多数与生产组装过程相关的缺陷，因此可用于一般组装密度、大批量单一品种的产品生产。但随着组装密度的提高，特别是细间距组装越来越多，针床式在线测试也暴露出一些问题，如测试用的针床治具制作时间长、开发成本高；对于一些高密度的电路板，针床式在线测试往往无法满足测试精度的要求。

2．飞针式在线测试

飞针式在线测试是对针床式在线测试的一种改进，它用探针来代替针床，在 *X*、*Y*

运动机构上装有可分别高速移动的 4～8 个独立控制的测试探针，如图 4-65 所示。工作时 PCB 组件通过传送系统传送到测试机内，测试探针根据预先编排的程序移动并接触测试焊盘和通孔，以测试 PCB 组件上的元器件。在对一个元器件进行测试时，PCB 组件上的其他元器件通过探针器在电气上实现屏蔽以避免其干扰测量。

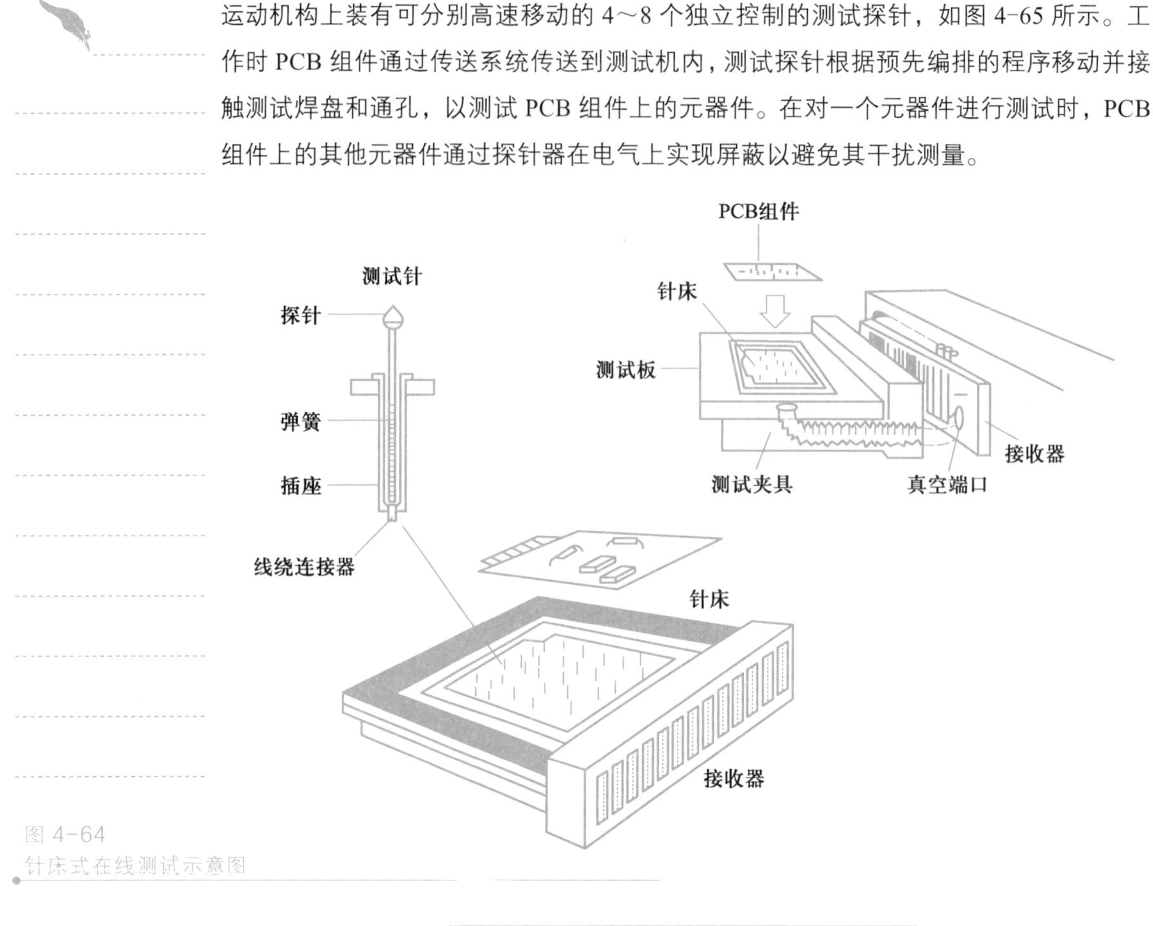

图 4-64
针床式在线测试示意图

图 4-65
飞针式在线测试

飞针式在线测试同样能进行电气性能检测，能检测出桥连、虚焊、断路以及元器件贴错、元器件失效等缺陷，也可以检测元件值，如电阻器的阻值、电容器的容值等，主要应用于组装密度高、引脚间距小的表面组装产品生产中。与针床式在线测试相比，飞针式在线测试具有以下优点：

① 较低的测试成本。不需要开发制作专门的测试针床治具。

② 较短的测试开发周期。编程系统更容易、更快捷，数小时内即可完成测试准备，而针床治具的开发测试周期往往需要几天甚至几个月。

③ 较高的测试精度。飞针式在线测试具有极高的定位精度（±10 μm）和重复性（±10 μm），以及尺寸极小的触点和间距，且测试探针安装在适当的角度上，能进行全方位角测试，最小测试间隙可达到 0.2 mm，使得测试系统可探测到针床治具无法到达的 PCB 节点。

但是，飞针式在线测试也存在一些缺点：因为测试探针与通孔和测试焊盘上的焊锡发生物理接触，因此可能会在焊锡上留下小凹坑，对焊点外观造成影响，这些小凹坑可能被认为是外观缺陷，容易被拒收。另一方面，飞针式在线测试时间比较长：传统的针床式在线测试探针数量为 500～3 000，针床与 PCB 一次接触即可完成所有元器件的测试，测试时间只要几十秒；而飞针式在线测试则需要飞针多次运动才能完成，因此测试时间明显变长。另外，针床式在线测试可同时完成双面 PCB 顶面和底面元器件的测试，而飞针式在线测试有时则需要测试完一面后再测试另一面，因此测试效率较低。

作为两种典型的在线测试技术，针床式在线测试和飞针式在线测试具有不同的特征，但同时也具有互相补充的能力，因此可以考虑将这两种技术融合起来，进行优势互补，取长补短，以达到测试高速准确、编程容易、成本降低的目的。

4.6.6 功能测试技术

尽管各种新型测试技术层出不穷，如自动光学检测、自动 X 射线检测、飞针式或针床式电性能在线测试等，但这些新型测试技术虽然能够有效查找表面组装过程中发现的各种缺陷和故障，却不能评估整个 PCB 组件所组成的系统是否正常运作，而功能测试（functional test，FT）就可以测试整个系统是否能够实现设计目标。它将 PCB 组件或 PCB 组件上的被测单元作为一个功能体，输入电信号，然后按照功能体的设计要求检测输出信号。功能测试主要用于确保 PCB 组件能否按照设计要求正常工作，因此进行功能测试最简单的方法是将组装好的某电子设备上的专用 PCB 组件连接到该设备的适当电路上，然后加电压，如果设备正常工作，即表明 PCB 组件合格。功能测试简单、投资少，但不能自动诊断故障。

4.6.7 几种检测技术的比较

以上分析了表面组装生产中常用的检测技术及设备，下面对这些检测技术进行比较总结，如表 4-17 所示。

表 4-17 表面组装检测技术的比较

检测技术	工作原理	优点	缺点	应用范围
人工目测	肉眼观测	方法简单，投入少	速度慢，主观性强，稳定性差	小批量生产、返修或返工
自动光学检测	CCD 摄像图像识别	检测速度快，编程时间短，能及时发现缺陷，稳定性好	不能检测电路错误和 BGA 等封装的不可见焊点	多品种、大批量生产
自动 X 射线检测	X 射线图像识别	覆盖面广，可检测 BGA 等封装的不可见焊点	检测效率一般，投入成本高	多品种、大批量生产

续表

检测技术	工作原理	优点	缺点	应用范围
针床式在线测试	分立隔离器件测试	测试速度快，效率高，可检测故障覆盖率高	需要专门的治具，开发时间长	一般组装密度、单一品种大批量生产
飞针式在线测试	短路测试	编程开发时间短，适合细间距检测	设备成本高，检测速度比较慢，容易影响焊点外观	较高组装密度、多品种、大批量生产
功能测试	电功能测试	方法简单，投入少	不能自动检测	多品种、大批量生产

4.7　返修工艺与设备

在表面组装产品生产中，返修是不可缺少的工艺。随着表面组装技术的深入发展，表面组装元器件越来越小，还出现了许多新型封装的元器件，不仅使组装难度越来越大，而且使返修难度也不断加大。因此，针对组装密度高的 PCB 组件以及 BGA 等新型封装元器件，如何进行返修，如何保证返修的质量和可靠性，成为表面组装生产企业极为关注的问题。

4.7.1　返修工艺概述

PCB 组件焊接完成后，特别是开发新产品时，或多或少会出现一些元器件的移位、桥接和虚焊等各种缺陷。这些缺陷会严重影响产品的使用功能和寿命，因此必须进行返工或返修。

返工和返修是不同的概念。返工是为使不合格产品符合要求而对其采取的措施，即使用原来的或者相近的工艺重新处理 PCB 组件，其产品的使用寿命和正常生产的产品是一样的。而返修是为使不合格产品满足预期用途而对其采取的措施，即不能保持原有的工艺，只是一种简单的维修。返修工艺流程如图 4-66 所示。

图 4-66
返修工艺流程

4.7.2　返修工具与材料

表面组装生产常用的返修工具与材料如表 4-18 所示。

表 4-18　常用的返修工具与材料

返修工具与材料		
清洁剂	片式移动爪	放大镜
助焊剂	焊接手柄	电烙铁
耐热带	静电手环	预热炉
刷子	镊子	真空吸锡器
拭纸或擦布	热风头	垫板

续表

返修工具与材料		
护脸装置	指套	喷锡系统
焊锡丝	拆卸头	套管和喷嘴
静电手套	凿子头	热风枪
酒精	热风管	热风返修台
吸锡编织带	宽平头	返修系统

其中，电烙铁、热风枪和返修系统是常用的返修工具，下面将具体介绍。

1. 电烙铁

（1）电烙铁的结构

电烙铁主要由以下几部分组成：

① 发热元件（俗称烙铁芯）：是将镍铬发热电阻丝缠在云母、陶瓷等耐热、绝缘材料上构成的。

② 烙铁头：用于热量存储和传递，一般用紫铜制成。

③ 手柄：一般用实木或胶木制成，手柄设计要合理，否则易因温升过高而影响操作。

④ 接线柱：发热元件与电源线的连接处。必须注意：电烙铁一般有三个接线柱，其中一个是接金属外壳的，接线时应用三芯线将外壳接保护零线。

（2）电烙铁的分类

电烙铁根据传热方式可分为内热式电烙铁、外热式电烙铁，根据用途可分为恒温电烙铁、吸锡电烙铁、自动送锡电烙铁。下面主要介绍内热式电烙铁、外热式电烙铁和恒温电烙铁。

① 内热式电烙铁。内热式电烙铁由烙铁芯、烙铁头、弹簧夹、连接杆、手柄、接线柱、接地线、电源线及紧固螺钉等部分组成，如图 4-67 所示。其热效率高，烙铁头升温快，体积小，重量轻；但使用寿命较短。内热式电烙铁的规格多为小功率的，常用的有 20 W、25 W、35 W、50 W 等。

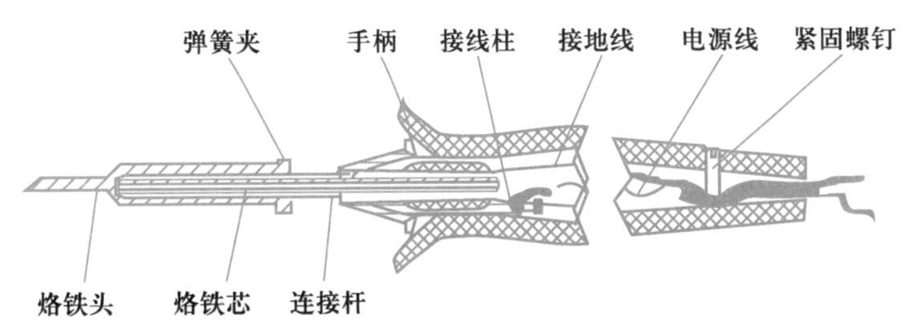

图 4-67
内热式电烙铁结构

② 外热式电烙铁。外热式电烙铁的组成部分与内热式电烙铁相同，但外热式电烙铁的烙铁头安装在烙铁芯里面，即产生热能的烙铁芯在烙铁头外面，故称为外热式电烙铁，如图 4-68 所示。它的优点是经久耐用、使用寿命长，长时间工作时温度平稳，焊接时不易烫坏元器件；但其体积较大，升温慢。外热式电烙铁常用的规格

有 25 W、45 W、75 W、100 W、200 W 等。

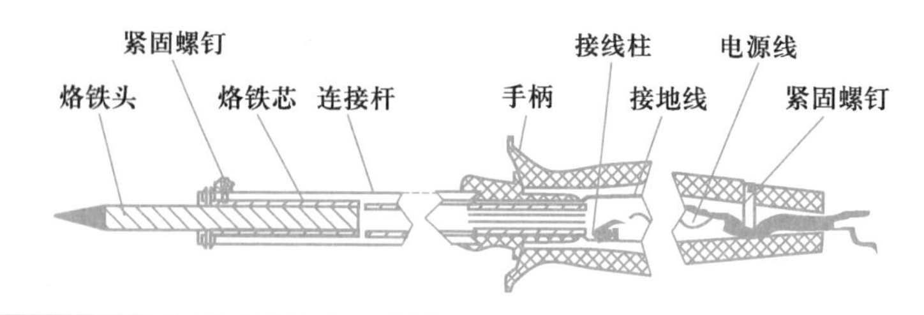

图 4-68
外热式电烙铁结构

③ 恒温电烙铁。恒温电烙铁的温度能自动调节保持恒定。常用恒温电烙铁有磁控恒温电烙铁和热电耦检测控温式自动调温恒温电烙铁（又称自控焊台）两种。磁控恒温电烙铁是借助电烙铁内部的磁性开关来达到恒温的目的。自控焊台则依靠温度传感元件监测烙铁头温度，并依此控制电烙铁供电电路输出电压的高低，从而自动调节电烙铁温度，使电烙铁温度恒定的。恒温电烙铁如图 4-69 所示。

图 4-69
恒温电烙铁

（3）电烙铁的使用

使用电烙铁主要包括以下几个步骤：

步骤 1：准备施焊。左手拿焊锡丝，右手握电烙铁，进入备焊状态。要求烙铁头保持干净，无焊渣等氧化物，并在表面镀有一层焊锡。元器件成形，引脚处于笔直状态，PCB 处于水平状态。

步骤 2：加热焊件。烙铁头靠在两个焊件的连接处，加热整个焊件，时间为 1～2 秒。对于在 PCB 上焊接元器件来说，要注意使烙铁头同时接触两个焊件。

步骤 3：送入焊锡丝。焊件的焊接面被加热到一定温度时，使焊锡丝从电烙铁对面接触焊件。注意：不可把焊锡丝直接送到烙铁头上。

步骤 4：移开焊锡丝。当焊锡丝熔化一定量后，立即向左上与平面成 45° 方向移开焊锡丝。

步骤 5：移开电烙铁。移开焊锡丝后再加热 1 秒，等焊锡浸润焊盘和焊件的施焊部位以后，沿着元器件引脚迅速向上移开电烙铁，结束焊接（移开电烙铁后不能移动元器件，防止虚焊情况发生）。从步骤 3 开始到步骤 5 结束，时间为 1～2 秒。

焊接的操作步骤如图 4-70 所示。

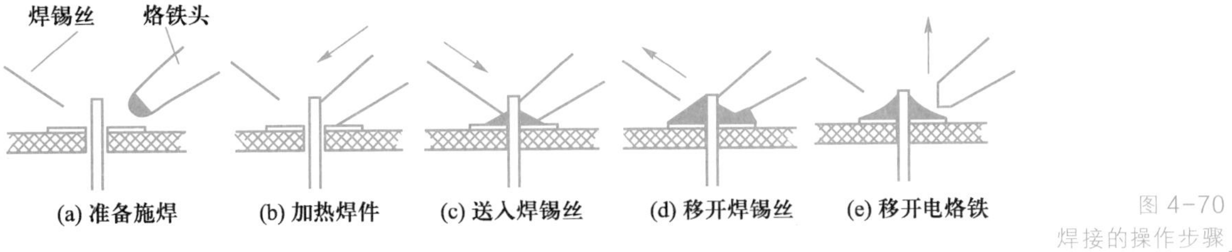

图 4-70
焊接的操作步骤

2．热风枪

（1）热风枪的结构

热风枪是表面组装元器件的拆焊或焊接工具，主要由气泵、线性电路、气流稳定器、外壳、手柄组件组成。热风枪可以分为手持式热风枪和热风拆焊台，如图 4-71 所示。

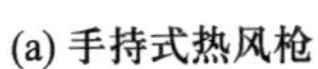
(a) 手持式热风枪

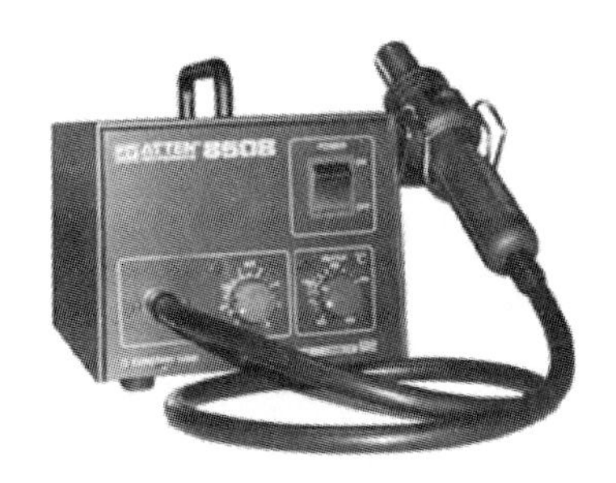
(b) 热风拆焊台

图 4-71
热风枪

（2）热风枪的使用

① 正确调节热风枪的温度。拆卸内联座需要 280～300 ℃的温度，温度高会导致内联座变形，温度低则拆卸不下来。拆卸软封装集成电路需要 300～320 ℃的温度，温度高容易损坏集成电路，温度低则拆卸不下来，且容易损坏焊盘，造成不能修复的故障。

② 正确调节风速。使用热风枪时，应把送风量旋钮都置于中间位置。

③ 使用时应垂直于元器件且在距离元器件 1～2 cm 的位置均匀移动吹焊，不能直接接触元器件引脚，也不可过远。待元器件完全松动后方可取下元器件。

④ 焊接或拆除元器件时，一次不要连续吹热风超过 20 秒，同一位置使用热风不要超过 3 次，以免损坏元器件或引脚。

⑤ 使用完或不用时应将温度调到最低，风速调到最大。这样既方便散热，再次使用时又能很快升温，延长使用寿命。

3．返修系统

在新产品的开发中，经常会遇到 PCB 焊接后 QFP、PLCC、BGA 等器件出现移位、桥连和虚焊等各种缺陷，这类元器件的返修设备是返修系统。返修系统利用热风将芯片引脚焊锡熔化，以拆装或焊接 QFP、PLCC、BGA、CSP 等表面贴装器件。其优点是受热均匀，不会损伤 PCB 和芯片，适用于多层电路板的快速返工。常见的返修系统如图 4-72 所示。

（1）返修系统的结构

① 返修工作台。返修工作台主要用于夹紧要返修的 PCB，调节工作台的 X、Y 旋

钮，可以使元器件底部图像与 PCB 焊盘图像完全吻合。

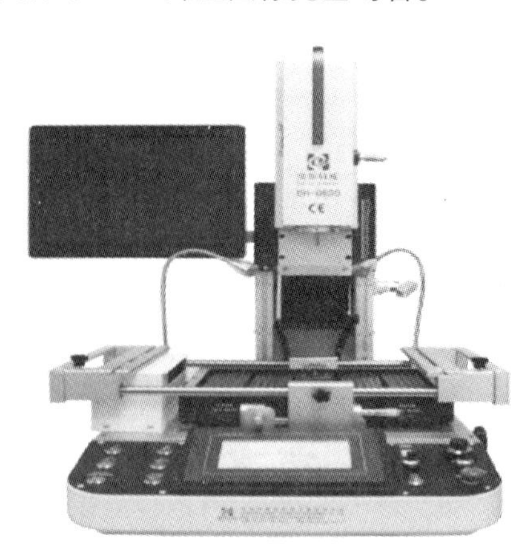

图 4-72
返修系统

② 光学系统。光学系统主要包括高倍摄像头或显微镜、监视器及光学对中系统。如果没有光学对中系统，将难以完成贴装工序。

③ 加热系统。加热系统用于对顶、底部元器件及 PCB 局部加热，加热温度曲线可根据需要自行设置，通过编程来实现控制。目前加热系统采用的是热风加热、红外加热和热风红外加热。但无论采用哪种加热方法，都要确保加热质量。

④ 热风控制系统。热风控制系统主要用于控制加热时的热风流量。

⑤ 真空系统。真空系统通过外置或内置真空泵提供气源，用于拆装 QFP、PLCC、BGA 等器件。

⑥ 计算机控制系统。该系统通过计算机软件控制光学系统、加热系统、热风控制系统等协调工作，确保返修质量。

（2）返修系统的主要技术指标

① 可焊接和返修的整机尺寸：应根据返修 PCB 的最大尺寸确定。

② 光学调节系统精度：一般为±0.025 mm。

③ 温度控制方式：根据热电偶的不同分为 K 型热电偶控制和外接热电偶控制。

④ 底部预热最高温度：一般为 100～300 ℃。

⑤ 喷嘴加热最高温度：一般为 100～500 ℃。

⑥ 返修 PCB 厚度：常见为 0.8～3.2 mm。

⑦ 返修 PCB 尺寸：常见为 400 mm×500 mm。

⑧ 芯片返修尺寸：常见为 50 mm×50 mm。

⑨ 图像放大倍数：根据镜头的不同，常见放大倍数为 10～50 倍。

4.7.3　返修工艺的基本要求

① 手工焊接使用的电烙铁必须带防静电接地线，焊接时接地线必须可靠接地。

② 烙铁头始终保持无钩、无刺，烙铁头不得重复接触焊盘，不得划破焊盘及导线。

③ 焊接时不允许直接加热片式元器件的焊端和元器件引脚的脚跟以上部位，焊接

时间不超过 3 秒，同一焊点的焊接次数不得超过两次。

④ 电烙铁不用时要上锡保护，长时间不用时必须关闭电源以防止空烧。

⑤ 拆卸表面组装元器件时，应等到全部引脚完全熔化后再取下元器件，以防破坏元器件引脚的共面性。

⑥ 防静电手腕必须检测合格，手腕带松紧适中，金属片与手腕部皮肤贴合良好，接地线连线可靠。

⑦ 助焊剂和焊料要与再流焊和波峰焊时一致匹配。

4.7.4 常见元器件的返修

1. 片式元件的返修

片式元件一般指的是片式电阻器、电容器、电感器。片式元件在表面组装生产中的返修最为简单。对于片式元件的返修可以使用普通电烙铁，也可以使用专用工具马蹄形烙铁头。由于片式元件一般比较小，所以对其加热时，温度要控制得当，否则过高的温度将会使片式元件受热损坏。电烙铁在加热时，一般在焊盘上停留的时间不得超过 3 秒。片式元件具体的返修工艺流程如下：

微课
片式元件的返修

① 涂覆助焊剂。用细毛笔将助焊剂涂在有缺陷的片式元件焊点上。

② 加热焊点。用马蹄形烙铁头加热片式元件两端的焊点，加热时间不可过长，以防片式元件受热损坏。

③ 取下片式元件。焊点熔化后，用镊子夹持片式元件离开焊盘。

④ 清洗焊盘。待片式元件取下后，清除片式元件上残留的焊锡，为焊接做准备。

⑤ 焊接片式元件。用镊子夹持片式元件，将片式元件的两个焊端移到相应的焊盘位置上，使用普通电烙铁按照手工焊接的操作方法进行焊接。

⑥ 返修时注意，片式元件只能按以上方法修整一次，而且烙铁不能长时间接触片式元件两端的焊点，否则容易造成片式元件脱帽。

⑦ 用目测或其他检测设备对返修完的片式元件进行检测，判断是否满足返修标准。

2. 多引脚器件的返修

SOP、SOJ、QFP、PLCC 等多引脚器件的返修可以采用专用的电烙铁头，其操作工艺流程如下：

(1) SOP 和 SOJ 器件的返修

① 用细毛笔将助焊剂涂在器件两侧所有的引脚焊点上。

② 用双片扁铲式马蹄形烙铁头同时加热器件两侧所有的引脚焊点。

③ 待焊点完全熔化后，用镊子夹持器件离开焊盘。

④ 用普通电烙铁将焊盘和器件引脚上残留的焊锡清洗干净，并使其平整。

⑤ 用镊子夹持器件，按正确极性和方向对准，使器件引脚与焊盘对齐，将器件放置在相应的焊盘上，用圆锥形或凿子形烙铁头先焊牢器件斜对角的 1～2 个引脚。

⑥ 涂助焊剂。给烙铁头上锡，从第 1 个引脚开始，按顺序向下缓慢匀速拖拉电烙

铁，将器件两侧引脚全部焊好。

⑦ 检测，用放大镜或检测设备对返修完的器件进行检测，判断是否满足返修标准。

（2）QFP 和 PLCC 器件的返修

① 首先检查器件周围有无影响四方形烙铁头操作的元器件，如有，应先将这些元器件拆卸下来，待返修完毕再将其复位。

② 用细毛笔将助焊剂涂在器件四周所有的引脚焊点上。

③ 选择与器件尺寸相匹配的四方形烙铁头（小尺寸元器件用 35 W，大尺寸元器件用 50 W），在四方形烙铁头端面上加适量的焊锡，扣在需要拆卸器件引脚的焊点处，四方形烙铁头要放平，必须同时加热器件四端的所有引脚焊点。

④ 待焊点完全融化后，用镊子夹持器件立即离开焊盘和烙铁头。

⑤ 用普通电烙铁将焊盘和器件引脚上残留的焊锡清洗干净，并弄平整。

⑥ 用镊子夹持器件，按正确极性和方向对准，使器件引脚与焊盘对齐。将器件居中贴放在相应的焊盘上，对准后用镊子按住不要移动。

⑦ 用圆锥形或凿子形烙铁头焊牢器件斜对角的 1～2 个引脚，以固定器件位置。确认位置准确后，用细毛笔将助焊剂涂在器件四周所有的引脚和焊盘上，沿引脚与焊盘交接处从第一条引脚开始按顺序向下缓慢匀速拖动，同时加少许直径为 0.5～0.8 mm 的焊锡丝，用此方法将器件四侧引脚全部焊牢。

⑧ 焊接 PLCC 器件时，烙铁头与器件的角度应小于 45°，在 J 形引脚弯曲面与焊盘交接处进行焊接。

⑨ 检测，用放大镜或检测设备对返修完的器件进行检测，判断是否满足返修标准。

3．BGA 器件的返修与植球工艺

（1）BGA 器件的返修流程

① 拆卸 BGA 器件：

a. 将需要拆卸 BGA 器件的 PCB 安放在返修工作系统的返修工作台上。

b. 选择与器件尺寸相匹配的四方形热风喷嘴，并将热风喷嘴安放在加热器的连杆上。

c. 将热风喷嘴扣在器件上，注意器件四周的元器件要均匀分布，如果器件周围有影响热风喷嘴操作的元器件，应先将这些元器件拆卸下来，待返修完毕后再将其复位。

d. 选择适合拆卸器件的吸嘴，调节吸取器件的真空负压吸管装置高度，用吸嘴接触器件顶部，打开真空泵开关。

e. 设置拆卸温度曲线，注意必须根据器件尺寸、PCB 厚度等具体情况设置，BGA 器件的拆卸温度比传统表面组装元器件要高 15 ℃左右。

f. 打开加热电源，调整热风量，拆卸时一般可将风量调到最大。

g. 当焊锡完全熔化时，器件被真空吸管吸走。

h. 向上抬起热风喷嘴，关闭真空泵开关，接住被拆卸的器件。

② 清理焊盘：用电烙铁或吸锡器将 PCB 焊盘上残留的焊锡清理干净、平整，也可以采用拆焊编织带和扁铲式烙铁头进行清理，并用异丙醇或乙醇等清洗剂将助焊剂

残留物清洗干净。

③ 去潮处理：由于 BGA 器件对潮气敏感，因此在组装之前要检查器件是否受潮，对受潮器件进行去潮处理。

④ 印刷焊锡膏或涂敷助焊剂：对于 BGA 器件，一般会印刷焊锡膏，方法是将焊锡膏印刷在 PCB 焊盘上或者直接印在 BGA 的焊球上。涂敷助焊剂同样也可以涂敷在 PCB 焊盘上或者直接涂敷在 BGA 的焊球上。

⑤ 贴装 BGA 器件：

a. 将印刷好焊锡膏或涂敷好助焊剂的 PCB 安放在返修系统的返修工作台上。

b. 选择适当的吸嘴，打开真空泵。将 BGA 器件吸起来，用摄像机顶部光源照射 PCB 上印刷好焊锡膏的 BGA 焊盘，调节焦距使监视器显示的图像最清晰。然后调节 BGA 器件专用的反射光源，照射 BGA 器件底部并使图像清晰。调节工作台的 X、Y、θ（角度）旋钮，使 BGA 器件底部图像与 PCB 上的 BGA 焊盘图像完全重合。

c. 当 BGA 器件底部图像与 PCB 上的 BGA 焊盘图像完全重合后将吸嘴向下移动，把 BGA 器件贴装到 PCB 上，然后关闭真空泵。

⑥ 再流焊：

a. 设置再流焊温度曲线，应根据器件尺寸、PCB 厚度等具体情况进行设置。

b. 选择与器件尺寸相匹配的四方形热风喷嘴，并将热风喷嘴安装在加热器的连杆上，要注意安装平稳。

c. 将热风喷嘴扣在 BGA 器件上，注意器件四周的元器件要均匀分布。

d. 打开加热电源，调整热风量，开始对 BGA 器件进行焊接。

e. 焊接完毕，向上抬起热风喷嘴，取下 PCB。

⑦ 检验：BGA 器件焊接质量的检验需要使用自动 X 射线检测仪。如果没有相应设备，可以通过功能测试判断焊接质量，也可以凭经验进行检验。具体方法是举起焊接好 BGA 器件的 PCB 组件，对光平视 BGA 器件四周，观察是否透光、BGA 器件四周与 PCB 边框之间的距离是否一致、焊锡膏是否熔化、焊球的形状是否端正、焊球塌陷程度等，以此来判断焊接质量。

（2）BGA 器件的植球工艺

由于 BGA 器件引脚形状和位置的特殊性，在拆焊过程中往往会破坏 BGA 的焊球，因此需要采取植球操作，具体步骤如下：

① 去除 BGA 器件底部焊盘上残留的焊锡膏并清洗：

a. 用拆焊编织带和扁铲式烙铁头将 BGA 器件底部焊盘上残留的焊锡膏清理干净、平整，操作时注意不要损坏焊盘和阻焊膜。

b. 用异丙醇或乙醇等清洗剂将助焊剂残留物清洗干净。

② 在 BGA 器件底部焊盘上涂敷助焊剂或印刷焊锡膏：助焊剂主要起到黏结和助焊作用，有时也可以用焊锡膏，但焊锡膏的金属成分必须与焊球相同。印刷焊锡膏时可采用专用的小模板，印刷完毕必须检查印刷质量。

③ 选择焊球：选择焊球时要考虑焊球的材料和球径的尺寸。选择焊球材料时，必须选择与 BGA 器件焊球材料一致的焊球，目前有铅焊球的成分是锡、铅，无铅焊球的成分则是锡、银、铜；如果使用膏状助焊剂，应选择与 BGA 器件焊球相同直径的焊球；如果使用焊锡膏，必须选择比 BGA 器件焊球直径小一些的焊球。

④ 植球：

a. 清洁 BGA 器件的焊盘，去除焊盘上的残留物，并涂敷助焊剂或印刷焊锡膏。

图 4-73
植球器

b. 将小模板安装在植球器（见图 4-73）上方夹持模板的框架上，并与下方 BGA 器件的焊盘对准固定。

c. 把涂敷助焊剂或印刷焊锡膏的 BGA 器件放置在植球器底部的 BGA 支撑平台上，印刷面向上。

d. 把模板移到 BGA 器件上方（前面已经对准的位置上），将焊球均匀地撒在模板上，晃动植球器，使模板表面每个漏孔中恰好保留一个焊球，把多余的焊球用镊子从模板上拨下来。

e. 移开模板。

f. 检查 BGA 器件每个焊盘上有无缺少焊球的现象，并用镊子补齐焊球。

⑤ 再流焊：焊接时 BGA 器件的焊球面向上，把热风量调到最小，以防止焊球被吹移位，经过再流焊后，焊球就固定在 BGA 器件上。植球工艺的再流焊也可以在再流焊机中进行，焊接温度要比 PCB 的再流焊温度略低 5～10 ℃。

4.8　清洗工艺与设备

微课
清洗工艺与设备

PCB 组件在焊接以后，其表面或多或少会留有各种残留污物，为防止由于腐蚀而引起的电路失效缩短产品的使用寿命，必须在焊接后对 PCB 组件进行清洗。随着组装密度的不断提高，控制 PCB 组件的清洗度就显得尤为重要，这关系到产品的长期可靠性，因此清洗同样是表面组装生产的重要工艺。

4.8.1　清洗工艺概述

清洗是一种去污染的工艺，PCB 组件的清洗就是去除焊接后残留在 PCB 上影响其可靠性的污染物。清洗的主要作用如下：

① 防止电气缺陷的产生，最主要的是避免漏电。造成电气缺陷的主要原因是 PCB 上附着离子污染物、有机残料和其他黏附物。

② 防止腐蚀物的危害。腐蚀物对元器件和印制导线的腐蚀会损坏电路，造成器件的脆化。另外，腐蚀物本身在潮湿的环境中能导电，会引起电路短路。

③ 使 PCB 组件更加清晰、美观。清洗后 PCB 组件的外观清晰，能使热损伤、层裂等一些缺陷显露出来，便于进行检测和排除故障。

4.8.2 清洗的原理及分类

清洗的原理是破坏污染物与 PCB 之间的物理键或化学键的结合力，从而将污染物从组件上分离。由于这个过程是吸热反应，因此必须提供足够的能量。通过采用适当的溶剂，由污染物和溶剂之间的溶解反应和皂化反应提供能量，就可以破坏它们之间的结合力，使污染物溶解在溶剂中，从而达到去除污染物的目的。另外，还可以采用特定的水去除水溶性助焊剂在组件上留下的污染物。

污染物是各种表面沉积物或杂质以及被 PCB 组件表面吸附或吸收的一种会使其性能降级的物质。一般而言，可以将这些污染物分为极性污染物、非极性污染物和微粒状污染物。极性污染物是指在一定条件下可电离为离子的物质，其分子具有偏心的电子分布。卤化物、酸和盐都是极性污染物，它们主要来自助焊剂中的活性剂。非极性污染物是指没有偏心电子分布的化合物，且不分离成离子，也不带电流，通常包括松香残留物、防氧化油、残留胶带及浮油等。微粒状污染物主要来源于空气中的物质、有机物残渣等，如尘埃、烟雾、静电粒子等，它们会降低电路板的电气性能，对 PCB 组件造成损害。

PCB 组件的清洗工艺根据清洗介质性质的不同，可以分为溶剂清洗和水清洗；根据清洗工艺和设备的不同，又可分为批量式（间歇式）、连续式和超声波清洗。

4.8.3 溶剂清洗工艺与设备

溶剂清洗工艺一般采用冷凝—蒸发的原理去除污染物，主要适用于批量式和连续式溶剂清洗。此外，超声波清洗工艺也适用于多种溶剂清洗，并能显著提高清洗效果。

1. 批量式溶剂清洗工艺

批量式溶剂清洗又称为间歇式溶剂清洗，其工艺流程是将被清洗的 PCB 组件置于清洗机的蒸气区，由于蒸气区设有冷凝管，当位于蒸气区下部的溶剂被加热而变成蒸气状态上升至冷却的组件表面时，蒸气溶剂很快凝结，并与组件表面的污染物作用后随液滴下落而带走污染物。被清洗的 PCB 组件在蒸气区停留 5～10 min 后，再用溶剂蒸气经冷凝而回收得到的洁净液对 PCB 组件进行喷淋，冲洗污染物。而对于一直停留在蒸气区内的 PCB 组件，当其表面温度达到蒸气温度时，其表面不再产生冷凝液，此时 PCB 组件已经洁净干燥。这种清洗方法清洗的 PCB 组件洁净度高，适用于小批量生产、PCB 组件污染不严重而对洁净度要求较高的场合。它的操作是半自动的，溶剂蒸气会有少量外泄，对环境有影响。

批量式溶剂清洗工艺的要点包括以下几个方面：

① 煮沸槽中应容纳足量的溶剂，以促进其均匀、迅速地蒸发，维持饱和的蒸气区，还应注意要从煮沸槽中清除清洗后的残留物。

② 煮沸槽中设置有清洗工作台，以支撑清洗负载；要使污染的溶剂在工作台水平架下始终保持安全水平，以便当装有清洗负载的筐子上升和下降时，不会将污染的溶剂带进另一溶剂槽中。

③ 溶剂罐中要充满溶剂并维持在一定水平，以使溶剂总是能流入煮沸槽中，周期

性更换煮沸槽中的溶剂。

④ 设备启动之后，应有充足的时间形成饱和蒸气区，并进行检查以确定冷凝蛇形管达到规定的冷却温度，然后再开始清洗操作。

2. 连续式溶剂清洗工艺

连续式溶剂清洗工艺适用于大批量生产的场合，其清洗质量比较稳定，由于操作是全自动的，因此不受人为因素影响。另外，连续式溶剂清洗工艺中可以加入高压倾斜喷射和扇形喷射的机械去污方法，特别适用于 PCB 组件的清洗。

连续式清洗机一般由一个很长的蒸气室组成，内部又分成几个小蒸气室，以适应溶剂的阶式布置、煮沸、喷淋和储存的需要，有时还把组件浸没在煮沸的溶剂中。通常，把组件放在连续式传送带上，根据 PCB 组件的类型，以不同的速度运行，水平通过蒸气室。溶剂蒸馏和凝聚周期都在机内运行，清洗程序、清洗原理与批量式溶剂清洗工艺类似，只是清洗程序是在连续式的结构中进行的。

采用连续式溶剂清洗工艺的关键是选择合适的溶剂和最佳的清洗周期。连续式清洗机按周期的不同可分为以下三种类型：

① 蒸气—喷淋—蒸气周期。这是连续式清洗机中最普遍采用的清洗周期。PCB 组件先进入蒸气区，然后进入喷淋区，最后通过蒸气区送出。在喷淋区会从底部和顶部进行上下喷淋。这种类型的清洗机常结合使用扁平、窄扇形和宽扇形等喷嘴，并辅以高压、喷射角度控制等措施来进行喷淋。

② 喷淋—浸没煮沸—喷淋周期。采用这类清洗周期的连续式清洗机主要用于难清洗的 PCB 组件。对要清洗的组件先进行倾斜喷淋，然后将其浸没在煮沸的溶剂中，再进行倾斜喷淋，最后清除溶剂。

③ 喷淋—带喷淋的浸没煮沸—喷淋周期。采用这类清洗周期的连续式清洗机与第二类连续式清洗机类似，只是在煮沸的溶剂上附加了溶剂喷淋，有的还在浸没煮沸溶剂中设置了喷嘴，以形成溶剂湍流，这些都可以进一步强化清洗作用。

3. 超声波清洗工艺

（1）超声波清洗的原理

超声波清洗的基本原理是“空化效应”。当高于 20 kHz 的超声频电振荡通过换能器转换成高频机械振荡传入清洗液中时，超声波在清洗剂中疏密相间地向前传播，使清洗剂流动并产生数以万计的微小气泡，这些气泡在超声波纵向传播成的负压区形成、生长，而在正压区迅速闭合（熄灭）。这种微小气泡的形成、生长及迅速闭合称为空化现象。在空化现象中，气泡闭合时形成约 1 000 个大气压的瞬时高压，就像一连串的小“爆炸”，不断地轰击被清洗物表面，并可对被清洗物的细孔、凹位或其他隐蔽处进行轰击，使被清洗物表面及缝隙中的污染物迅速剥落，因此可以清洗元器件底部、元器件之间及细小间隙中的污染物。

一般超声波的频率范围为 18～300 kHz，典型的高精密清洗频率为 40 kHz，溶剂清洗的温度为 40～60 ℃，超声时间控制在 30～60 秒。清洗一定数量的电路板后，清洗剂出现混浊，溶解能力会下降，此时应更换新的清洗剂，否则会造成二次污染。

超声波清洗后要用清洁的清洗剂漂洗，漂洗时可以使用与超声清洗液相同的清洗剂，也可以使用乙醇，根据电路板的污染程度决定漂洗次数，清洗干净后将清洗篮放在通风柜中自然干燥约 30 分钟，如清洗数量比较多，干燥时间要长一些。

（2）超声波清洗的特点

超声波清洗的优点是清洗效果全面，洗净率高，残留物少，清洗时间短，清洗效果好；不会损坏被清洗物表面，减少了人手与溶剂的接触机会，提高了工作安全性；不受清洗表面形状的限制，可以清洗其他方法达不到的部位，例如深孔、狭缝、凹槽，也可以清洗不便拆开的配件的缝隙处；节省溶剂、热能、工作面积和人力等。其缺点是超声波的振动会产生较大的冲击力，且具有一定的穿透性，会透过器件的封装进入器件内部而破坏晶体管和集成电路的焊点，因此军工产品生产中不推荐使用。

（3）超声波清洗设备

按照结构形式，超声波清洗机可分为一体式和分体式。通常小功率（200 W 以下）清洗机采用一体式结构，而大功率清洗机采用分体式结构。另外，超声波清洗机还有常温和加热、单槽和多槽之分。小批量及一般清洁度要求的产品可采用单槽式超声波清洗机，大批量及有高清洁度要求的产品可采用多槽式并带有加热功能的超声波清洗机。图 4-74 所示为单槽式超声波清洗机，图 4-75 所示为多槽式超声波清洗机。

图 4-74
单槽式超声波清洗机

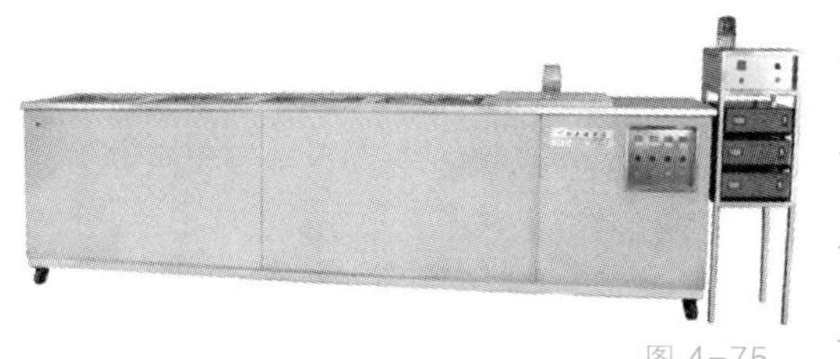

图 4-75
多槽式超声波清洗机

超声波清洗机主要由超声波换能器、超声波发生器和清洗槽组成。其中，超声波换能器是超声波清洗机的核心，实现电能和机械能的相互转换，即可将超声频电振荡信号转换成机械振荡信号，并通过清洗槽壁向槽内的清洗剂辐射超声波。一台超声波清洗机会使用并联的多个换能器，经黏结剂粘在清洗槽底部。频率 20 kHz 的超声波换能单元的间距一般为 5～10 mm。超声波发生器可将 50 Hz 的交流电转换为超声频电振荡信号，并通过电缆传送给超声波换能器。清洗槽则是盛放被清洗 PCB 和清洗剂的容器。

4.8.4　水清洗工艺与设备

水清洗以水作为清洗介质，可在水中添加少量（一般为 2%～10%）表面活性剂、缓蚀剂等化学物质，洗涤后经多次纯水或去离子水的漂洗和干燥完成清洗。

水清洗的优点是水清洗的介质一般无毒，不危及工人健康，而且不可燃、不可爆，因此安全性好；水清洗对微粒、松香型助焊剂、水溶性污染物和极性污染物等有良好的清洗效果；水清洗与元器件的封装材料、PCB 材料的相溶性好，不会使橡塑件和涂层等溶胀、开裂，元器件表面的标记、符号能保持清晰完整，不会被清洗掉，因此水清洗是非消耗大气臭氧 ODS 清洗的主要工艺之一。水清洗的缺点是设备投资大，需要纯水或去离子水的制水设备；不适用于非气密性元器件，如可调电位器、电感器、开关等；水汽进入元器件内部不容易排出，有可能损坏元器件。

根据 PCB 组件所用助焊剂种类的不同，水清洗可以分为皂化水清洗和净水清洗。

1. 皂化水清洗

皂化水清洗采用皂化剂的水溶液。在 60～70 ℃的温度下，皂化剂与松香型助焊剂残留物发生反应，形成可溶于水的脂肪酸盐，然后用连续的水漂洗去除皂化反应产物。皂化水清洗可以去除的污染物范围较广，针对性强，但清洗效果没有溶剂理想，而且皂化剂及其残渣往往又会带来新的污染，影响 PCB 组件的性能。皂化水清洗工艺流程如图 4-76 所示。

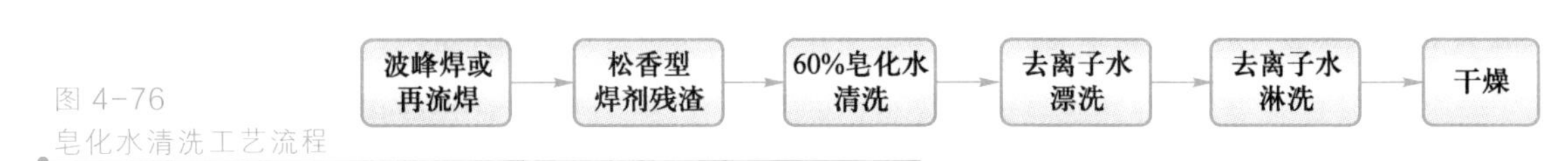

图 4-76
皂化水清洗工艺流程

2. 净水清洗

净水清洗是不采用皂化剂的水清洗工艺，用于清洗采用非松香型水溶性助焊剂进行焊接的 PCB 组件。采用这种工艺时，常加入适当中和剂，以便更有效地去除可溶于水的助焊剂残留物和其他污染物。净水清洗工艺操作简单、成本低，但水溶性助焊剂质量不够稳定，工艺不易控制，在实际生产中很少使用。净水清洗工艺流程如图 4-77 所示。

图 4-77
净水清洗工艺流程

半水清洗属于水清洗范畴，所不同的是加入的半水清洗剂清洗后可从水中分离出来，反复使用。半水清洗适用于树脂类助焊剂的清洗。半水清洗剂按是否溶于水可分为两类，即溶于水和不溶于水的半水清洗剂。按在水中加入成分的不同，半水清洗剂可分为水+N-甲基-2-吡咯烷酮+添加剂、水+乙二醇乙醚+表面活性剂、水+碳氢化合物+表面活性剂、水+萜烯+添加剂等。在清洗过程中，首先使用有机溶剂进行清洗，或在水中加入一定比例的有机溶剂、表面活性剂、添加剂组成清洗剂，使有机溶剂和水形成乳化液，然后清洗，再用纯水或去离子水漂洗、喷淋并进行干燥。

水清洗和半水清洗的设备相同，有立柜式和流水式两种。其中，立柜式是分批清洗的，通过编制清洗程序，在同一腔体内自动完成表面润湿、溶解、乳化、皂化、洗涤、漂洗、喷淋、清洗等过程。流水式水清洗设备由多个清洗槽组成，在每个清洗槽中分别完成表面润湿、溶解、乳化、皂化、洗涤、漂洗、喷淋、清洗等过程，然后进行干燥。立柜式水清洗设备适用于多品种、中小批量 PCB 组件的清洗，流水式水清洗设备适用于大批量 PCB 组件的清洗。

4.8.5 免清洗工艺

免清洗工艺是指对 PCB 和元器件等原材料进行质量控制、工艺控制，在焊接过程中采用免洗助焊剂或免洗焊锡膏，焊后产品满足清洁度和可靠性等性能指标要求，可直接进入下一个工序，不再进行任何清洗。免清洗技术是建立在保证原有质量要求的基础上用于简化工艺流程的一种先进技术，而不是简单地取消原来的清洗工序。

1. 免清洗工艺对工艺材料、PCB、元器件的技术要求

（1）免清洗工艺对所用助焊剂/焊锡膏的特性要求

① 无毒，无严重气味，无环境污染，操作安全。

② 不含卤化物，无腐蚀作用。

③ 有足够高的表面绝缘电阻。

④ 可焊性好，焊接缺陷少。

⑤ 焊接后残留物少，板面干燥，不粘手。

⑥ 离子残留物满足免清洗要求。

（2）免清洗工艺对所用 PCB 的参考技术指标

① PCB 可焊性测试。根据国际标准 IPC/EIA J-STD-003B《印制板可焊性测试》和国家标准 GB/T 4677—2002《印制板测试方法》，采用润湿称量法。

② 表面污染测试。采用目视或 4 倍以上放大镜，并借助灯光检测 PCB 板面污染情况，板面不允许有灰压、手印、油渍、松香、胶渣或其他外来污染物。

③ 绝缘电阻测试。PCB 光板的表面绝缘电阻应大于或等于 10^{10} Ω。

（3）免清洗工艺对所用元器件的参考技术指标

① 元器件满足可焊性测试要求。

② 元器件满足洁净水测试要求。

2. 免清洗生产工艺控制

免清洗工艺是一个系统工程，从设计到生产过程都必须严格要求，要尽量避免生产制造过程中造成的人为污染，在免清洗工艺设计和工艺管理控制上要采取切实有效的措施。

（1）制造过程中污染物的来源分析

① 组装前带来的污染物，如元器件和 PCB 带来的污染物，以及检验、包装、运输过程中带来的污染物。

② 组装过程中带来的污染物，如手工操作时，手动拾取元器件和 PCB 以及元器件成形都会产生污染。另外，环境的温度、湿度也会使元器件和 PCB 受潮、氧化，而工作台面、工具仪表也会带来灰尘等。

（2）免清洗工艺管理控制措施

免清洗工艺必须确保组装前元器件和 PCB 满足所要求的清洁标准，确保焊锡膏和助焊剂符合免清洗的指标要求。在生产过程中，每道工序均应避免产生污染，必要时应采用氮气保护焊接等。免清洗工艺管理控制的具体措施如下：

① 采购合格的元器件，不要提前打开元器件和 PCB 的密封包装，组装前检查元器件和 PCB 的清洁度，并检查是否受潮，必要时进行清洗和干燥处理。

② 在元器件、PCB 等原材料的传输过程中，在印刷焊锡膏和贴装操作时，要求戴手套操作，应避免用手接触，以防止手上的汗、指纹等污染元器件和 PCB。

③ 对于一般电子产品的电路板，可以选用中活性低残留松香型助焊剂，这种类型的助焊剂一般不需要氮气保护。助焊剂的涂敷尽量采用喷雾式和超声雾化式，以控制助焊剂用量。

④ 免清洗焊锡膏印刷模板开口比普通模板缩小 5%～10%，可提高印刷精度。一般情况下，免清洗工艺不能使用回收的焊锡膏。

⑤ 印刷后尽量在 4 小时内完成再流焊。

⑥ 生产前必须测量实时温度曲线，使其符合工艺要求。调整波峰焊机或再流焊机的温度曲线，使助焊剂的活性在焊料合金熔化前和焊接时达到最佳状态，从而提高焊接质量。

⑦ 手工补焊和返修应使用免清洗焊锡丝和免清洗助焊剂。

4.8.6　影响清洗的主要因素

1. PCB 设计

PCB 设计时应避免在元器件下方设置电镀通孔，这是因为在进行波峰焊时，助焊剂会通过设置在元器件下方的电镀通孔流到 PCB 组件表面或 PCB 表面组装元器件下方，给清洗带来困难。PCB 的厚度和宽度应相互匹配，厚度适当。在采用波峰焊时，较薄的基板必须用加强筋或加强板来增加抗变形能力，而这种加强结构会截流助焊剂，清洗时难以去除。

2. 元器件类型与排列

随着元器件的小型化和薄型化发展，元器件之间的距离越来越小，这使得从 PCB 组件上去除助焊剂残留物越来越困难。例如对于 SOIC、QFP 和 PLCC 等器件，焊接后进行清洗时，清洗溶剂的渗透和替换会受到阻碍。当元器件的表面积增加、引线的中心间距减小时，特别是当元器件四周都有引脚时，焊接后的清洗操作更加困难。PCB 组件上元器件的排列方向也会影响 PCB 组件的清洗效果。不同的排列方向，如元器件方向和元器件引脚伸出方向，会对清洗溶剂通过元器件下方的流动速度和均匀度产生很大的影响。

3. 助焊剂类型

助焊剂类型是影响 PCB 组件焊后清洗的主要因素。随着助焊剂中固体百分含量和助焊剂活性的增加，清洗助焊剂的残留物变得更加困难。对于具体的 PCB 组件究竟应选择何种类型的助焊剂进行焊接，必须综合考虑 PCB 组件要求的洁净度等级以及满足这种等级的清洗工艺。

4. 再流焊工艺与焊后停留时间

再流焊工艺对清洗的影响主要表现在预热和再流加热的温度及其停留时间上，也

就是再流焊温度曲线的合理性。如果再流焊温度曲线不合理，会使 PCB 组件出现过热现象，导致助焊剂劣化变质，而变质的助焊剂清洗比较困难。焊后停留时间是指焊接后 PCB 组件进入清洗工序之前的停留时间，即工艺停留时间，在此时间内助焊剂残留物会逐渐硬化，以至于无法清洗，因此焊后停留时间应尽可能短。对于具体的 PCB 组件，必须根据焊接工艺和助焊剂类型确定允许的最长停留时间。

5. 清洗剂的配置

配置清洗剂时应遵循相似相溶的原则，极性污染物应选用极性溶剂，非极性污染物应选用非极性溶剂。为了提高清洗效果，通常将极性溶剂和非极性溶剂混合，配置成恒沸溶剂，但仍表现为单一溶剂的性质。例如，在 CFC-113 中加入 2%～10%的乙醇可提高波峰焊和手工焊 PCB 组件的清洗效果，而在三氯乙烷中加入 2%～10%的乙醇可提高再流焊 PCB 组件的清洗效果。

4.8.7 清洗效果的评估方法

对 PCB 组件进行清洗后，必须对 PCB 组件的洁净度进行检测评估。衡量洁净度的参数主要有离子污染度和表面绝缘电阻，常用的洁净度评估方法主要有目测法、溶液萃取的电阻率检测法以及表面污染物的离子检测法。

1. 洁净度参数

（1）离子污染度

离子污染度一般采用美军标准 MIL28809 或美国标准协会的标准 ANSI/J-001B，如表 4-19 所示。

表 4-19 离子污染度

离子污染物等级	MIL28809 要求测 NaCl 离子含量/($\mu g/cm^2$)	ANSI/J-001B 要求测 松香含量/($\mu g/cm^2$)	应用范围
I	≤1.5	<40	军用、医用
II	<1.5～5.0	<100	精密、通信
III	<5.0～10	<200	一般电子产品

（2）表面绝缘电阻

表面绝缘电阻（SIR）通常采用梳形电路测量，这种方法具有直观性和量化性，可靠性高，但其难度也大，需要设计梳形电路。通常要求 PCB 组件的表面绝缘电阻值大于或等于 10^{10} Ω。

2. 评估方法

（1）目测法

目测法是借助光学显微镜的定性检测方法，其采用 4 倍以上放大镜对清洗后的 PCB 组件进行检查，观察 PCB 组件表面特别是焊点四周是否有助焊剂残留物和其他污染物的痕迹。这种方法虽然简单易行，但无法检查元器件底部的污染情况，使用范围有限。

（2）溶液萃取的电阻率检测法

电阻率检测法是用一种特制溶液冲洗待检测的 PCB 组件，如果 PCB 组件含有污染物，则冲洗过 PCB 组件的溶剂电阻率会因溶剂中溶解了 PCB 组件上的污染物而比原本的电阻率有所降低。下降的幅度与 PCB 组件上污染物的数量成正比，从而可以定量检测出 PCB 组件的洁净度。这一检测结果对于衡量 PCB 组件的电气可靠性具有重要意义。

（3）表面污染物的离子检测法

离子检测法又称为离子污染度检测法，是用于衡量已清洗过的 PCB 组件上剩余的离子污染程度的方法。其原理是将清洗过的 PCB 组件浸入清洁的标准溶剂中，从而将 PCB 组件表面的离子污染物溶解到标准溶剂中，然后计算标准溶剂中等价钠离子的含量，由此得出 PCB 组件的洁净度指标。

习题与思考

1. 简述模板开口设计的原则。
2. 简述模板的制作方法以及各方法的优缺点。
3. 简述表面组装印刷的工艺流程。
4. 列举焊锡膏印刷工艺过程中产生的缺陷并分析其形成原因。
5. 用鱼骨图方法分析焊锡膏印刷过程中桥连和缺焊锡膏产生的原因。
6. 简述表面组装贴装的工艺流程。
7. 简述贴片机的分类。
8. 简述贴片机的技术指标。
9. 简述贴片工艺要求。
10. 简述贴片机的结构。
11. 列举贴片工艺过程中产生的缺陷并分析其形成原因。
12. 简述再流焊的工作原理。
13. 简述再流焊机的基本结构。
14. 简述再流焊的工艺过程。
15. 绘制采用 SnAgCu305 焊锡膏进行再流焊时的典型温度曲线。
16. 列举再流焊工艺过程中产生的缺陷并分析其形成原因。
17. 用鱼骨图方法分析立碑产生的原因。
18. 简述检测工艺的分类。
19. 简述表面组装生产来料检测的主要内容。
20. 飞针式在线测试与针床式在线测试有何不同?
21. 简述自动光学检测设备和自动 X 射线检测设备的不同。
22. 简述表面组装返修工艺的作用。
23. 简述电烙铁的使用方法。

24. 简述热风枪的使用方法。
25. 简述返修系统的使用步骤。
26. 简述片式元件的返修方法。
27. 简述 SOP 器件的返修方法。
28. 简述 QFP 器件的返修方法。
29. 简述焊接后 PCB 组件清洗的主要作用。
30. 简述 PCB 污染物的来源。
31. 简述超声波清洗的原理。
32. 简述水清洗与半水清洗的区别。
33. 简述免清洗技术及其优点。

第 5 章　表面组装生产管理

表面组装技术是一项复杂的综合性系统工程，涉及生产工艺、生产设备、生产物料、工艺材料、生产条件、生产人员等多方面内容，而且表面组装生产工艺复杂、生产设备技术含量高、操作精确度要求高、生产环境要求多、生产物料存储使用要求严格，这些都对表面组装生产管理提出了更高的要求。此外，由于生产管理的水平也直接影响生产质量、生产效益和生产成本，因此表面组装生产管理越来越受到生产企业的重视，已经被视为表面组装生产中一个重要的组成部分。本章主要介绍表面组装生产线管理和生产质量管理。

学习目标

知识目标

- 掌握生产线管理的主要内容。
- 掌握静电防护及其方法。
- 掌握生产质量管理体系内容。
- 掌握 6S 管理的内涵。
- 掌握生产质量管理应用方法。
- 掌握生产质量过程控制方法。

技能目标

- 能够实施生产线管理。
- 能够对生产设备进行保养。
- 能够采取适当的静电防护措施。
- 能够掌握 6S 管理的实施步骤。
- 能够实施生产质量管理。

素质目标

- 培养敬业守信的职业精神。
- 培养质量意识和精益求精的工匠精神。

PPT 电子课件
表面组装生产管理

5.1　生产线管理

5.1.1　关键工序控制

表面组装生产线上有很多工序，通常将焊锡膏印刷、贴片质量控制、再流焊温度控制等列为关键工序，在生产中要做好对这些关键工序的管理控制。

1. 焊锡膏印刷

由于焊锡膏印刷质量直接影响贴片和焊接质量，尤其是对于细间距元器件的影响更为明显，因此要根据生产要求，做好焊锡膏印刷工序的管理工作，主要包括焊锡膏管理，模板管理，印刷机的印刷速度、刮刀压力、分离速度、印刷间隙等参数的设置以及印刷异常的处理等。

2. 贴片质量控制

贴片质量控制是提高表面组装生产线工作效率的重要保证，特别是高速贴片机，保证贴片质量十分关键。首先，贴片程序编制要准确合理，即元器件贴放位置、顺序、料站排布、贴放路径安排要尽可能准确合理。其次，在第一块 PCB 贴装测试完成后，要全面检查元器件位置、极性、方向和偏移等参数，合格后再投入批量生产。最后，在生产过程中要加强对贴片质量的监控，为了防止贴片程序在生产中的不断调整和完善而有可能造成的误差，应建立班前检查和交接班制度，做到每次换料的自检和互检，杜绝故障隐患。

3. 再流焊温度控制

再流焊温度控制主要是要做好再流焊温度曲线的设置。制作合理的再流焊温度曲线的主要工作包括再流焊机各温区温度的设定、轨道速度的选择、风机频率的设置以及测试点的选择等，当各温区实际温度与设定温度的误差小于±1 ℃时，进行再流焊温度曲线的测试。再流焊机的温度应每天测试一次，并做好记录。

5.1.2　生产设备管理

表面组装生产设备是确保生产线正常运行的关键，由于表面组装生产设备涉及门类较多，自动化程度较高，因此对生产设备管理提出了更高要求，主要包括设备操作管理、设备量测、设备保养、备品管理等方面。

1. 设备操作管理

所有与表面组装生产有关的设备，必须有合格证和定期签订的准用证。设备每天都要由专人负责，每台设备的操作方法均用操作规程形式加以说明，操作人员要严格按照设备的操作规程进行操作。操作规程均放置在相应的设备上，操作内容包括开机、点检、按键功能说明、暖机、正常操作、一般故障清除和关机。

2. 设备量测

① 电源输入的量测：每月设备保养时进行设备电源输入的量测，量测结果记录于

设备保养记录中。

② 气压输入的量测：一般每台设备的气压表均由设备制造商在表盘上设定好其正常工作气压值，操作员每天都应检查气压显示值是否达到正常值。

③ 重要水平面的量测：对水平面有要求的设备（如贴片机），应每半年量测一次水平度，一般采用十字交叉法进行量测。

④ 设备接地的量测：由技术人员在月保养时进行量测，测量时选择设备金属外壳上不同的 5 个点，测量它们对电源地线的电阻，若电阻值小于 4 Ω，表明接地良好。

3. 设备保养

① 日常保养：由操作员每天实施。

② 月度和年度保养：依据生产进度进行，每月进行保养，年度保养每半年进行一次，每种设备应根据保养项目表进行保养并填写保养记录。

③ 自我维护：日程生产过程中如遇设备故障，技术人员应通过查阅设备供应商提供的技术资料或者以前相关故障的维修记录，来制定设备维修方案，重大故障要写在设备维修报告中。

④ 代理商维护：一些重大或潜伏征兆的故障，如果生产线的技术力量无法或者不能解决，则要联系代理商来维修。

4. 备品管理

表面组装生产设备的运行要消耗设备配套的部件或配件，要做好这些备品的安全库存、进料以及出库的管理。

5.1.3 工艺文件管理

表面组装生产的主要工序都有工艺规程或作业指导书，工人要严格按照这些工艺文件操作，工艺文件处于受控状态，现场可以取得现行有效版本的工艺文件。表面组装生产工艺文件通常包括下列内容：

① 焊锡膏印刷工艺规范。

② 焊锡膏、贴片胶使用与储存注意事项。

③ 贴片胶涂敷工艺规范。

④ 贴片机编程工艺规范。

⑤ 再流焊机温度测试工艺规范。

⑥ 波峰焊机温度测试工艺规范。

⑦ 贴片胶固化工艺规范。

⑧ ICT 夹具制造流程。

⑨ PCB 设计工艺规范。

⑩ PCB 组件清洗工艺流程及工艺规范。

⑪ ICT 测试仪使用工艺规范。

⑫ 焊接质量评估规范要求。

⑬ 表面组装生产过程中防静电工艺规范。

⑭ 返修系统使用工艺规范。

⑮ 电烙铁使用工艺规范。

⑯ 其他相关规范。

新产品投产时应具有下列工艺文件：电子元器件/PCB 可焊性论证报告；投产任务书；产品工艺卡或过程卡。

上述工艺文件资料应做到字体工整，填写和更改规范、完整、正确和及时；临时工艺文件必须符合相应规章、规范和规定；工艺流程所规定的方法科学合理，有可操作性；工艺资料保管有序，存档资料符合规范。

5.1.4　生产人员管理

表面组装技术是一项高新技术，对生产人员的要求高，不仅要技术熟练，还要具有强烈的责任心。生产人员要明确岗位职责，具体如下。

1．表面组装主持工艺师、技术负责人

表面组装主持工艺师、技术负责人的职责是：全面主持表面组装工程工作；组织全面的工艺设计；提出表面组装专用设备选购方案；提出资金投入预算，并负责“投入保证”程序的实施；负责表面组装“产出保证”程序的实施；研究新工艺，不断提高产品质量和生产效率；了解国内外表面组装技术发展趋势，调研市场发展动态；负责试制人员的技术培训。

2．表面组装工艺师

表面组装工艺师的职责是：确定产品生产程序，编制工艺流程；参与新产品开发，协助做好工艺设计；熟悉元器件、PCB 及其质量评价；熟悉焊锡膏、贴片胶的性能及评价；能现场处理生产中出现的问题，及时做好记录；掌握产品质量动态，对引起质量波动的原因进行分析，及时向质量部门报告并提出处理意见，监督生产线工艺的执行；负责组装产品的常规试验及其他试验；参与产品的研发，提出质量保证方案。

3．表面组装设备工程师

表面组装设备工程师的职责是：熟悉表面组装设备的机电工作原理；负责设备的安装和调试工作，组织操作员的技术培训及其他相关技术工作；负责点胶、印刷、贴片、焊接、清洗及检测设备的选型，编制设备购置计划；了解各类设备的性能、价格及发展的最新动态；选择辅助设备，提出自备工装设备的技术要求和计划；负责设备的修理、保养工作。

4．表面组装检测工程师

表面组装检测工程师的职责是：负责表面组装组件的质量检验，根据技术标准编制检验作业指导书，对检验员进行技术培训，积极宣传贯彻质量法规；负责检测技术及质量控制，包括针床设计及测试软件的开发；研究并提出表面组装生产质量管理新办法；掌握测试设备发展的最新动态。

5. 质量统计管理员

质量统计管理员的职责是：统计、处理质量数据，及时向有关技术人员报告；掌握元器件等外购件及外协件的配料情况，能根据产品的生产日期查出元器件的生产厂家，向技术人员反映元器件的质量情况。

6. 生产线负责人

生产线负责人的职责是：贯彻正确的表面组装生产工艺，监视工艺参数，对生产中的工艺问题应及时与工艺师沟通，及时进行处理；重点监控焊锡膏的印刷工艺以及印刷机的刮刀压力、印刷速度等，确保获得高质量的印刷效果；发挥设备的最大生产能力，减少辅助生产时间，重点是贴片机上料时间等；考核所负责的生产线上表面组装生产设备的利用率、产品的直通率；对产品质量负责，开展首检、抽检、终检，一旦发现质量问题，及时与有关人员商议解决方案。

7. 设备操作员

设备操作员的职责是：熟练、正确操作印刷机、贴片机、再流焊机等主要设备；掌握这些设备的保养知识；熟记设备的正常工作状态，如开关存在状态、机械运行状态，以及其他典型工作状态；掌握相关的辅助材料性能及其应用、保管方法；熟悉各种元器件及其保管方法。

5.1.5 生产环境管理

生产环境是保证生产线设备正常运行的必要条件。表面组装生产环境应遵循 GB 39731—2020《电子工业水污染物排放标准》、GB 9078—1996《工业炉窑大气污染物排放标准》、GBZ 1—2010《工业企业设计卫生标准》等有关评价标准，具体如下。

1. 电源

采用三相五线制交流工频供电，即除由电网接入 U、V、W 三相线之外，电源的工作零线与保护地线要严格分开接入；在机器的变压器前要加装线路滤波器或交流稳压器，若电源电压不稳及电源净化不好，机器会发生数据丢失及其他损坏。

2. 气源

表面组装生产设备如印刷机、贴片机等都需要压缩空气提供工作动力。厂房应统一配备压缩空管网，将气源引入生产线相应设备，空气压缩机应离厂房一定距离，气压通常为 0.5～0.6 MPa，并且要求气源洁净、干燥。因此空气压缩机通常需要加过滤器、冷凝器进行去尘、去水处理。

3. 排风

表面组装生产设备如再流焊、波峰焊等设备都有排风要求，应根据设备要求配置排风机。对于再流焊机，一般要求排风管道的最低流量值为 14.15 m^3/min。

4. 照明和洁净度

表面组装生产车间内应有良好的照明条件，理想的照明度为 800～1 200 lx，至少不低于 300 lx。低照明度时，在检测、返修、测量等工作区应安装局部照明。

表面组装生产车间应保持清洁卫生，无尘土，无腐蚀性气体，空气洁净度为 10^5 级。在空调环境条件下，要定时进行换气，保持一定的新鲜空气，尽量将 CO_2 含量控制在 1 000 mg/L 以下，将 CO 含量控制在 10 mg/L 以下，以保证人体健康。

5．温度和湿度

由于表面组装元器件是精密元器件，为确保印刷、贴装和焊接性能，必须严格控制工作环境的温度和湿度。环境温度控制在 23 ℃±3 ℃，一般为 20 ～26 ℃。环境湿度一般为 40%～70%。湿度高，元器件、焊锡膏等容易吸湿，造成印刷和焊接不良。湿度太低，空气干燥，容易产生静电，不利于表面组装生产操作。

6．厂房地面承载

表面组装生产设备一般采用连线安装的方式，因而生产线的长度较长（如一条高速表面组装生产线全长达 25～35 m），地面的负荷相对较为集中，单台高速贴片机在转载供料器后，总质量将超过 6 000 kg，因而对厂房地面的承重能力有较高要求。厂房地面承载能力一般要求 7.5～10 kPa。

7．防静电

表面组装生产现场应装配防静电系统，系统整体设计和防静电接地线符合国家标准。

8．其他

表面组装生产车间有严格的出入制度、严格的操作规程和严格的工作纪律。非本岗位人员不得擅自入内；未经培训人员严禁上岗；所有设备不得带故障运行，发现故障及时停机并向技术负责人汇报；所有设备与零部件未经允许不得随意拆卸等。

5.1.6　静电防护

微课
静电防护

在电子产品制造中，静电往往会损伤元器件，甚至使元器件失效，造成严重损失。随着表面组装元器件的尺寸越来越小，集成度越来越高，表面组装密度不断升级，静电的影响比以往任何时候都更为严重，因此，在表面组装生产中静电防护非常重要，必须有效做好静电防护，减少静电带来的损失。

1．有关静电的基本概念

（1）静电（electrostatic）

静电是一种电能，它存留于物体表面，是正、负电荷在局部范围内失去平衡的结果，主要通过电子或离子的转移而形成。静电现象是电荷在产生和消失过程中产生的电现象的总称，如摩擦起电、人体起电等现象。

（2）静电释放

不同的材料有不同的静电电量，当两个静电电位不同的带电体之间接触时，因静电场的感应，累积的静电电荷从一个高静电荷集中区流向另一个相反方向电荷集中区或低电荷集中区时，会破坏原有的平衡状态，导致物体间电荷的移动，产生电流，这一过程称为静电释放（electrostatic discharge，ESD）。在电子产品制造中，静电释放是指由静电源产生的电进入电子组件后迅速放电的现象。

（3）静电敏感元器件

在电子产品生产中，人们常把对静电敏感的电子元器件称为静电敏感元器件，这类电子元器件主要是超大规模集成电路，特别是金属氧化膜半导体器件。根据能够承受而且不至于损坏的静电极限电压值（也称为静电敏感度），可将静电敏感元器件分为三级，如表 5-1 所示。

表 5-1 静电敏感元器件分级表

级别和静电敏感度范围	元器件类型
1 级 0～1 999 V	微波器件（肖特基垫垒二极管、点接触二极管等）、离散型 MOSFET 器件、声表面波器件、结型场效应晶体管、电耦合器件、精密稳压二极管、运算放大器、薄膜电阻器、MOS 集成电路、使用 1 级元器件的混合电路、超高速集成电路、晶闸管整流器
2 级 2 000～3 999 V	由试验数据确定为 2 级的元器件和微电路、离散型 MOSFET 器件、结型场效应晶体管、运算放大器、集成电路、超高速集成电路，使用 2 级元器件的混合电路、精密电阻网络、低功率双极型晶体管
3 级 4 000～15 999 V	由试验数据确定为 3 级的元器件和微电路、离散型 MOSFET 器件、运算放大器、超高速集成电路、小信号二极管、硅整流器、低功率双极型晶体管、光电器件、片式电阻器，使用 3 级元器件的混合电路、压电晶体

2．静电释放的危害

电子产品在生产、加工、装配、调试、包装、运输等过程中，会不可避免地受到外界或自身的接触摩擦而形成很高的表面电压，如果不采取静电防护，人体静电电位可高达 1.5～3 kV。因此无论是摩擦起电还是人体静电均会对静电敏感元器件造成损坏。电子行业中静电危害可以分为两种：一是由静电引起的浮游尘埃吸附；二是由静电释放引起的介质击穿。

（1）静电吸附

在半导体元器件的生产制造过程中，由于大量使用了石英和高分子物质制成的器具和材料，其绝缘度很高，在使用过程中，一些不可避免的摩擦会造成其表面电荷不断积聚，而且电位越来越高。由于静电的力学效应，很容易使工作场所的浮游尘埃吸附于芯片表面，而很小的尘埃吸附都有可能影响半导体元器件的性能，所以电子产品的生产必须在清洁环境中操作，操作人员、器具及环境必须采取一系列的防静电措施，以防止静电环境的形成，降低静电环境的危害。

（2）静电击穿

在静电场中，随着电场强度的增强，电荷不断累积，当达到一定程度时，电介质会失去极化特征而成为导体，最后导致介质的热损坏，这称为电介质的击穿。静电击穿导致的元器件损坏是电子产品制造中最普遍、最严重的危害。静电击穿可分为硬击穿和软击穿。所谓硬击穿是指元器件被严重损坏，功能丧失；软击穿是指元器件部分被损坏，功能尚未丧失，而且在生产过程的检测中不能发现，但在使用中产品性能不稳定，时好时坏，会对产品质量构成更大的危害。

3．电子产品制造中的静电源

（1）人体静电

人体是静电载体，在绝缘地面上活动和穿上绝缘鞋的情况下，人与衣服、鞋、袜等物体之间的摩擦、接触和分离等产生的静电是电子产品制造过程中主要的静电源之一。人体活动产生的静电电压为 0.5～2 kV。另外，空气湿度对静电电压影响很大，在干燥环境中还要上升 1 个数量级。表 5–2 所示为相对湿度与人体活动带静电的关系。

表 5–2　相对湿度与人体活动带静电的关系

人体活动	静电电压/V	
	相对湿度 10%～20%	相对湿度 65%～90%
在地毯上行走	35 000	1 500
在聚乙烯树脂地板上行走	12 000	250
在工作台上操作	6 000	100
包工作说明书的聚乙烯封套	7 000	600
从工作台面上拿起普通塑料袋	20 000	1 200
从垫有聚氨基甲酸泡沫垫的工作椅上站起	18 000	1 500

人体带电后触摸到地线，会产生放电现象，此时人体就会产生不同程度的电击感应，感应的程度称为电击感度。表 5–3 所示为不同静电压放电过程中人体的电击感度。

表 5–3　不同静电压放电过程中人体的电击感度

人体电位/kV	电击感度
1.0	无感觉
2.0	手指外侧有感觉，发出微弱的放电声
3.0	有针刺的感觉，但不疼痛
4.0	有针刺的感觉，手指微疼，见到放电微光
5.0	从手腕到前腕感到疼痛
6.0	手指感到剧痛，后腕部有强烈电击感
7.0	手指、手掌感到剧痛，有麻木感

（2）工作服

化纤或棉制工作服与工作台面、座椅摩擦时，可在服装表面产生 6 000 V 以上的静电电压，并使人体带电，此时若人与元器件接触，会产生放电现象，容易损坏元器件。

（3）工作鞋

橡胶或塑料鞋底的绝缘电阻高达 10^{13} Ω，与地面摩擦时会产生静电，并使人体带电。

（4）树脂、漆膜、塑料膜封装表面

电子产品中许多元器件需要用高绝缘树脂、漆膜、塑料膜封装，将这些元器件放入包装运输时，元器件表面与包装材料摩擦，能产生几百伏的静电电压，对静电敏感元器件放电，导致某些元器件击穿。

（5）各种包装和器具

用聚丙烯、聚乙烯、聚丙乙烯、聚酰胺、聚酯和树脂等高分子材料制成的各种包装、料盒、周转箱、PCB 架等都可能因摩擦、冲击产生 1～3.5 kV 的静电电压，对静电敏感元器件放电。

（6）普通工作台面

工作台面受到摩擦产生静电，可对放置在工作台面的静电敏感元器件放电。

（7）绝缘地面

混凝土、打蜡抛光地板、橡胶板等绝缘地面都可因摩擦产生静电，这些地面绝缘电阻高，会使人体所带的静电荷难以在短时间内释放。

（8）电子生产设备和工具

如电烙铁、波峰焊机、再流焊机、贴片机、调试和检测设备内的高压变压器，交/直流电路都会在设备上感应出静电，如果设备静电释放措施不好，就会导致静电敏感元器件在制造过程中失效。烘箱内热空气循环流动与箱体摩擦、低温冷却箱内的 CO_2 蒸气均可产生大量的静电荷。

不难看出，人体活动以及各种物体之间的摩擦是电子行业中产生静电的主要来源，它随时随地会给电子产品生产带来危险。

4. 静电防护原理及原则

（1）静电防护原理

在电子产品制造过程中，不可避免地会产生大量静电，产生静电不是危害所在，危害在于静电积聚以及由此产生的静电释放，因此静电防护的原理包括以下两个方面：

① 对可能产生静电的地方要防止静电的积聚，即采取一定的措施，减少高压静电放电带来的危害，使之边产生边“泄放”，以消除静电的积聚，并将其控制在一个安全范围之内。

② 对已存在的静电荷积聚的静电采取措施使其迅速消散，即时“泄放”。

因此，电子产品生产中静电防护的核心是静电消除。这里的消除是指将静电控制在最小限度之内。

（2）静电防护原则

静电防护的原则主要体现在以下三个方面：

① 防：有效抑制或减少静电荷的产生，严格控制静电源。

② 泄：迅速、安全、有效地消除已经产生的静电荷，避免静电荷的积累。

③ 控：对所有防静电措施的有效性进行实时监控，定期检测、维护和检验。

5. 静电防护器材

① 人体防静电系统：包括防静电腕带、工作服、帽、手套、鞋、袜等。

② 防静电地面：包括防静电水磨石地面、橡胶地面、PVC 塑料地板、地毯、活动地板等。

③ 防静电操作系列：包括防静电工作台垫、包装袋、物流小车、防静电电烙铁以及工具等。

6. 静电测量仪器

① 静电场测试仪：用于测量台面、地面等的表面电阻。

② 腕带测试仪：用于测量腕带是否有效。

③ 人体静电测试仪：用于测量人体携带的静电量、人体双脚之间的阻抗、人体不同部位之间的静电差，腕带、接地插头、工作服等的防护是否有效，还可以作为放电使用，将人体静电隔离在车间之外。

④ 兆欧表：用于测量所有导电型、防静电型以及静电释放型表面的阻抗或电阻。

7. 静电防护标识

在表面组装生产环境中有明显的静电防护标识，如图 5-1 所示。图 5-1（a）所示为 ESD 敏感标识，是在三角形内有一斜杠跨越的手，用来表示容易受到 ESD 损害的电子电气组件。图 5-1（b）所示为 ESD 防护标识，是由一段圆弧包围着的三角形内的手，表示该区域或物体经过专门设计，具有防静电保护能力。

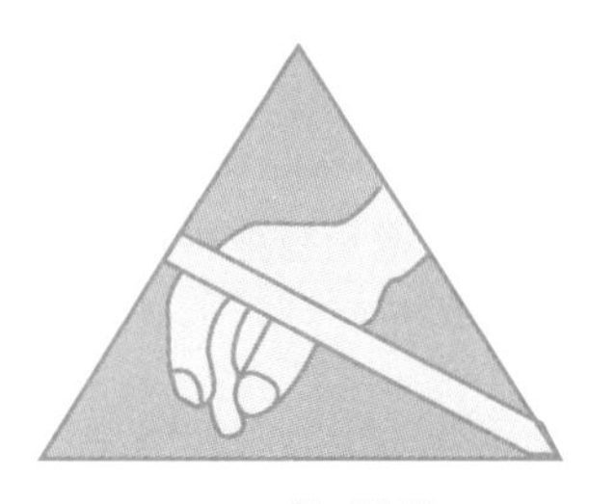

(a) ESD敏感标识　　(b) ESD防护标识

图 5-1
静电防护标识

8. 电子产品制造中防静电技术指标要求

① 防静电地板接地电阻小于 10 Ω。

② 地面或地垫表面电阻为 10^5～10^{10} Ω，摩擦电压低于 100 V。

③ 墙壁电阻为 5×10^4～5×10^9 Ω。

④ 工作台面或工作垫表面电阻为 10^6～10^9 Ω，摩擦电压低于 100 V；对地系统电阻为 10^6～10^8 Ω。

⑤ 工作椅面对脚轮的电阻为 10^6～10^8 Ω。

⑥ 工作服、帽、手套摩擦电压低于 300 V，鞋底摩擦电压低于 100 V。

⑦ 腕带连接电缆电阻为 1 MΩ，佩戴腕带时系统电阻为 1～10 MΩ，脚跟带（鞋束）系统电阻为 0.5×10^5～0.5×10^8 Ω。

⑧ 物流车台面对车轮系统电阻为 10^6～10^8 Ω。

⑨ 料盒、周转箱、PCB 架等物流传递器具表面电阻为 10^3～10^8 Ω，摩擦电压低于 100 V。

⑩ 包装袋、包装盒摩擦电压低于 100 V。

⑪ 人体综合电阻为 10^6～10^8 Ω。

9. 静电防护措施

在人们生活、工作的任何时间、任何地点都有可能产生静电。要完全消除静电几乎不可能，但可以采取一定措施控制静电，使其不产生危害。

（1）防静电材料

对于静电防护，原则上不使用金属导体，这是因为导体漏放电流大，易导致元器件损坏，因此可采用表面电阻在 $1\times10^5\ \Omega$以下的静电导体和表面电阻为 $1\times10^5\sim1\times10^8\ \Omega$的静电亚导体。例如，在橡胶中混入导电炭黑后，可将其表面电阻控制在 $1\times10^6\ \Omega$以下，即可作为常用的防静电材料。

（2）释放和接地

对可能产生或已经产生静电的部位应进行接地，提供静电释放的通道。可采用埋大地线的方法建立独立的地线，并保证地线与大地之间的电阻小于 10 Ω。地线埋设和检测方法参见 SJ/T 10694—2006《电子产品制造与应用系统防静电检测通用规范》。

静电防护材料接地的方法是将静电防护材料如防静电桌垫、防静电地垫、防静电手腕带等，通过 1 MΩ的电阻连接到通向地线的导体，详见 SJ/T 10533—1994《电子设备制造防静电技术要求》。串接 1 MΩ电阻进行接地的方法称为软接地，而设备外壳和静电屏蔽罩直接接地的方法称为硬接地。

（3）导体防护静电方法

导体上的静电可以用接地的方法使其释放到大地，工程上一般要求在 1 秒内将静电释放出去，使静电电压降至 100 V 以下的安全区，这样可以防止因释放时间过短、释放电流过大对静电敏感元器件造成损坏。在静电防护系统中通常使用 1 MΩ 的限流电阻，将释放电流控制在 5 mA 以下，这同时也是考虑到操作者安全而设计的。

（4）绝缘体防护静电方法

对于绝缘体上的静电，由于电荷不能在绝缘体上流动，所以不能用接地的方法消除静电荷，而主要采用以下方法来控制：

① 使用离子风机。离子风机产生正、负离子，可以中和静电源的静电。该方法可用于那些无法通过接地来释放静电的场所。

② 控制环境湿度。增加湿度可提高非导体材料的表面电导率，减少静电荷产生和聚集的机会。在工艺条件允许的情况下，可以安装增湿机来调节环境湿度。

③ 使用静电消除剂。静电消除剂属于表面活性剂，通过使用静电消除剂擦洗仪器和物体表面，能迅速消除这些表面的静电。

④ 采用静电屏蔽。静电屏蔽是针对散发静电的设备、部件、仪器而采取的屏蔽措施，通过屏蔽罩或屏蔽笼将静电源与外界隔离，并将屏蔽罩或屏蔽笼有效接地。

（5）人体静电防护方法

在工业生产中，引起元器件损坏和对电子设备的正常运行产生干扰的一个主要原因是人体静电释放。人体静电释放既可能导致人体遭电击而降低工作效率，又可能引发元器件的损坏。一般情况下，几千伏的静电电压不易被人体感知，人体能感觉到静电电击时的静电电压一般在 3～4 kV 以上，5 kV 以上的静电电压才能使人看到静电放电火花，此时一般的元器件可能早已损坏，因此对人体静电应引起足够重视。

① 穿戴防静电服、防静电帽。一是可以防止衣服产生静电场，二是通过与身体的接触，可将静电通过人体、腕带、防静电鞋释放到大地。

② 佩戴防静电腕带。使用通过安全性检查的腕带，将长度适当的松紧圈直接佩戴在

手腕上，并与皮肤良好接触。接触集成电路或已贴装集成电路的 PCB 时将鳄鱼夹夹持在接地良好的接地端，鳄鱼夹、接地线等裸露部分不得与设备、线体、工作台等金属件接触。

（6）工艺控制法

在电子产品制造中，为了尽量减少静电的产生，控制静电的积聚，并及时消除静电，还应从工艺流程、材料选用、设备安装和操作管理等方面采取有效措施，有针对性地防护静电。

10. 表面组装生产中的静电防护

表面组装生产中的静电防护是一项系统工程，首先应当建立防静电的基础工程，如地线、防静电地面、防静电工作台等，然后根据生产要求配置不同的防静电装置。此外，还应当做好以下防护工作：

（1）表面组装生产线内的防静电设施

表面组装生产线内的防静电设施应用独立的地线，并与防雷接地线分开；地线可靠，并有完整的静电释放系统；车间内保持恒温恒湿，一般温度控制在 25 ℃±2 ℃，相对湿度控制在 65%±5%；入口处配有离子机，并设有明显的防静电警示标志。另外，在表面组装生产线内必须建立静电安全工作区，采用各种控制方法，将区域内可能产生的静电电压保持在对最敏感的元器件都安全的阈值下。一个完整的静电安全工作区至少应包括有效的导电桌垫、专用接地线、防静电腕带、防静电桌垫、防静电地板垫，以对导体上的静电进行释放。同时，配以静电消除器，用于中和绝缘体上积累的电荷。

（2）生产过程的静电防护

① 定期检查车间内外的接地系统，车间外的接地系统应每年检测一次，电阻要求在 2 Ω以下；防静电桌垫、防静电地板垫、接地系统应每 6 个月测试一次，应符合防静电接地要求；检测机器与地线之间的电阻时，要求电阻为 1 MΩ，并做好检测记录。

② 每天测量车间内温度、湿度两次，并做好记录。

③ 任何人进入车间之前必须做好防静电措施。直接接触产品的操作人员要佩戴防静电腕带，并要求每天上、下午上班前各测试一次，以保证腕带与人体的良好接触。同时，每天安排相关人员监督检查，并对员工进行防静电方面的知识培训和现场管理。

④ 生产过程中手拿产品时，仅能拿产品边缘无电子元器件处；生产后产品必须装在防静电包装中；安装时，要求一次拿一块产品，不允许一次拿多块产品。

⑤ 返工操作时，必须将要修理的产品放在防静电装置中，再拿到返修工位。

⑥ 整个生产过程中用到的设备和工具都应具有防静电能力。

⑦ 测试验收合格的产品，应使用离子喷枪喷射一次再包装。

（3）静电敏感元器件的存储和使用

① 静电敏感元器件存放在库房中，环境相对湿度不应低于 40%。

② 静电敏感元器件存放过程中应保持原包装，更换包装时，要使用具有防静电性能的容器。

③ 存放静电敏感元器件的位置上应贴有防静电专用标签。

④ 在运输过程中，要防止静电敏感元器件掉落，不得任意脱离包装。

（4）静电防护的每日10项自检步骤

① 检查工位，确保在工作台上没有能产生静电的物体或工具。

② 检测工位的接地线是否被拆开或松动，特别是当仪器或设备被移动后。

③ 如果使用离子风机，应打开开关检查其是否正常。

④ 清除工作范围内易产生静电的物体，如塑料袋、盒子、泡沫、胶带以及个人物品，至少放置在1 m以外。

⑤ 确保所有ESD敏感零件、部件或产品都妥善放置在导电容器内，而不暴露在外。

⑥ 确保不会有易产生静电的物品放置在贴有ESD敏感标志的导电容器内。

⑦ 确保所有导电容器外都贴有相应的静电警示标志。

⑧ 经静电防护责任人书面同意后，方可在工位上使用清洁器具、溶剂、毛皮和喷雾器等。

⑨ 不允许任何没有防静电措施的人员进入静电保护区域1 m以内的范围，任何人员进入静电防护区域或接触任何物品，必须穿戴防静电腕带、防静电衣帽、防静电手套等。

⑩ 每天测试防静电腕带、防静电防护衣帽等防护工具的性能，确保能正常使用。

5.2 生产质量管理

表面组装生产管理是做好表面组装产品的重要环节，因此要认真做好质量管理，形成严谨、科学的工作作风，在每个环节把好质量关，确保产品质量。

5.2.1 生产质量管理体系

为了保证和提高产品生产质量，必须把影响质量的各种因素，运用科学的管理方法，全面系统地进行管理。其中质量管理是实现产品高质量、低成本、高效益的重要方法。针对表面组装生产质量管理，首先要建立完善的生产质量管理体系，主要内容如下。

1. 制定质量目标

表面组装生产要求PCB通过印刷焊锡膏、贴装元器件，最后从再流焊机出来的SMB的合格率达到或接近100%，也就是要求实现零缺陷、无缺陷或接近零缺陷的再流焊质量，同时还要求所有焊点达到一定的机械强度，只有这样的产品才能实现高质量、高可靠性。质量目标是可以测量的，目前国际上做得最好的企业，表面组装产品的缺陷率$\leqslant 10\times10^{-6}$，这是每个表面组装生产企业追求的目标。通常可以根据本企业加工产品的难易程度、设备条件和工艺水平，制定近期目标（300×10^{-6}或500×10^{-6}）、中期目标（50×10^{-6}或100×10^{-6}）和远期目标（$10\times10^{-6}\sim20\times10^{-6}$）。同时，应根据质量方针的要求分析影响质量的关键及生产环节中的薄弱问题，通过分析研究制定出有力的控制措施，并由相应部门和具体人员落实解决。

2. 实行全过程管理

这里的全过程指的是表面组装生产的全过程，主要包括产品设计、采购管理、生产过程控制、质量检验、图纸文件管理、产品防护、数据分析、人员培训。

（1）产品设计

表面组装产品的设计应有一套完善的设计控制制度，包括各种数据、试验记录，特别是与表面组装生产有关的记录。设计与工艺联络程序如图 5-2 所示。

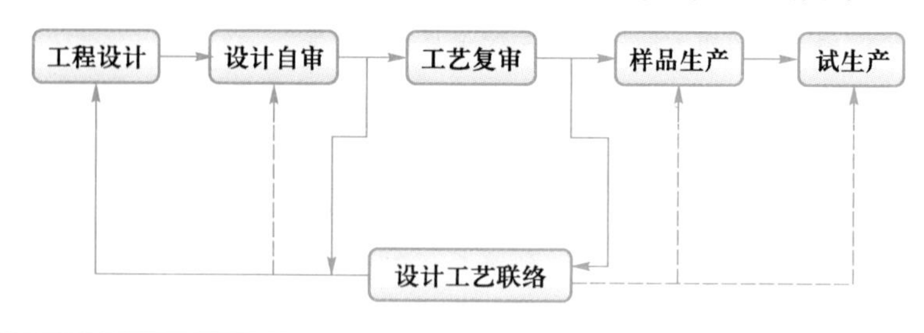

图 5-2
设计与工艺联络程序

（2）采购管理

① 管理办法。要有一套行之有效的管理办法，如外购件按重要性分类管理，对不同的产品或分承包方采取不同的控制方法。例如对外购设备等贵重物资应做到：购买前应有专业人员立项、专家组以及专业部门评审认定，购买时应采取招标制，使用后应定期评估其效益或必要性。

② 进货检验或验收。要有一套严格的进货检验或验收制度，检验人员应具备良好的专业素质，设备及规程均比较正规。

③ 外购与外协件的保管与存放。有正规的进货仓库。仓库条件能保证存储物品的质量不致受损，进出均有一套严格的管理制度，账、卡、物相符，保管人员受过培训。

④ 对分承包方的管理。对分承包方有一套选择、评定和控制的办法，并且严格实施，外购品应向合格分承包方采购。

⑤ 外协产品采购。外协产品，特别是质量要求高的双面、多层 PCB，应对委托加工单位进行评估和考察，应选择具备很强工艺技术和装备实力的专门企业。

（3）生产过程控制

生产过程直接影响产品质量，因此应对工艺参数、人员、设备、材料、加工、测试、环境等影响生产过程质量的所有因素加以控制，使其处于受控条件下。受控条件具体如下：

① 设计原理图、装配图、样件、包装等符合要求。

② 制定产品工艺文件或作业指导书，如工艺过程卡、操作规范、检验和试验指导书等。

③ 生产设备、工装、卡具、模具、辅具等始终保持合格有效。

④ 配置并使用合适的监视和测量装置，使这些特性控制在规定或允许的范围内。

⑤ 有明确的质量控制点。表面组装生产中的质量控制点有焊锡膏印刷、贴片、再流焊和波峰焊等。此外，对焊锡膏、贴片胶、元器件损耗应进行定额管理。

⑥ 产品批次管理。不合格品控制程序应对不合格品的隔离、标识、记录、评审和处理做出明确的规定。通常表面组装组件返修不应超过三次，元器件返修不应超过两次。

⑦ 生产设备的维护和保养。按照设备管理办法，对关键设备应由专职维护人员定检，使设备始终处于完好状态，对设备状态实施跟踪与监控，及时发现问题，采取纠

正和预防措施，并及时加以维护和修理。

⑧ 生产环境管理。主要包括水电气供应、生产环境要求、防静电系统、表面组装生产线的出入制度、设备操作规程、工作纪律等。

⑨ 生产现场实行定置管理。生产现场做到定置合理，标识正确；库房材料、在制品分类储存，摆放整齐，与台账相符。

⑩ 文明生产。包括清洁、无杂物，文明作业。现场管理要有制度，有检查，有考核，有记录，每日进行 6S 管理活动。

（4）质量检验

① 质量检验机构。质量检验部门应独立于生产部门之外，职责明确，并配置能力强、技术水平高、具有责任心的专职检验员。质量检验部门包括元器件检验部门、辅助材料检验部门和成品检验部门，主要负责完成原材料、元器件、生产过程和最终产品的检验。各部门严格执行各项检验标准。

② 检验依据文件。检验应严格依据各种产品的检验规程、检验标准或技术规范进行，主要包括 SMC/SMD 可焊性检测标准、PCB 系列认定标准、表面组装件的焊点质量评定、电子元器件制造防静电技术要求等。

③ 检验设备。主要的检验设备、仪表、量具齐全，处于完好状态，按期校准，少数特殊项目委托专门检验机构进行。表面组装生产中常规的检验设备包括元器件焊接性测试仪、PCB 绝缘电阻测试系统、黏度测试仪、读数显微镜、精密天平、静电测试仪、地阻测试仪、防静电腕带测试仪等。

（5）图纸文件管理

要制定文件控制程序，对设计文件及工艺文件的编制、评审、批准、发放、使用、更改、再次批准、标识、回收和作废等全过程活动进行管理，确保使用有效的适用版本，防止使用作废文件。

（6）产品防护

合格产品的防护措施主要包括以下几个方面：

① 标识。应建立并保护好防护标识，如防碰撞、防雨淋等。

② 搬运。在生产和交付产品的不同阶段，应根据产品当时的特点，在搬运过程中选用适当的设备和方法，防止产品在生产和交付过程中受损。

③ 包装。应根据产品特点和顾客要求对产品进行包装，重点是防止产品受损。如表面组装组件应使用防静电袋包装，在包装箱内要相对固定以防止碰撞和静电对表面组装组件的损害。

④ 储存。储存要注意通风、防潮、防雨、控温、防静电、防雷、防火、防盗等条件，防止意外事故发生。

（7）数据分析

为了改进产品质量，应收集与产品、过程及质量管理有关的数据，使用统计技术或其他方法进行分析，以得到以下信息，并将其作为持续改进的依据。

① 顾客对提供的产品或服务的满意程度，应特别关注不满意的情况。

② 全部产品要求的符合性情况。

③ 生产过程、产品特性和变化趋势情况，避免不良趋势的进一步发展。

④ 涉及供方提供的产品及与外包过程有关的信息，通过这些信息可对供方实施有效控制。

（8）人员培训

表面组装技术对人员的技术和素质都有很高的要求，应当做好人员的培训工作。通过培训，提高员工的工作能力，使其能够胜任岗位工作，增强员工的技术水平、文化素养和质量意识，令其适应表面组装新技术、新工艺、新设备的发展要求。培训工作的具体要求如下：

① 确定各岗位必需的能力要求，制订有明确目标的培训计划、培训方式。

② 针对不同工作，制定不同的培训内容和要求，并进行考核。

③ 在培训中开展质量管理教育，提高员工的质量意识。

5.2.2　生产质量管理应用方法

1. 6S 管理

微课
6S 管理

6S 管理是现代多数企业用来管理生产现场的一种方法，它通过规范现场，营造一目了然的工作环境，培养员工良好的工作习惯，提升员工的素质和工作效率。

（1）6S 管理的基本内容

6S 管理是在 5S 管理的基础上发展起来的，具体指整理、整顿、清扫、清洁、素养和安全。

① 整理。整理实际上是一个对物资等进行分类规整的过程。对于在生产过程中极为必要或者使用频率高的物资和工具，要进行统一的放置，而将在生产过程中不必要的或者使用频率低的物资进行相应的处理。通过这样的分类规整，可以保证生产现场灵活的空间使用，对于冗余的物资进行有效清理，也可以防止生产现场杂乱无章、误用滥用等现象发生。整理的目的是通过有组织、有秩序的物资排放实现生产现场的整齐规范。

② 整顿。整顿指的是必要物资各归其位，在固定的位置上摆放固定数量的物资，并对此进行清晰的标注和简要的说明，使得物资获取快捷、放置迅速，以节省工作时间，提高工作效率，维持生产现场的正常秩序，缔造合理有序的生产现场工作流程。

③ 清扫。清扫指的是对生产现场垃圾污物进行及时清理，对故障机器和设备进行适时维修，并解决其他对维持生产现场的清洁整齐造成威胁的问题。清扫工作可以使工作环境更加清爽明朗，从而提高工作人员的工作积极性和劳动热情，使产品质量得以保障，并有效降低故障率。

④ 清洁。清洁是一种力臻完美的境界，它要求将整理、整顿和清扫进一步规范化、标准化，并且更加注重保持既得效果，使其形成一种企业习惯和企业文化，并不断向前推进和发展。

⑤ 素养。素养是对生产现场每一个员工的要求，它力求把在“清洁”中形成的企业惯例和企业文化渗透到每一个具体员工的身上，规范员工的行为和理念，使其遵守企业的规程，培养员工的协作观念和团队精神。

⑥ 安全。安全是指对一切威胁生产现场物资以及人员的状态和行为加以减少甚至消除，以切实保证工作人员的生命安全、物资和财产安全，保证生产现场活动的顺利完成，尽可能地减少经济上的损失和安全事故的出现。这充分体现了企业文化中的人文精神。

持之以恒地开展 6S 现场管理，不断规范生产现场，提升企业自身的基础管理水平，进而增强企业的市场竞争力，在当前的形势下显得尤为重要。

（2）6S 管理的作用

现场 6S 管理是基础性管理，是对生产现场人员、设备、物料、方法等生产要素进行有效管理的一种活动，其对企业的作用主要表现在以下方面：

① 通过对现场的整理、整顿，节省物料的寻找时间，提升工作效率。对生产现场的物品进行识别，将与生产无关的、不必要的物品清理出生产现场；对使用频率较高的物品进行分类，按照标识定置摆放，使用明显的颜色进行区分，并放置在距离工作岗位最近、最顺手的位置，以节约寻物时间，提高生产效率。

② 降低事故的发生概率。通过现场整理、整顿和日常培训，规范员工的工作习惯，明确并畅通安全、消防、用电等通道。通过日常不间断地对责任区域进行点检，并严格按照生产和设备操作规程运作，在保证生产现场干净、整洁、有序的同时，可对责任区域内的安全隐患做到“早发现，早整改，早安全”。

③ 提升企业形象，增强员工归属感。通过 6S 现场管理的全面推广，以及整理、整顿、清洁、清扫、安全等基本活动的开展，可使现场工作环境整齐、有序，员工素质不断提高，从而带动产品质量的提升，提高顾客及合作者的满意度，进一步提升企业形象。在干净整洁的环境中工作，也可在一定程度上满足员工的尊严和成就感。6S 的要求是持续改善、持之以恒，通过日常面对自己的劳动果实，给员工营造“家”一般的感觉，进而增强职工对企业的归属感。

④ 通过量化标准，使企业管理标准化进程有效推进。通过对现场区域和物品进行量化，并制定共同的标准，明确员工日常任务，使日常工作更加简单、快捷、稳定，并使之制度化、标准化，从而有效推进企业管理的标准化进程。

（3）6S 管理的实施原则

6S 管理是如今企业中运用得比较多的一种生产管理模式，也是最有用的现场管理方法，在实施 6S 管理时应遵循如下五大原则：

① 自己动手的原则。自己动手改变现场环境，不断提升自身素养。

② 安全的原则。安全是现场管理的前提和决定性因素，6S 管理原则的关键就是要体现出安全才有保障，重视安全可减少不必要的损失，让员工放心工作、安心工作才是硬道理。

③ 持之以恒的原则。6S 管理是基础性的，开始容易坚持难，因此应该将 6S 管理作为工作的一部分，每天坚持并长久推行下去。

④ 持续改进的原则。随着新技术、新工艺、新产品及市场的变化，6S 管理也要不断改进以满足发展的需要。

⑤ 规范、高效的原则。现场管理的目的就是要实现高效、规范的工作模式，只有不断提高工作效率才能实现真正有效的工作管理。

（4）6S 管理的过程控制

① 安全管理控制。安全管理控制一般从三个方面进行：一是现场安全管理；二是人员现场管理，其重点在于合理安排工作时间，严格控制加班加点，防止疲劳作业；三是设备现场管理，其重点是监督检查现场生产人员是否能严格按设备操作规程使用、维护设备。

② 现场作业环境控制。现场作业环境控制主要包括检查作业现场是否保持清洁安全、布局合理，设备设施保养完好、物流畅通等，这不仅反映出现场人员的日常工作习惯和素养，还反映出现场 6S 管理的水平。

③ 定置定位控制。现场物料定置定位一旦确定，管理工作就相对稳定，应及时纳入标准化管理，解决现场定置管理的“长期保持”问题，同时还应当建立与定置管理运作特点相适应的、按定置图核查图与物料是否相符的现场抽查制度。现场抽查时，不允许有任何“暂时”存放的物料，这种“暂时”一般暴露两个方面的问题：一是该物料可能没有按定置管理的规定存放到规定的位置；二是该物料可能没有被列入定置管理范围。

④ 持续改进控制。持续改进通常主要从以下两个方面进行：一是现场抽查中暴露的问题，如有些物料没有被列入定置管理范围，或定置不合理；二是随着新产品生产的需要，以及新工艺的应用，原有的定置管理已经不适用，这种改进需要根据新的生产流程，重新设计部分现场物料的定置，以保证现场定置管理长期有效地进行下去。

2．统计过程控制

统计过程控制（statistical process control，SPC）主要是指应用统计分析技术对生产过程进行实时监控，科学区分出生产过程中产品质量的随机波动和异常波动，从而对生产过程的异常趋势提出预警，以便生产管理人员及时采取措施，消除异常，恢复过程的稳定，从而达到提高和控制质量的目的。SPC 已逐渐在表面组装生产中推广应用。

（1）SPC 的原理

SPC 是一种借助数理统计方法进行过程管理的工具，它对生产过程进行分析评价，根据反馈信息及时发现系统性因素出现的征兆，并采取措施消除其影响，使过程维持在仅受随机性因素影响的受控状态，以达到控制质量的目的。

当过程仅受随机因素影响时，过程处于统计控制状态，简称受控状态；当过程中存在系统因素的影响时，过程处于统计受控状态，简称失控状态。由于过程波动具有统计规律性，当过程处于受控状态时，过程特征一般服从稳定的随机分布；而过程处于失控状态时，过程分布将发生改变。SPC 正是利用过程波动的统计规律对过程进行分析控制的，因此它强调过程在受控和有能力的状态下运行，从而使产品和服务稳定地满足顾客的要求。

SPC 强调全过程监控、全系统参与，并且强调用科学方法来保证全过程的预防。正是它的这种全员参与管理质量的思想，实施 SPC 可以帮助企业在质量控制上真正做到事前预防和控制。

SPC 与传统的统计品质管理（statistical quality control, SQC）的最大不同点就在于由 Q 到 P 的转换。传统的 SQC 中强调的是产品的品质，而 SPC 中则强调要把努力方向更进一步放在品质的源头——工艺上，因为工艺的变化是造成品质变异的主要根源，而品质变异的大小是决定产品质量优劣的关键。

（2）实施 SPC 的步骤

一般而言，有效的 SPC 应遵循下列步骤依序进行：

① 深入掌握因果模式，找出哪些工艺参数对产品品质会有举足轻重的影响。

② 设定主要参数的控制范围，在找出这些影响结果的主要参数之后，分析思考这些参数应该控制在哪一个范围内变动比较恰当，可以借助相关与回归分析等统计工具来合理推测出参数的控制范围。

③ 建立制程控制方法：经过步骤①、②之后，便完成了 SPC 中的“统计”（S）与“过程”（P），还要进一步探究“控制”（C）。

④ 抽取成品来验证原始系统是否仍然正常运转。

3. 6 Sigma 质量管理

6 Sigma 是当今最先进的质量管理理念和方法，也逐渐在表面组装生产中应用。6 Sigma 是一项以数据为基础，追求几乎完美的质量管理方法，通过消除变异和缺陷来实现零差错率。6 Sigma 可以解释为每一百万个机会中有 3.4 个出错的机会，即合格率为 99.999 66%，其管理方法的重点是将所有的工作作为一种流程，采用量化的方法分析流程中影响质量的因素，找出最关键的因素加以改进，以使客户满意。6 Sigma 在 20 世纪 90 年代中期开始从一种质量管理方法演变为一种高度有效的企业流程设计、改善和优化设计，并提供了一系列同等地适用于设计、生产和服务的新产品开发工具，也是企业取得核心竞争力的一项关键战略。基于以上特点和优越性，在表面组装生产制造中，6 Sigma 已越来越多地被应用。

5.2.3 生产质量过程控制

1. 质量过程控制点的设置

为了保证表面组装生产设备正常运行，必须加强各工序的质量检查，因而需要在一些关键工序后设立质量过程控制点，这样可以及时发现上段工序的质量问题并加以纠正，杜绝不合格产品进入下道工序，将因质量问题引起的损失降到最低。

质量过程控制点的设置与生产工艺流程有关，例如单面混装板，采用先贴后插的生产工艺流程，在生产工艺中可加入以下质量过程控制点：

① PCB 检测内容：PCB 有无变形，焊盘有无氧化，PCB 表面有无划伤等。

② 焊锡膏印刷检测内容：焊锡膏厚度是否均匀；印刷形状有无偏差，是否有桥连、塌陷等缺陷。

③ 贴片检测内容：元器件贴片位置是否准确，有无掉片、错件等情况。

④ 再流焊检测内容：焊接有无桥连、立碑、锡珠、移位等缺陷。

⑤ 插件检测内容：元器件插装有无漏件、错件等情况。

2. 质量缺陷统计

在表面组装生产过程中，质量缺陷的统计十分必要，它有助于了解产品质量情况，帮助企业采取相应的对策来解决、提高、稳定产品质量，其中某些数据也可以作为员工质量考核、奖金发放的参考依据。

在再流焊和波峰焊的质量缺陷统计中，引入国内先进的统计方法——PPM 质量控制，即百万分率的缺陷统计方法，计算公式如下：

$$缺陷率(PPM)=缺陷总数/焊点总数\times10^6$$

$$焊点总数=检测电路板数\times焊点$$

$$缺陷总数=检测电路板的全部缺陷数量$$

例如，某电路板上共有 1 000 个焊点，检测电路板数为 500，检测出的缺陷总数为 20，则依据上述公式可算出

$$缺陷率(PPM)=[20/(1000\times500)\times10^6]=40\ PPM$$

与传统计算直通率的统计方法相比，PPM 质量控制更能直观反映出产品质量的控制情况，例如有些 PCB 双面组装，元器件较多，工艺较复杂，而有些 PCB 工艺简单，元器件较少，这时若采用计算直通率的统计方法则对前者有失公平，而 PPM 质量控制则弥补了这方面的不足。

3. 管理措施的实施

为了进行有效的质量管理，除了对生产质量过程加以严格控制以外，还要采取以下管理措施：

① 元器件或者外协件采购进厂后，入库前需要经检验员的抽检或全检，合格率达不到要求的应退货，并将检验结果记录备案。

② 质量部门制定必要的有关质量的规章制度和部门工作责任制度，通过制度来约束人为可以避免的质量事故，用经济手段参与质量考核，企业内部专设月度质量奖。

③ 企业内部建立全面质量机构，做到质量反馈及时、准确。

④ 确保检测维修仪器设备的精确性。产品的检验、维修是通过必要的仪器设备来实施的，因而仪器设备本身的质量好坏将直接影响生产质量，要按规定及时送检和计量，确保仪器设备的可靠性。

⑤ 为了增强员工的质量意识，在生产现场周围设立质量宣传栏，定期公布一些质

量事故的发生原因及处理办法，以杜绝此类问题再度发生，同时可将每天的生产质量缺陷统计数（再流焊 PPM、波峰焊 PPM）绘制于质量坐标图上。

⑥ 定期举行质量分析会，针对出现的质量问题，讨论确定解决办法，落实责任制。会议由质量部门牵头，生产部门负责人、生产工艺负责人、生产线负责人等相关人员参加。

习题与思考

1. 表面组装生产设备和生产工艺对生产环境有哪些要求?
2. 什么是静电释放? 静电释放对电子产品有哪些危害?
3. 简述电子产品制造中的静电源。静电防护的原理是什么?
4. 简述人体防静电的方法。
5. 简述表面组装生产制造中采取的静电防护措施。
6. 简述 6S 管理的内容与作用。
7. 简述 6S 管理的实施原则。
8. 表面组装生产管理的具体内容有哪些?
9. 简述质量管理中的全过程管理方法。
10. SPC 和 6 Sigma 管理的内涵是什么?

附录　表面组装技术专业术语中英文对照

A

accuracy　精度

additive process　加成工艺

accelerated stress test　加速应力测试

acceptable quality level　可接受质量水平

action on output　成品改善

aerosol　气溶剂

acoustic microscopy　声学显微技术

active component　有源元件

activator　活性剂、活化剂

annular ring　环状圈

air knife　热风刀

alloy　合金

alumina　氧化铝、矾土

artwork　布线图

adhesive　黏结剂

anisotropic adhesive　各向异性胶

antimony（Sb）　锑

antistatic material　抗静电材料

aperture　孔径、模板开孔

application specific integrated circuit（ASIC）　专用集成电路

aqueous cleaning　水清洗

aqueous flux　水溶性助焊剂

Archimedes pump　阿基米德泵

aspect ratio　宽厚比

Association Connecting Electronics Industries（IPC）　美国电子电路和电子互连行业协会

automatic optical inspection（AOI）　自动光学检测

automatic X-ray inspection（AXI）　自动 X 射线检测

auto-insertion　自动插件

automatic test equipment（ATE）　自动测试设备

B

ball grid array（BGA）　球形栅格阵列

ball pitch　焊球间距

bar code　条形码

bare board 裸板

bare die 裸芯片

beam reflow soldering 光束再流焊

bill of material（BOM） 元件清单

bismuth（Bi） 铋

bonding 粘合

blind via 盲孔

bond lift-off 焊接升离

bonding agent 黏合剂

buried via 埋孔

bulk 散装

bulk feeder 散装供料器

bumpered quad flat package（BQFP） 带缓冲垫的方形扁平封装

bump chip carrier（BCC） 凸点芯片载体

C

calibration 校准

centering jaw 定心爪

ceramic ball grid array（CBGA） 陶瓷球栅阵列

ceramic column grid array（CCGA） 陶瓷柱栅阵列

ceramic leaded chip carrier（CLCC） 陶瓷有引脚芯片载体

ceramic pin grid array（CPGA） 陶瓷针栅阵列

chemical tin 化学电镀锡

chip 芯片

chip mounting technology（CMT） 芯片安装技术

capillary action 毛细管作用

chip on board（COB） 板载芯片

chip scale package, chip size package（CSP） 芯片尺寸级封装

circuit tester 电路测试机

cladding 覆盖层

coefficient of the thermal expansion（CTE） 热膨胀系数

cold cleaning 冷清洗

cold solder joint 冷焊锡点

component 元件

component camera 元件摄像机

component density 元件密度

conducting adhesive　导电胶
conductor　导体、导线
conductor thickness　导线厚度
conductor width　导线宽度
conductive epoxy　导电性环氧树脂
conductive ink　导电墨水
conformal coating　共形涂层
contingency plan　应急计划
continual improvement　持续改进
continual improvement plan/program　持续改进计划/方案
coplanarity　共面度
convection　对流
cool down　冷却
cooling zone　冷却区
count by pieces　计件
count by points　计点
critical process characteristics　关键特性
controlled collapse chip connection（C4）　可控塌陷芯片连接
critical product parameter　关键产品特性
cost of poor quality　不良质量成本
corrosion test　腐蚀性测试
copper　铜
copper foil　铜箔
copper mirror test　铜镜测试
copper clad laminate（CCL）　覆铜箔层压板
cure　固化
cycle rate　循环速率

D

data recorder　数据记录器
debug　调试
defect　缺陷
defect per million（DPM）　百万缺陷率
defect per million opportunity（DPMO）　百万机会缺陷数
defect per unit　单位缺点数
defect parts per million control chart　每百万缺点数管制图

defect rate　缺陷率

degree celsius　摄氏度

delamination　分层

delta T　温度差

design for assembly（DFA）装配性设计

design for cost（DFC）成本设计

design for manufacture（DFM）可制造性设计

design for testability（DFT）可测试性设计

design of experiment（DOE）实验设计

design record　设计记录

desoldering　卸焊

dewetting　去湿

diode　二极管

dispersant　分散剂

dip soldering　浸焊

discrete component　分立元件

dispenser　滴涂器

dispensing　滴涂

distribution　分配

downtime　停机时间

documentation　文件编制

double layer printer circuit board　双层印制电路板

double sided reflow soldering　双面再流焊

dual in-line package（DIP）双列直插封装

dross　浮渣

dry out procedure　烘干工序

dry pack　干燥封装

dry run　空转

durometer　硬度计

dual wave soldering　双波峰焊

due care　安全关注

dummy component　非功能模块

E

edge conveyor　料架尾端/边缘传输带

electroless nickel-immersion gold　化镍沉金

electromagnetic compatibility（EMC） 电磁兼容性

electromagnetic interference（EMI） 电磁干扰

electromagnetic relay（EMR） 电磁继电器

electron migration（EM） 电子迁移

electronic iron　电烙铁

electronics manufacturing services（EMS） 电子制造服务业

electronic design automatization（EDA） 电子设计自动化

electrostatic discharge（ESD） 静电释放

ESD safe workstation　静电安全工作区

electrostatic discharge protected area（EPA） 防静电工作区

emergency stop switch　紧急停止开关

engineering approved authorization　工程批准授权

english unit　英制单位

epoxy resin（ER） 环氧树脂

equipment　设备

equipment variation　设备变异

erasable programmable read only memory（EPROM） 可擦写可编程只读存储器

estimated process percent defectives　估计不良率

estimated standard deviation　估计标准差

estimated average　估计平均数

etched stencil　蚀刻模板

etching　蚀刻

eutectic solder alloy　共晶焊锡

environmental test　环境测试

F

failure analysis　失效分析

failure mode and effects analysis（FMEA） 失效模式及结果分析

feasibility　可行性

feeder　供料器

feeder holder　供料器架

fiducial camera　基准点照相机

fiducial mark　基准点

field effect transistor（FET） 场效应管

fillet　焊点

fine pitch　细间距

fine pitch ball grid array（FPBGA） 细间距球栅阵列

fine pitch device 细间距器件

fine pitch placer 细间距贴片机

fine pitch quad flat package（FPQFP） 细间距方形扁平封装

fine pitch technology（FTP） 细间距技术

finite element analysis（FEA） 有限元分析

first pass yield 首次检查通过率

first in first out（FIFO） 先进先出

fixture 夹具

flex PCB 柔性印制电路板

flip-chip（FC） 倒装芯片

flood bar 溢流棒

floor life 现场使用寿命

flow soldering 流动性焊接

flux 助焊剂

flux activation temperature 助焊剂活化温度

flux activity 助焊剂活性

fluxer 助焊剂涂敷系统

flying 飞片

flying probe test 飞针测试

foam fluxer 发泡式助焊剂涂敷系统

forced convection 强迫对流

forced convection furnace 强迫对流炉

forced convection oven 强迫对流炉

foot length 引脚长度

foot width 引脚宽度

footprint 焊盘丝印图形

FR-2 苯酚基底材料 PCB 层压板

FR-4 环氧玻璃纤维 PCB 层压板

functional test（FT） 功能测试

functional verification 功能验证

full liquidus temperature 完全液化温度

G

gauge 仪器设备、治具

general equipment module（GEM） 通用设备模块

glass fiber　玻璃纤维

glass transition temperature　玻璃化转变温度

global fiducial marks　整板基准标记点

global positioning system（GPS）　全球定位系统

gold（Au）　金

golden board　镀金板

golden boy　金样

gull wing lead　鸥翼形引脚

H

halides　卤化物

halide content　卤化物含量

hand soldering　手工焊

hardener　固化剂

hard water　硬水

hard disc drive　硬盘驱动器

heating zone　加热区

high density interconnection　高密度互连

high density packaging　高密度封装

high speed placement equipment　高速贴片机

histogram　直方图

hot air leveling　热风整平

hot air reflow soldering　热风再流焊

hot plate reflow soldering　热板再流焊

humidity indicator card（HIC）　湿度指示卡

hybrid integrated circuit　混合集成电路

I

immersion silver　浸银

immersion tin　浸锡

in-circuit test（ICT）　在线测试

indium（In）　铟

individual　个别值

inert gas　惰性气体

information about performance　绩效报告

infrared（IR）　红外线

infrared reflow soldering　红外再流焊

inherent process variation　固有工艺特性

inner layer　内层

insufficient solder　焊料不足

integrated circuit（IC）　集成电路

intelligent feeder　智能供料器

intermetallic layer　金属间化合物层

ion cleanliness　离子洁净度

ionic contaminant　离子污染物

J

J lead　J形引脚

job instruction　作业指导书

joint　焊点

K

known good board（KGB）　优质板

known good module（KGM）　合格组件

L

laboratory　实验室

laboratory scope　实验室范围

land　焊盘

land pattern　焊盘图形

large component mounter　大元件贴片机

large scale integration circuit（LSIC）　大规模集成电路

laser cut stencil　激光切割模板

laser reflow soldering　激光再流焊

last off part comparison　末件比较

layout inspection　全尺寸检验

lead（Pb）　铅

lead　引脚

lead bent　引脚弯曲

lead coplanarity　引脚共面性

lead configuration　引脚外形

lead-free　无铅

lead-free solder　无铅焊料
lead-free soldering　无铅焊
leadless ceramic chip carrier（LCCC）　无引脚陶瓷芯片载体
leadless component　无引脚元件
lead pitch　引脚间距
light emitting diode（LED）　发光二极管
line certification　生产线确认
liquid flux　液体助焊剂
liquidus temperature　液相温度
local fiducial marks　局部基准点
location　中心位置
lower control limit　管制下限
long term process capability study　长期制造能力研究
lower specification limit　规格下限
low speed placement equipment　低速贴片机

M

main menu　主菜单
manual assembly　手工组装
machine vision　机器视觉
mass soldering　群焊
matrix tray　矩阵形托盘
median　中位数
mean time between failure（MTBF）　平均故障间隔时间
mean time to failure（MTF）　平均故障时间
measurement system error　测量系统误差
melting point　熔点
mesh screen　丝网
mesh size　网孔数目/网孔大小
metal content　金属含量
metal electrode leadless face（MELF）　金属电极无引脚端面
metal stencil　金属模板
metric unit　公制单位
micro BGA　微间距 BGA
microelectronics packing technology（MPT）　微组装技术
micro pitch technology　微间距技术

mistake proofing　防错

mixed lot　混批

moisture barrier bag（MBB）防潮湿包

moisture sensitive device（MSD）湿度敏感器件

mounter　贴片机

multichip module（MCM）多芯片组件

multichip package（MCP）多芯片封装

multilayer ceramic capacitor（MLCC）多层片式瓷介电容器

multilayer printed circuit board　多层印制电路板

multi-disciplinary approach　多方论证方法

N

nickel（Ni）镍

nitrogen（N）氮气

no-clean　免清洗

no-clean flux　免清洗助焊剂

no-clean solder paste　免清洗焊锡膏

no-clean soldering　免清洗焊接

nominal　标称值

non-wetting　不润湿

normal distribution　正态分布

nozzle　吸嘴

number of defectives control chart　不良数管制图

number of defects control chart　缺点数管制图

number of defectives　不良数

number of defects　缺点数

O

off-line programming　离线编程

operational performance　运行业绩

optic correction system　光学校准系统

organic activated（OA）有机活性的

organic acid flux　有机酸性助焊剂

organic solderability preservative（OSP）有机可焊性保护剂

original equipment manufacturer（OEM）原始设备制造商

out of control　不在管制状态下

over molded plastic array carrier（OMPAC） 模压树脂封装

over adjustment 过度调整

oxidation 氧化

P

package in package（PIP） 堆叠封装

package on package（POP） 堆叠组装

packaging density 组装密度

pad 焊盘

panel 拼板

Pareto diagram 柏拉图

part 元件

parts per million（PPM） 百万分之一

passive component 无源元件

paste application inspection 施膏检验

paste in hole reflow soldering 通孔再流焊

paste working life 焊锡膏工作寿命

paste separating 焊锡膏分层

paste shelf life 焊锡膏存储寿命

PCB support 印制电路板支架

peak temperature 峰值温度

percent defectives 不良率

percent defectives control chart 不良率管制图

pH 测量液体酸碱度的计量单位

photoplotter 相片绘图仪

pick and place 贴装

pick and place process 贴装工艺

pin grid array（PGA） 针栅阵列

pin-in-hole reflow（PIHR） 通孔再流焊

pin transfer dispensing 针式转印

piston pump 活塞泵

pitch 间距

placement 贴片

placement accuracy 贴片精度

placement equipment 贴片机

placement head 贴片头

placement inspection　贴片后检验

placement pressure　贴片压力

placement program　贴片程序

placement speed　贴片速度

plastic ball grid array（PBGA）塑封球栅阵列

plastic leaded chip carrier（PLCC）塑封有引脚芯片载体

plastic quad flat package（PQFP）塑封方形扁平封装

plastic surface mount component（PSMC）塑封表面组装元件

plated through hole（PTH）电镀通孔

Poisson distribution　泊松分布

polyimide（PI）聚酰亚胺

poor wetting　弱润湿

popcorning　爆米花现象

post-soldering inspection　焊后检验

perform　预成型

preheat　预热

predictive maintenance　预见性维护

premium freight　超额运费

precise placement equipment　精密贴片机

precision　精密度

printed circuit board（PCB）印制电路板

printed circuit board assembly（PCBA）印制电路板组件

printed wiring board（PWB）印制线路板

printing process　印刷工艺

printing speed　印刷速度

printing control　印刷控制

profiler　炉温测试仪

procedure　工序

process audit　过程审核

process flow chart　工艺流程图

product　产品

product realization　产品实现

product audit　产品审核

project management　项目管理

population　群体

Q

quad flat no-lead package（QFN）　方形扁平无引脚封装
quad flat package（QFP）　方形扁平封装
quality manual　质量手册

R

random access memory（RAM）　随机存取存储器
range　全距
rational subgrouping　合理的分组
read only memory（ROM）　只读存储器
repeatability　可重复性
reflow furnace　再流焊炉
reflow oven　再流焊炉
reflow process　再流焊工艺
reflow soldering　再流焊
reflow temperature　再流焊温度
reaction plan　反应计划
remote location　外部场所
reproducibility　再生性
relative humidity（RH）　相对湿度
reliability　可靠性
repair　返修
resin　树脂
resistor　电阻
rework　返修
rework process　返修工艺
rework station　返修工作台
rheology　流变学
RoHS　电气、电子设备中限制使用某些有害物质指令
rosin　松香
rosin flux　松香助焊剂
rosin activated　活性松香助焊剂
rosin mildly activated（RMA）　中等活性松香助焊剂
root mean square（RMS）　均方差
run chart　运行图

S

sample 样本

sampling 抽样

saponifier 皂化剂

scanning electron microscope（SEM） 扫描电子显微镜

scooping 刮

schematic 原理图

screen mesh 丝网

screen printing 丝网印刷

selective wave soldering 选择性波峰焊

self-alignment 自对准

semi-aqueous cleaning 半水清洗

separation speed 分离速度

shadow effect 阴影效应

shelf life 储存期限

short 短路

shrink small outline package（SSOP） 收缩型小外形封装

single layer printed circuit board 单层印制电路板

single in-line package（SIP） 单列直插封装

silver（Ag） 银

silver chromate test 铬酸银测试

simple random sampling 简单随机抽样

single chip package（SCP） 单芯片封装

site 现场

skew 偏移

skewness 偏态

slump 塌陷

slump test 塌陷测试

small scale integration（SSI） 小规模集成电路

small outline 小外形

small outline diode（SOD） 小外形二极管

small outline J-lead package（SOJ） 小外形 J 形引脚封装

small outline package（SOP） 小外形封装

small outline transistor（SOT） 小外形晶体管

small outline integrated circuit（SOIC） 小外形封装集成电路

snap off distance　印刷间距

soak period　保温阶段

solder　焊料

soldering　软钎焊接

solderability　可焊性

solder alloy　焊料合金

solder ball　焊锡球

solder bridge　桥连

solder joint　焊点

solder mask　阻焊膜

solder pad　焊盘

solder paste　焊锡膏

solder paste slump　焊锡膏坍塌

solder paste viscosity　焊锡膏黏度

solder pot　焊锡锅

solder powder　焊料粉末

solder preform　焊料预成型

solder wire　焊锡丝

solid flux　固态助焊剂

solids　固体

solidus　固相线

solidus temperature　固相温度

solvent　溶剂

specification limits　规格界限

spray fluxer　喷雾式助焊剂涂敷系统

squeegee　刮刀

stabilization period　保温阶段

static dissipative material　静电消散材料

static shielding material　静电屏蔽材料

static sensitive device（SSD）　静电敏感器件

statistical process control（SPC）　统计过程控制

statistical process control and diagnosis（SPCD）　统计过程控制与诊断

stencil　模板

stencil printing　模板印刷

stick　棒式包装

stick feeder　管式供料器

stage random sampling 分段随机抽样

stability 稳定性

stratified lot 分层批

stratified radom sampling 分层随机抽样

standard deviation 标准差

stratification 分层分析

stringing 拉丝

substrate 基板

storage life 储存寿命

subgroup median 组中位数

subcontractor 分承包方

subgroup average 组平均数

super large scale integration（SLSI） 超大规模集成电路

supplier 供方

surface insulation resistance（SIR） 表面绝缘电阻

surface insulation resistance test 表面绝缘电阻测试

surface mount assembly（SMA） 表面组装组件

surface mount printed circuit board（SMB） 表面组装印制电路板

surface mount component（SMC） 表面组装元件

surface mount device（SMD） 表面组装器件

Surface Mount Equipment Manufacturers Association（SMEMA） 表面组装设备制造商协会

surface mount relay（SMR） 表面组装继电器

surface mount switch（SMS） 表面组装开关

surface mount technology（SMT） 表面组装技术

surface tension 表面张力

surfactant 表面活性剂

subtractive process 负过程

synthetic activated flux 合成活性助焊剂

systematic sampling 系统抽样

syringe 注射器

system in package（SIP） 系统级封装

system on chip（SOC） 系统级芯片

T

target 中心值

tape　编带
tape and reel　编带包装
tape carrier　载带
tape cover　盖带
tape automated bonding（TAB）　载带自动键合
tape ball grid array（TBGA）　载带球栅阵列
tape feeder　带式供料器
tape pitch　载带上元器件之间的间距
tape width　载带宽度
teach mode programming　示教编程
tender　投标
tempering　干预
temperature profile　温度曲线
terminal　引线端
tin（Sn）　锡
thermal cycle test（TCT）　热循环测试
thermocouple　热电偶
thin quad flat package（TQFP）　薄型方形扁平封装
thin shrink quad flat package（TSQFP）　薄型收缩方形扁平封装
thin shrink small outline package（TSSOP）　薄型收缩小外形封装
thin small outline package（TSOP）　薄型小外形封装
thixotropy　触变性
through hole technology（THT）　通孔插装技术
through hole component（THC）　通孔插装元件
through hole device（THD）　通孔插装器件
through hole reflow（THR）　通孔再流焊
time above liquidus　液相线以上的时间
tomb stoning　元件立起
tooling hole　工艺孔
tool/tooling　工具/工装
total quality management（TQM）　全面质量管理
total variation　总变异
total average　总平均数
touch less centering　非接触对中
touch up　补焊
tray　托盘

tray elevator　托盘升降机

tray feeder　托盘供料器

tray handler　托盘操作器

trend chart　推移图

tube　管式包装

tube feeder　管式供料器

turret head　转塔头

U

ultra fine pitch　超细间距

ultra large scale integration（ULSI）　甚大规模集成电路

under control　管制状态下

under filling　底部填充

uniform distribution　均匀分配

ultraviolet（UV）　紫外光

upper control limit（UCL）　管制上限

upper specification limit（USL）　规格上限

V

vapor phase soldering（VPS）　气相再流焊

variable date　计量值

variation　变异

variation between groups　组间变异

variation within group　组内变异

very large scale integration（VLSI）　超大规模集成电路

via hole　过孔

vibrating feeder　振动式供料器

viscosity　黏性

vision centering　视觉对中

visual inspection　目检

void　孔洞

volatile organic compound（VOC）　挥发性有机化合物

W

wafer level processing（WLP）　晶圆级封装

waffle　华夫盘

waffle tray　华夫盘

water soluble flux　水溶性助焊剂

wave soldering　波峰焊

wedge bonding　楔形键合

wetting　润湿

wetting balance　润湿平衡仪

WEEE　电子设备废物处理法案

wicking　芯吸

wire bonding（WB）　引线键合

wrist strap　手腕带

X

X-axis　*X*轴

X-ray　X 射线

Y

yield　产出率

yield control chart　良率管制图

Y-axis　*Y*轴

Z

Z-axis　*Z*轴

参考文献

[1] 周德俭，吴兆华. 表面组装工艺技术[M]. 2 版. 北京：国防工业出版社，2009.
[2] 张文典. 实用表面组装技术[M]. 北京：电子工业出版社，2006.
[3] 韩满林. 表面组装技术（SMT 工艺）[M]. 北京：人民邮电出版社，2014.
[4] 顾霭云，张海程，徐民，等. 表面组装技术（SMT）基础与通用工艺[M]. 北京：电子工业出版社，2014.
[5] 路文娟，陈华林. 表面贴装技术（SMT）[M]. 北京：人民邮电出版社，2013.
[6] 杜中一. SMT 表面组装技术[M]. 3 版. 北京：电子工业出版社，2016.
[7] 王玉鹏，彭琛. SMT 生产实训[M]. 2 版. 北京：清华大学出版社，2019.
[8] 曹白杨. 表面组装技术基础[M]. 北京：电子工业出版社，2012.
[9] 李朝林. SMT 制程[M]. 天津：天津大学出版社，2009.
[10] 李朝林. SMT 设备维护[M]. 天津：天津大学出版社，2009.
[11] 龙绪明. 电子 SMT 制造技术与技能[M]. 2 版. 北京：电子工业出版社，2021.
[12] 贾忠中. SMT 工艺质量控制[M]. 北京：电子工业出版社，2007.
[13] 周德俭，等. SMT 组装质量检测与控制[M]. 北京：国防工业出版社，2007.
[14] 樊融融. 现代电子装联工艺装备概论[M]. 北京：电子工业出版社，2015.
[15] 朱桂兵. 电子制造设备原理与维护[M]. 北京：国防工业出版社，2011.
[16] 余国兴. 现代电子装联工艺基础[M]. 西安：西安电子科技大学出版社，2007.
[17] 王卫平. 电子产品制造技术[M]. 北京：清华大学出版社，2005.
[18] 黄永定. SMT 技术基础与设备[M]. 北京：电子工业出版社，2007.
[19] 祝瑞花，张欣. SMT 设备的运行与维护[M]. 天津：天津大学出版社，2009.
[20] 何丽梅. SMT——表面组装技术[M]. 2 版. 北京：机械工业出版社，2013.
[21] 吴懿平，鲜飞. 电子组装技术[M]. 武汉：华中科技大学出版社，2006.
[22] 冯海杰，王红梅. SMT 印刷技术与实践教程[M]. 北京：电子工业出版社，2017.
[23] 曹白杨. 现代电子产品工艺[M]. 北京：电子工业出版社，2012.
[24] 龙绪明. 先进电子制造技术[M]. 北京：机械工业出版社，2010.
[25] 左翠红. SMT 设备的操作与维护[M]. 北京：高等教育出版社，2013.
[26] 刘哲，付红志. 现代电子装联工艺学[M]. 北京：电子工业出版社，2015.